VERLAG ANTJE
KUNSTMANN

TANJA BUSSE | CHRISTIANE GREFE

DER GRUND

Die neuen Konflikte um unsere Böden –
und wie sie gelöst werden können

Verlag Antje Kunstmann

Umschlaggestaltung: Heidi Sorg und Christof Leistl
Titelmotiv: © westend61
Typografie und Satz: frese-werkstatt.de
Druck und Bindung: Pustet, Regensburg
ISBN 978-3-95614-585-8

Druckprodukt mit finanziellem
Klimabeitrag
ClimatePartner.com/12514-2401-1002

MIX
Papier
FSC® C014889

INHALT

1
BODENLOS

Wie wir mit Böden und Flächen umgehen ist die Überlebensfrage des 21. Jahrhunderts

»Was wir dem Land antun, tun wir uns selbst an.«
Wendell Berry

»To be a good ancestor, you have to build good soil.«
Robin Wall Kimmerer

Viele Menschen, hohe Ansprüche, knappes Land: Das ist der Stoff, aus dem die Konflikte der Zukunft sind. Während der letzten sechzig Jahre hat sich die Siedlungs- und Verkehrsfläche in Deutschland laut dem Umweltbundesamt mehr als verdoppelt, und der Druck wächst und wächst. Alle wollen mehr Grund und mehr Boden: Fast 1000 Kilometer neue Straßen plant die Bundesregierung, dazu 400.000 neue Wohnungen pro Jahr, »auf der grünen Wiese«, wie der Kanzler tönte. Dort müssten Siedlungen »wie in den 70er-Jahren«[1] gebaut werden – so ökologisch gestrig denkt die »Fortschrittskoalition«. Die gleiche grüne Wiese wird auch von der Agrarindustrie reklamiert, für Tierhaltung und Getreideanbau, für die Welternährung und den Fleischkonsum, der weltweit noch immer steigt. Dabei sind landwirtschaftliche Flächen schon jetzt umkämpft, denn auf ihnen wachsen nicht nur Nahrung und Futter, sondern auch Mais für Biogasanlagen und Autotanks. Die Wälder stehen ebenso unter Druck, alle wollen Holz: für Bauplatten, Möbel, Paletten, Papier. Für Häuser, weil Zement und Beton hohe

Treibhausgasemissionen verursachen, Holz dagegen Kohlenstoff bindet. Schließlich sind da noch die Tagebaue, Gruben und Minen, aus denen Kohle, jedenfalls noch eine Zeit lang, sowie Sand, Kies, Gipsstein oder Seltene Erden aus dem Boden geholt werden.

Alle diese Flächenansprüche richten sich an eine kollabierende Natur (Kapitel 3). Wälder brennen, ganze Landschaften leiden unter Hitze und Fluten, und überall auf der Welt verschwinden Insekten, Vögel, Säugetiere in einem atemberaubenden Tempo. Um die biologische Vielfalt zu retten, müssten 30 Prozent der Landoberfläche bis 2030 unter Schutz gestellt und zehn Prozent davon völlig ungestört gelassen werden, so haben es die Regierungen der Welt beim UN-Gipfel in Montreal im Dezember 2022 beschlossen. Der Biologe E. O. Wilson fordert sogar: die halbe Erde. Sie soll so in Ruhe gelassen werden, dass Pflanzen, Tiere, Landschaften sich neu entfalten können.

Kurz, wir leben in einer »vollen Welt«, so hat der Umweltpionier Ernst Ulrich von Weizsäcker die große Herausforderung unserer Zeit beschrieben. Es ist eng geworden, in Deutschland, in Europa, auf diesem Globus. Überall kollidieren unumstößliche Naturgesetze mit fossilem Raubbau und neuerdings, bei besten Absichten, auch mit der notwendigen Ausbreitung einer klimaverträglicheren Wirtschaft. Denn auch die Energiewende, die Agrarwende und die Bioökonomie beanspruchen Land oder Flächen am Meeresgrund. Auch die Große Transformation gründet im Boden, will auf ihm anbauen, ihn bebauen.

Eine Liste der neueren Interessenten: Die Lebensmittelindustrie und die Regierungen zielen auf eine geringere Abhängigkeit von Importen, also mehr Produktion im eigenen Land. Aus Klimaschutzgründen müssen Moore wieder vernässt werden, auf denen heute Lebensmittel erzeugt werden. Für die Energiewende müssen schnellstens Windkraft- und Photovoltaikanlagen aufs Land gestellt werden. Einige Klimaschützer nehmen die unterirdische Speicherung von CO_2, die bislang in Deutschland verpönt war, angesichts der Geschwindigkeit der Erderwärmung wieder in den Blick. Unternehmen und Investoren, die ihre Treibhausgasemissionen kompensieren oder Nachhaltigkeitsansprüche dokumentieren müssen, brauchen Land dafür. Die Industrie will auf biologische Ressourcen für Flugtreibstoffe, Kunststoffe, Textilien und Energie umsteigen und Bioraffinerien bauen. Wenn man alle Nutzungswünsche zusammenrechnet, dann ist potenziell jeder Quadratmeter mehrfach verplant. Wie soll das gehen?

Politischer Sprengstoff

Der Boden ist unsere Existenzgrundlage, als Grund wird er ausgemessen und in Besitz genommen, als Fläche im Raum unterschiedlich genutzt, alles zusammen ist es Land – und das war schon immer ein knappes Gut. Aber noch nie war die Konkurrenz so groß. »Buy land, they're not making it any more«: Mit einem Tempo, das selbst Mark Twain in Schwindel versetzt hätte, wird daher die Erde – in der doppelten Bedeutung des Wortes als Planet und als fruchtbare Krume – neu vermessen und in Besitz genommen. Investoren suchen Land, wo sie es kriegen können, zu Hause, in aller Welt. Land, das früher dem Staat und meist den Bäuerinnen und Bauern, die es bewirtschafteten, gehörte oder das von indigenen Bevölkerungsgruppen gemeinschaftlich genutzt wurde: Es ist heute auch ein Rendite- und Spekulationsobjekt. Man kann es kaufen, besitzen, pachten, kann damit handeln wie mit anderen Waren.

Doch Land ist kein Gut wie alle anderen. Einer Definition der UN zufolge ist es das »biologisch produktive terrestrische System, das den Boden, den Pflanzenbestand, andere Teile der belebten Umwelt sowie die ökologischen und hydrologischen Vorgänge umfasst, die innerhalb des Systems ablaufen«.[2] Das ist eine spröde Beschreibung für etwas Unabdingbares: die Grundlage allen Lebens. Wie das Land gepflegt und genutzt wird, bestimmt, wie viel Kohlenstoff der Boden speichert oder emittiert, wie viele Früchte er hervorbringt, welche Qualität das Trinkwasser hat, ob Sturzregen versickern kann oder zu zerstörerischem Hochwasser wird, ob die Böden in der Sommerhitze ihre Umgebung kühlen oder alles verdorren lassen, ob biologische Vielfalt gedeiht oder verdirbt und ob die Ökosysteme den menschengemachten Bedrohungen standhalten werden. Wie wir unser Land nutzen, prägt die Gestalt unserer Landschaften, die kulturelle Identität der ländlichen Regionen, der Städte und der Menschen, die darin wohnen. Wie wir unser Land nutzen, bestimmt, was wir essen, wie wir wohnen und reisen, kurz, wie wir leben.

Und wir haben es nicht gut genutzt. Regierungen, Landwirte, auch wir Konsumenten und Stadtbewohner haben das Land mit stetig anspruchsvolleren Konsum- und Wohnansprüchen unter Asphalt und Beton vergraben und seiner Lebendigkeit beraubt (Kapitel 8).

Wie lässt sich die wachsende Gefährdung dieses wertvollen Gemeingutes mit der wachsenden Konzentration des Landes in den Händen weniger Vermögender vereinbaren? Wer entscheidet zukünftig über das Land, wenn es immer enger wird, weil immer mehr Menschen weltweit versorgt werden müssen, mit Wasser, Nahrungsmitteln, Kleidung, Behausung, Mobilität; wenn die Ansprüche der Menschen steigen – aber die Reichen nicht teilen wollen und der Planet und seine Natur Grenzen setzen? Wie weiten Regierungen den Blick fürs Ganze und denken all diese Wissens- und Interessenswelten kreativ zusammen, statt sie teils widersprüchlich nebeneinanderher zu steuern? Wie lösen sie die unzähligen neuen Zielkonflikte um Grund und Boden? Diesen Fragen gehen wir in diesem Buch nach. Es geht also um politischen Sprengstoff, denn die Kämpfe um das Land und seine Nutzung sind längst entbrannt.

Im Jahr 2020 wurden weltweit 200 Menschen ermordet und Tausende staatlichen Repressalien ausgesetzt, teils in Haft genommen, weil sie gegen Bergbauprojekte, Waldrodungen oder die Vertreibung von Kleinbauern vorgingen, »an der Verteidigungslinie gegen den ökologischen Kollaps«[3], wie es die Organisation Global Witness nennt. In Europa leben Umweltaktivisten und Naturschützerinnen zwar nicht so gefährlich wie in Mexiko, Kolumbien oder Brasilien. Aber viele

Kämpfe um Landressourcen im globalen Süden sind mit unseren Konsumansprüchen unmittelbar verbunden (Kap. 8). Und auch hierzulande prallten Staat und Bürger im besetzten Hambacher Forst und im kleinen Dorf Lützerath aufeinander, als Tausende Aktivistinnen und Aktivisten fruchtbaren Boden vor den Schaufeln der Braunkohlebagger retten wollten. Umweltschützer versammelten sich in Protestcamps gegen geplante Gewerbegebiete auf der besagten grünen Wiese. Oder sie versuchten, Pläne des Autokonzerns Tesla einzudämmen, dessen »Gigafactory« für Elektroautos mitten in der dürregefährdeten Brandenburger Grünheide ein Wasserschutzgebiet gefährdet. Fast 200 Hektar Wald fielen der »grünen« E-Mobilität zum Opfer. Und das sind nur die spektakulärsten Konflikte.

Wer entscheidet über das Land?

Auch ohne überregional Schlagzeilen zu liefern, verstärkt sich der Streit um das Land. Zum Beispiel im Hamburger Klövensteen, einem idyllischen Waldgebiet vor den Toren der Stadt, wo der Milchbauer Hauke Jaacks seinen Hof an einen Immobilienmakler verloren hat. Die Familie Jaacks hatte den Moorhof seit vielen Jahren gepachtet, ihre große Herde rotbunter Milchkühe auf den Weiden am Wald gehörte für die Erholung suchenden Hamburgerinnen zum Landschaftsbild wie die Knicks, die langen Hecken entlang der Weiden und die alten Eichenalleen. Als die Eigentümer sich zum Verkauf ihres Hofes entschlossen, meldete Jaacks sein Interesse an. Er wähnte sich sicher, den Hof kaufen zu können, schließlich haben landwirtschaftliche Pächter ein Vorkaufsrecht. Doch ein Hamburger Immobilienmakler überbot den Milchbauern und bekam den Zuschlag für einen Pferdehof – trotz Gerichtsverfahren und einer bundesweiten Petition mit 170.000 Unterschriften für den Erhalt des Bauernhofs. Hauke Jaacks blieb, hoffte auf neue Flächen in der Nähe, widersetzte sich einer ersten Zwangsräumung und gab nach zwei Jahren Kampf schließlich auf. Sein Lebenswerk, die rotbunte Herde, wurde größtenteils verkauft und geschlachtet.

Zum Beispiel im Trebeltal unweit von Rostock. Hier lebt eines der letzten hundert Schreiadlerpaare in Deutschland. Gerd und Gerda, so haben Naturschützer sie getauft. Die Greifvögel nisten im »Wilden Wasdow«, einem in Teilen noch 400 Jahre alten Wald mit mächtigen Buchen und Eichen, Erlen und Hainbuchen, Flatterulmen und Vogelkirschen. In der grünen Kathedrale kann man Schwarzspecht und Raufußkauz finden, Siebenschläfer und Wolf, zwischen zartgrünen Jungbäumen gedeihen Buschwindröschen und Scharbockskraut. Dass hier Schreiadler brüten, ist auch ein Erfolg der Michael Succow Stiftung. Zwölf Jahre lang arbeitete sie für ein Ziel: Der Wald sollte sich zu einer Wildnis entwickeln können. Möglich wurde das, weil der Staat den Wasdow als Nationales Naturerbe dem Bodenmarkt entzogen hatte. Und das nicht isoliert, nicht als Insel, sondern in Verbindung mit den benachbarten Fluss- und Offenlandbiotopen, die der scheue Waldvogel zum Jagen braucht. Die Naturschützer konnten die Pflege übernehmen, weil ihnen 21 Hektar aus dem vormaligen Treuhandbesitz übertragen worden waren und damit die Verantwortung, etwa die Hälfte des Waldgebietes in seiner Ursprünglichkeit zu erhalten und zu erneuern. Bis diese Flächen unter den Hammer kamen. Einer von 23 MiteigentümerInnen hatte eine Zwangsversteigerung erwirkt. Für ihn war der Wald unter anderem deshalb so attraktiv, weil er sich mit angrenzenden Flächen zu einem Eigenjagdbezirk aufrechnete und damit eine enorme Wertsteigerung erfuhr. Denn nur ab einer bestimmten Größe darf ein Besitzer das Jagdrecht ausüben. Im Privatbesitz könnte der Wasdow nun forstwirtschaftlich genutzt werden, womöglich sogar intensiv angesichts der wachsenden Holznachfrage. Das brächte Unruhe in den Wald, die der Schreiadler nicht gut verträgt. Über Jahre verhandelte die Succow-Stiftung, schließlich mobilisierte sie Spenden, um ihr Waldstück kaufen und den Naturschutz absichern zu können. Doch das Geld reichte am Ende nicht aus.

Drittes Beispiel: das Münchner Umland. Dort könnten die Pioniere vom Kartoffelkombinat, das über 2000 Münchner Haushalte mit Gemüse versorgt, ihre Pachtflächen verlieren – an Photovoltaik-Investoren. Die Genossenschaft gilt als Vorzeigemodell dafür, wie der Umbau der Agrar- und Ernährungssysteme gelingen kann. Sie hat nicht einfach Kunden, sondern teilt die regionale, ökologische Gemüseernte unter den Genossen auf, arbeitet selbstbestimmt und zahlt ihren Gärtnerinnen und Gärtnern faire Löhne. Das alles sei nun in Gefahr, sagt der Gründer und Vorstand Daniel Überall. »Der Pächter hat uns gekündigt. Ende 2025 läuft der Vertrag aus. Investoren, die Photovoltaik pflanzen wollen, bieten Summen, die sich mit fair produzierten Lebensmitteln nicht erwirtschaften lassen.«

Und noch ein Beispiel, das ebenfalls in Bayern spielt. Zwischen den Gemeinden Straßkirchen und Irlbach in der Nähe seines Werkes in Dingolfing hat der BMW-Konzern große Flächen aufgekauft, um seine Fahrzeugproduktion mit dem Bau eines Batteriemontagewerks auf E-Mobilität umzurüsten. 2024 ist der Bau geplant, 3000 Menschen sollen am Ende dort arbeiten, junge Leute dort ausgebildet werden für eine Zukunftstechnologie. Ein Pumpwerk für den Wohlstand der Region, so sehen es viele, und ein »Bekenntnis« des mächtigen Autoherstellers »zum Wirtschaftsstandort Bayern«, wie der Minister für Wohnen, Bau und Verkehr, Christian Bernreiter, schwärmte. Er sei »fast vom Stuhl gefallen, dass Leute dagegen sein können«, sagte er fassungslos in der populären Sendung »Jetzt red i«[4]. Doch der Bayerische Rundfunk berichtet dort über »hitzige Stimmung«, denn es gibt sie durchaus, Leute, die dagegen sind, die fruchtbarsten Böden Bayerns unwiederbringlich zu versiegeln. Etwa den Bauern Hans Ringlstetter, der nachdenklich vorbrachte, in einer »Kornkammer«, deren Boden beste Fruchtbarkeitswerte aufweise, dürfe man heutzutage nicht mehr 105 Hektar Land für die Erzeugung von Lebensmitteln einfach preisgeben: »Von Beton kann man nicht runterbeißen.« Oder es sind Naturschützer wie Richard Mergner vom BUND, der eine neu gebaute »Kiste auf besten Böden« und Parkplätze zu ebener Erde in Zeiten vielfacher ökologischer Krisen als »eigentlich ein Verbrechen« bezeichnet – »in den Böden muss Wasser versickern!« – und eine fantasievollere Planung mit der Umnutzung vorhandener Standorte forderte, »Intelligenz statt Beton«.

Man könnte bei so einer Deutschlandreise an vielen Baustellen anhalten, die legitimen Interessen, ja wichtigen Zielen dienen, aber Ackerflächen, Moore, Sümpfe, Heideflächen oder Wälder gefährden (Kapitel 4). Die Fragen, die all die scheinbar lokalen Konflikte aufwerfen, sind tatsächlich übergreifend und strukturell, und sie spitzen sich ähnlich, ja oft noch drastischer im Rest der Welt zu: Hat das Menschenrecht auf Wohnen Vorrang oder das Lebensrecht eines Tieres, einer Art? Zählen Straßen und Ställe mehr oder revitalisierte Moore? Solaranlagen oder Äcker? Holznutzung oder wilder Wald? Wasser für die Landwirtschaft, für die Industrie, für Kraftwerke, zum Trinken? Wer zuerst kommt, mahlt zuerst?

Die Knappheit und Überbuchung des Grundes war lange der Elefant im Raum. Erstaunlich spät, aber jetzt immer öfter ist die Rede von der Fläche als »neuer Währung«, so formuliert es der Staatssekretär im Bundesumweltministerium, Stefan Tidow, oder immer wieder vom »neuen Gold«. Um jeden Hektar Erde wird gebuhlt. Immer schneller wird Land deshalb immer kostbarer und laufend teurer. Das gilt für Baugrundstücke in den Städten, für den Wald. Im Wasdower Wald etwa lag die Versteigerungssumme am Ende fast doppelt so hoch wie der Verkehrswert. Und laufend teurer wird besonders das Ackerland. Familienbetriebe können beim Kauf von Agrarflächen kaum mehr mithalten, da die Preise auf dem Bodenmarkt drastisch viel höher gestiegen sind als die Einkommen. Ein Viertel der Äcker, die in den vergangenen Jahren den Besitzer gewechselt haben, wurde von Käufern ohne agrarwirtschaftliche Vorgeschichte erworben. Dazu gehören Finanzfonds, Immobilienunternehmen oder Firmenbesitzer wie der kürzlich verstorbene Brillenhersteller Fielmann. Immer mehr Grund und Boden gehört immer weniger Menschen oder Organisationen (Kapitel 5).

Ein Elefant im Raum ist das immer noch, weil man nicht gern darüber redet, dass die Verfügungsmacht über Eigentum beschränkt werden müsste. Sonst droht eine Refeudalisierung des Landes, national wie weltweit. Seit einigen Jahren gehen Unternehmen aus reichen Ländern auch in Afrika, Asien oder Südamerika auf Boden-Shopping-Tour. »Sollen Sie doch Kolonien fressen«, spottet David Montgomery, Professor für Geomorphologie und Autor des Buches »Dreck – Warum unsere Zivilisation den Boden unter den Füßen verliert«[5], in Anspielung auf das legendäre Kuchenzitat aus der Französischen Revolution.

Bodenversiegelung – ein Kavaliersdelikt?

Die Folge der enorm steigenden Nachfrage nach »Biomasse«, wie Ökonomen Pflanzen gerne nennen, war bislang allzu oft ein gleichförmiger, großflächiger Anbau von anfälligen Kulturen auf Kosten der Böden – während der Energie-, Mobilitäts- und Bauhunger der Städte weitere Flächen frisst. In Deutschland sind schon rund 45 Prozent der Siedlungs- und Verkehrsfläche zubetoniert. Von 2017 bis 2020 wurden im Durchschnitt täglich 54 Hektar pro Tag zusätzlich für Gebäude, Straßen, Windräder oder PV-Anlagen ausgewiesen und damit potenziell oder schon real versiegelt. Das sind weniger als um die Jahrtausendwende, da lag der tägliche Betonierungszuwachs wegen des Baubooms bei 190 Hektar. Doch 2021 drehte sich der Trend wieder, die Zahl stieg erneut auf 55 Hektar, eine Fläche, die mehr als 78 Fußballfeldern entspricht. Und es ist kein Ende in Sicht, im Gegenteil: Die neue, beschleunigte Bau-Euphorie der Ampelkoalition lässt weitere Betonierung befürchten. Eine Vielzahl kommunaler Einzelentscheidungen, die dem zugrunde liegen, summieren sich zu einem klaren Verstoß gegen die Deutsche Nachhaltigkeitsstrategie. Sie fordert das Gegenteil: Bis zum Jahr 2030 sollten noch höchstens 30 Hektar täglich zusätzlich in Anspruch genommen werden. Die fatale Entwicklung wird hingenommen wie ein Kavaliersdelikt. Dabei fordern Experten schon lange eine Null-Expansions-Politik. Netto null auch für den Landverbrauch.

Und besser noch wäre ein Minus, denn hinzu kommt, wie gesagt: Der Boden ist die existenzielle, unersetzliche, faszinierende, verletzliche Ressource, der Quell allen Lebens, »wertvoller als Diamanten«, so versucht der grüne Agrarminister Cem Özdemir die Goldmetapher noch zu toppen (Kapitel 2). Aber diese Ressource ist nicht nur knapp, sondern vielerorts dramatisch geschädigt, erodiert, vergiftet, ja existenziell bedroht. »Gut möglich, dass der Boden das komplexeste unserer lebenden Systeme ist«, schreibt der renommierte englische Umweltjournalist George Monbiot in seinem Buch »Neuland«[6] – »und wir behandeln ihn wie Dreck«, bestenfalls wie »totes, passives Substrat«.[7] Die Folge sind Wassermangel, Artensterben, drohende Nahrungsmittelknappheit.

Die US-Amerikaner haben das schon einmal erlebt, in den Dreißigerjahren des letzten Jahrhunderts, als sich weite Teile der Great Plains nach einer Dürre in eine Staubwüste verwandelt haben – nachdem das Präriegras gerodet und der Boden falsch beackert worden war. John Steinbeck hat in seinem Roman »Die Früchte des Zorns« über die »dust bowl« und die Not, die sie ausgelöst hat, geschrieben. Daran erinnert man sich jetzt angesichts der dramatischen Bedrängnisse und Konflikte in Teilen des globalen Südens. Dort holen Kleinbauern, um die sich jahrzehntelang kein Staat mit Beratung und Hilfe gekümmert hat, aus dem Boden, was geht – bis nichts mehr geht. Der Klimawandel verschärft die Degradierung. Schon bis 2050 werden laut dem Weltatlas der Desertifizierung 500 bis 700 Millionen Menschen gezwungen sein, ihre Dörfer zu verlassen, weil ihr Land sie nicht mehr ernähren kann[8].

Dabei werden gute Böden dringend gebraucht, um die vielen, lange bekannten und mittlerweile existenziellen Krisen zu lösen. Ohne gesunde Böden keine Wälder, die wieder Wasser speichern und Wolken bilden, keine Feuchtgebiete und Wiedervernässung der Moore, keine Ausdehnung begradigter Flüsse, keine Erneuerung der Anbausysteme, keine Rettung der biologischen Vielfalt mit summenden Wiesen, keine Steigerung der ökologischen Funktionen von Nutzflächen und Naturräumen. Längst geht es darum, die Böden, die alle Ökosysteme miteinander verbinden, nicht mehr nur zu erhalten, sondern sie zu erneuern. George Monbiot schreibt kategorisch: »Ich bin zu dem Schluss gekommen, dass Flächennutzung die wichtigste aller Umweltfragen ist.« Die Landnutzung als Ursache für die sozialen und ökologischen Krisen und zugleich als Kern der Lösung: Dieses komplexe Überlebensprojekt ganz neu zu steuern, ist tatsächlich entscheidend, es ist eine politische Mammutaufgabe. Und diese Aufgabe ist hochbrisant. Schließlich geht es dabei auch um eine im kapitalistischen System besonders heilige Kuh: das Eigentum.

In Deutschland implodiert der Konflikt im Spannungsfeld zwischen zwei Grundgesetz-Artikeln. Auf der einen Seite schützt der Staat laut Artikel 20a »auch in Verantwortung für die künftigen Generationen die natürlichen Lebensgrundlagen und die Tiere«. Auf der anderen Seite gewährleistet Artikel 14 das Eigentums- und Erbrecht. Allerdings mit einer oft übersehenen Einschränkung, die es in sich hat: »Sein Gebrauch soll zugleich dem Wohle der Allgemeinheit dienen.« Diese Anforderung empfinden die einen als Übergriff in ihre Freiheit. Sie sehen die Entscheidung darüber, wie man Land und Boden nutzt, allein in der Macht und Verantwortung der EigentümerInnen. Die anderen wertschätzen den Boden vorrangig als existenzielles Gemeingut (Kapitel 6).

Neue Gesetze für den Boden

Politik für den Boden: Über Jahrzehnte haben die meisten Regierungen diese Aufgabe schlicht vernachlässigt. Man erkennt es schon daran, dass Land und Boden im Gegensatz zum Wasser, zum Klima oder auch zur Artenvielfalt lange durch kein starkes globales Abkommen geschützt worden sind. Seinem Erhalt diente nur die UN-Konvention zur Bekämpfung der Wüstenbildung. Aber deren Programme widmeten sich, noch dazu beschämend unterfinanziert, vorrangig

Ländern wie Burkina Faso oder Mauretanien, die seit jeher in aller Härte mit den Folgen von Erosion und Austrocknung konfrontiert sind.

Erst seit sich auch im Mittelmeerraum Wüsten entwickeln und Dürren bis nach Deutschland auszubreiten drohen, seit der Boden von Indien über die Po-Ebene bis zu den amerikanischen Great Plains geringere Ernten bringt, verhärtet, erodiert, weggeschwemmt wird und zugleich auf der Positivseite endlich auch als Gesundheitsquell, Kohlenstoffspeicher und damit Klimaschützer anerkannt wird, rückt seine Erneuerung auf unterschiedlichen Ebenen in den Fokus der politischen Aufmerksamkeit. Seit 2015 ist der Boden in der Agenda 2030 der Vereinten Nationen mit ihren 17 Nachhaltigkeitszielen verankert, auch in der Klimarahmenkonvention der VN wurde er zum Thema. Der Ruf nach einer umfassenderen globalen Boden-Konvention wird lauter. Mit dem europäischen Green Deal soll endlich auch eine EU-Bodenschutz-Richtlinie verabschiedet werden; auch wenn der vorliegende Entwurf sich bisher vor allem auf Messungen und Monitoring beschränkt. Um die gefährdeten Böden – unsere Lebensgrundlage – wirklich zu schützen, bräuchte es Auflagen für ihre Wiederbelebung, einen De-facto-Stopp für jede neue Versiegelung, eine Obergrenze für die Größe einzelner Besitztümer, damit auch kleine und mittelständische Betriebe erhalten bleiben. Bislang haben sich die Bundes- und Landesregierungen an solche Ziele noch nicht herangewagt. Hoch bedeutsam für die Qualität der Böden sind zudem die europäische Agrarreform und die Renaturierungs- und Natur-Flächen-Gesetze, die gerade abgestimmt werden. Große Hoffnung für besteht nicht, gemessen am aktuellen Fokus der Koalition auf einen flächenfressenden, planungsbeschleunigten Infrastrukturausbau. Gemessen auch daran, dass der Bundeshaushalt mit dem Urteil des Bundesverfassungsgerichts vom November 2023 zur Finanzierung des Klima- und Transformationsfonds unter heftigen Druck geraten ist. Immerhin widmen sich neben den Regierungen und Parlamenten auch immer mehr gesellschaftliche Initiativen dem Ziel, die Wirtschaft, vom Boden her gedacht, im Wortsinn Grund legend umzugestalten (Kapitel 9).

Vorrang für »Mehrgewinnstrategien«

Zusammendenken, das ganze System in den Blick nehmen: das ist angesichts der beschriebenen Konflikte und Widersprüche eine Schlüsselqualifikation der Zukunft. Dass an einem solchen geerdeten Rund-um-Blick kein Weg vorbeiführt, hat der Wissenschaftliche Beirat Globale Umweltveränderungen der Bundesregierung (WBGU) bereits in seinem Gutachten »Landwende im Anthropozän« gefordert. Die unterschiedlichen Formen, Land zu nutzen, müssten sich »von der Konkurrenz zur Integration« bewegen, heißt es darin. Gesetze, Planung und Praxis sollten mit Vorrang »Mehrgewinnstrategien« vorantreiben, also praktische Lösungen und Programme, die viele Probleme und mehrere Wenden zugleich hebeln (Kap. 9).

Solche »soziotechnischen« Innovationen sind oft experimentell, auch sie können im Gewirr der Zielkonflikte unvorhergesehene Nebenwirkungen mit sich bringen. Die systemischen Reformen erfordern daher auch neue wissenschaftliche Begleitgremien, Entscheidungs- und Korrekturwege, zudem eine politische Fehlerkultur und so viel demokratische Beteiligung wie möglich. Je mehr Augen auf ein Problem schauen, je mehr Menschen mitreden, desto schärfer wird der Blick fürs falsche Detail und richtige Ganze. Für die »Landwende zur Nachhaltigkeit« seien »politischer Wille, Kreativität und Mut« gefordert, schreiben daher die Gutachter des WBGU: »Es braucht Pionier*innen, die neue Wege testen und beschreiten, Staaten, die Rahmenbedingungen setzen, notwendige Maßnahmen durchsetzen und miteinander kooperieren, sowie Mechanismen eines gerechten Ausgleichs zwischen Akteuren.«

Doch Kreativität? Mut? Politischer Wille? »Die vermag ich bislang nur bei wenigen Themen zu erkennen«, resümierte die Umweltjuristin und Co-Vorsitzende des WBGU Sabine Schlacke drei Jahre nach Erscheinen des Gutachtens. In der politischen Praxis erweist sich auch die schöne Formel des WBGU, die Transformation müsse »systemisch, synergistisch, solidarisch« in Angriff genommen werden, bislang als schöner Traum. Im Gegenteil: Statt integrierter Planung präsentierte Wirtschaftsminister Robert Habeck ein Eckpunktepapier zu Windenergie und Artenschutz, das er mit der Umweltministerin Steffi Lemke ausgehandelt hatte, ausdrücklich als »Trenngesetzgebung«. Klimaschutzanlagen hier, Artenschutz da. Technisch verbaute Schmutzgebiete hier, Schutzgebiete da. »Von vorgestern«, so urteilt Thomas Potthast, Professor für Ethik, Theorie und Geschichte der Biowissenschaften in Tübingen. Und dann gilt auch noch meist: Klima first, Arten second. Das ist das Gegenteil von Zusammendenken, es ist ein Rückschritt ins Eindimensionale.

Er hat viele Gründe: Die Pandemie, Russlands Angriffskrieg auf die Ukraine, als Folge die weltweite Inflation und dann seit Oktober 2023 der Nahost-Konflikt haben mit kurzfristigen Prioritäten die langfristigen Notwendigkeiten zu einem Teil wieder in die zweite Reihe gedrängt. Aus einem schnell aufgelegten Sondervermögen sind 100 Milliarden in die Verteidigung geflossen, und als *first* gilt jetzt Geopolitik. Zweitens sind die ökologischen Probleme drei Jahrzehnte lang aufgeschoben worden, »der Handlungsdruck ist im Anthropozän größer als je zuvor in der Menschheitsgeschichte«, schreiben die Gutachter des WBGU. Die Zielmarke 2030, die für den Green Deal und viele andere Herausforderungen festgelegt wurde, lässt in Europa nur noch sechs Ernten und eineinhalb Legislaturperioden Zeit. Dass dementsprechend nun alles gleichzeitig geschehen muss, überfordert viele.

Drittens denken und wirken Wissenschaftlerinnen, Ministerialbeamte, Manager, Naturschützerinnen oder Bauernverbandsfunktionäre meist in den Logiken ihrer Organisationen. Den eigenen Silo zu verlassen, die anderen Perspektiven in Entscheidungen einfließen zu lassen, ist kaum eingeübt. Vierter Grund: Verwaltungen sind kolossal überfordert. Ihnen fehlen Mitarbeiter, die einen schon jetzt detailwütigen Regelwust praktisch umsetzen und seine Einhaltung kontrollieren sollen; ganz zu schweigen von fachübergreifenden Planungsnetzwerken. Schließlich der fünfte Grund: Das alte System leistet erheblichen Widerstand. In allen Industrien gilt zwar Nachhaltigkeit mittlerweile als »Megatrend«. Aber Lobbyisten der herkömmlichen Energie-, Finanz- und Agrarsysteme blockieren immer wieder Innovationen, die auf der Höhe der Probleme stehen, sie diffamieren soziale Ansätze und versuchen stattdessen, vermarktbare technologische Lösungen durchzusetzen. Diese folgen oft eher einer wirtschaftlichen Logik als jener der Nachhaltigkeit. Die Spreu vom Weizen zu trennen: Auch dazu soll dieses Buch anregen.

Das klingt ganz schön kühn, denn: Alles verwirrend, alles kompliziert, wie soll man derart viele, derart vielschichtige Herausforderungen gleichzeitig bewältigen? Wie eine solche Herkulesaufgabe stemmen, wenn doch mögliche Transformationsverlierer wie die Gegner der Heizungsgesetze schon jetzt erfolgreich medialen und politischen Widerstand mobilisieren? Wie verhindern, dass Teile der Gesellschaft überfordert werden und nach rechts abdriften, so wie in der Bauern-Bürger-Partei in den Niederlanden oder wie hierzulande in der AfD? Wie Komplexität managen, wenn zugleich der Zeitdruck steigt? Immer schneller geben die Beschleunigung des Klimawandels und des Artensterbens, die Digitalisierung, die Globalisierungs- und Renationalisierungsprozesse den Takt vor – während zugleich weite Teile der Gesellschaft die Dimension der Probleme noch immer verdrängen oder leugnen und bei Dürren nicht Hunger und Durst befürchten, sondern »leere Pools und Duschverbote«, wie das Magazin *Stern* im Sommer 2023 warnte.

Auch wir unterliegen diesem Zeitdruck, schon deshalb können wir nicht bei allen Aspekten tief bohren. Vieles werden wir nur exemplarisch herausgreifen, internationale Aspekte etwa nur streifen, auch der Wald und seine Gefährdung hätte mehr Raum verdient. Die rasant schnelle politische Entwicklung bei all diesen Themen mag manche Aussage, manches Datum schon wieder überholt haben, wenn dieses

Buch erscheint. Aber die strukturellen Probleme und existenziellen Gefahren bleiben, und es hilft nichts: Wir dürfen die Augen vor dem Druck auf Böden und Flächen nicht länger verschließen. Je mehr wir zögern, desto mehr Menschen und andere Lebewesen wird es treffen. Bei der Europawahl müssen Grund und Boden Thema werden, bei den Landtagswahlen im Herbst 2024 und ebenso im Jahr 2025, wenn in Deutschland ein neuer Bundestag gewählt wird.

Im Dickicht widersprüchlicher Aufgaben und Anfeindungen helfen vielleicht am besten jene Ratschläge, die Hermann Scheer, der SPD-Politiker, Vordenker und Gestalter des Erneuerbare-Energien-Gesetzes, eines Welterfolgs, sich und anderen gab: Nicht aufhören, unermüdliche Überzeugungsarbeit zu leisten. Den »Knackpunkt« suchen. Nicht überall gleichzeitig wirbeln, sondern Prioritäten setzen.

Bei Land und Boden liegt der Knackpunkt im Dreieck der Nachhaltigkeit. Viel zu lange wurden der Ökologie, der Ökonomie und dem sozialen Ausgleich Gleichrangigkeit zugeschrieben. Ungekannte Dürren, Fluten, Stürme und Ressourcenkrisen als Folgen des Klimawandels zeigen aber immer klarer, von Pakistan bis ins Ahrtal, von der Po-Ebene bis nach Kanada, von Slowenien bis Kenia und Haiti: Naturgesetze sind unerschütterlich. Wir müssen die Priorität unzweifelhaft klarer setzen: Ecology first. Es geht nicht mehr um die viel zitierte »Versöhnung« von Ökonomie und Ökologie, das war schon immer ein Euphemismus.

Gerade wer sich mit dem Boden beschäftigt, diesem Medium des großen Zusammenhangs, der erkennt unmissverständlich: Wir leben in einer üppigen, erfindungsreichen Natur – aber sie setzt uns Grenzen. Das mechanisch fortgeschriebene Wachstum des Bisherigen ist auch mit grünem Anstrich zukunftsblind. Wir müssen vielmehr einen neuen »frugalen Wohlstand« (Wolfgang Sachs) erfinden (Kapitel 10). Was dabei Vorrang hat, wo man beginnen muss, das weiß, wer den Problemen auf den Grund geht und sie dann tiefgründig an den Wurzeln löst.

2
DER URGRUND ALLES LEBENDIGEN

Wurzeln und Würmer, Mikroben und Pilze, die gemeinsam ständige Wiederauferstehung schaffen: Das Wunder der Unterwelt

Was sind das für Geräusche, welche seltsamen Lebewesen äußern sich so? Da kommt ein Schnarren aus der Stille, rhythmisch, wie aus einem alten Funkgerät. Dann nähern sich langsam tiefe Töne, entfernen sich wieder, als wäre eine fremde Kreatur vorbeigelaufen, unterwegs zu einem unbekannten Ziel. Stille. Jetzt rumpelt es plötzlich, als würde mit höchster Anstrengung ein Stein weggeschoben. Ein zarter Fußspitzengalopp, zittriges Mähen, Grunzen, Gekicher, Geknister. Solche Beschreibungen können sich einer Welt nur annähern, die man nicht hört und sieht und eigentlich mit nichts als Ruhe verbindet. Mit Grabesruhe.

Es sei denn, man stieße ein Rohr mit feinsten Sensoren in den Grund hinein, um herauszufinden, wie der Boden klingt. Marcus Maeder, Umweltwissenschaftler an der ETH Zürich, hat das gemeinsam mit Kollegen verschiedener Bio-Disziplinen an mehreren Orten der Schweiz gemacht. Was er da unten zu hören bekam, hat er vor einigen Jahren im Kunstmuseum Bern präsentiert: »Sounding Soils«, tönende Böden, hervorgebracht von Maulwürfen, Springschwänzen, Milben, Tausendfüßlern, Käfern, Würmern, Spinnen, Heuschrecken und Zikaden, begleitet vom fernen Pianissimo eines sanft eindringenden Landregens.

Was sind das für Botschaften: Warnungen, Arbeitskommandos, Lockrufe auf Brautschau? Wird da überhaupt kommuniziert oder unabsichtlich vor sich hin gelärmt? Die Forscher wissen es nur teilweise, das regt die Fantasie dazu an, etwas zu tun, was bei der Betrachtung der Natur eigentlich fragwürdig ist: sie zu vermenschlichen. So viel aber ist gewiss: Da unten tobt das Leben. Die Fress- und Buddelgeräusche kleiner und größerer Tiere vereinen sich zu einem vielstimmigen Untergrund-Konzert, ähnlich wie es überirdisch schön die Vogelgesänge, das Insektensummen oder das Quaken der Frösche im Wald tun. Die Schweizer Forscher stellten fest, dass einige Krabbeltiere, die auf der Oberfläche leben, den Boden nutzen, um sich über Vibrationen miteinander zu verständigen. Auch diese Erkenntnis kann man hören: Jeder Boden klingt anders. Im Waldboden ist es stiller, weil die Tiere in dieser kühleren Lebenswelt etwas weniger aktiv sind. Ein Acker, der konventionell bewirtschaftet wurde, weist laut den Wissenschaftlern des Sounding-Soils-Projektes weniger Geräuschvielfalt, also weniger Lebewesen auf als ein kunstdünger- und pestizidfreies Bio-Pendant.

Markus Maeder ist nicht der Einzige, der den Untergrund mit bioakustischer Empirie auf überraschende Weise zugänglich macht. Auch französische Forscher sind den Lauten auf der Spur, die Wurzeln beim Wachsen hervorbringen oder Regenwürmer, wenn sie ihren Weg durch die Erde graben. Über die Töne des subkulturellen Orchesters wollen sie den Boden und seine Bewohner genauer verstehen. Aber zugleich sind ihre Aufnahmen Versuche, möglichst vielen Menschen den existenziellen Wert dieser fremden Lebenswelt zu vermitteln, Neugierde und Faszination für sie zu wecken.[1] Wie viele andere Experten zielen sie darauf, »dem Boden eine Sprache zu geben«. Das Umweltbundesamt ließ aus dem gleichen Beweggrund sogar eine »Bodenkantate« in drei Sätzen komponieren.[2] Didaktische Kammermusik. Ein Sänger intoniert zu Piano, Gitarre, Tuba und allerhand Percussion ein Hohes Lied auf Fadenwürmer, Rädertiere und andere Lebewesen.

Denn dass der Boden eine große biologische Gemeinschaft beherbergt und eine, wie die EU-Kommission knapp formuliert, »vitale, begrenzte, nicht erneuerbare und unersetzliche Ressource« ist, die man nicht mit Füßen treten darf, das liegt einer weitgehend urbanen Gesellschaft immer noch fern, gelinde gesagt. Der Journalist Peter Härlin hat sich schon vor einem Dreivierteljahrhundert, also vor der exponentiellen fossilen Wachstumsdynamik und der vollen Entfaltung der Grünen Revolution, über diese Entfremdung Gedanken gemacht. »Grundstück – das ist einem jeden ein wohlgefüllter Begriff«, schrieb der Stuttgarter seinerzeit in einer Kolumne, die er mit dem Titel »Erde, Sonnenschein und Regen« überschrieb. »Es ist die Oberfläche, das Substrat für Maß und Zahl, unpersönlich und seelenlos wie das Meter selbst, nach dem man es mißt. Erde aber, das ist der Inhalt, die Tiefe, der Ur-Grund alles Lebendigen, nicht nur mechanisch seine Unterlage. Das ist der Körper des Globus, wenn nicht beseelt, so doch dem Lebendigen nahe verwandt, das in ihm wurzelt. Rohstoff der Schöpfung ist das, Station im Kreislauf alles Irdischen, in aller Welt Symbol alles dessen, was uns, die wir zwischen Diesseits und Jenseits wandeln, dem Diesseits verknüpft.«

Don't look up, look down

Härlins Sohn Benedikt ist heute in der Zukunftsstiftung Landwirtschaft ein unermüdlicher Vordenker und Aufklärer der globalen und lokalen Notwendigkeit, die Böden wieder zu beleben. Denn noch immer übersehen die meisten Leute den Grund, ignorieren ihn, missachten ihn, als erinnere er sie zu sehr an ihr eigenes Ende. Oder er gilt als totes Zeug, schlichtweg: als Dreck. Eklig. In diese Blackbox fasst man höchstens mal mit Plastikhandschuhen, um Topfblumen hineinzupflanzen. Die Bodenhaftung fehlt nicht nur den Laien, sondern auch vielen Wissenschaftlern, politischen Entscheidungsträgern und sogar manchen Praktikern in der Landwirtschaft. Auch über die professionelle, ja innige Nähe der Bauern zu ihrem wichtigsten Produktionsmittel machte sich Peter Härlin in den Fünfzigerjahren Gedanken: »Warm, kalt, hitzig, das sind Fachausdrücke, die sozusagen den Charakter des Bodens bezeichnen«, schrieb er, »sie bezeichnen Valeurs, die der Kundige fühlt, die er prüft und wertet wie der Weber den Stoff zwischen seinen Fingern. Er fühlt, wie die Erde schafft, wie sie gar wird, erneute Fruchtbarkeit versprechend, wie schlechter Boden sich nicht rührt, ›träge‹ daliegt, endlosen Fleißes bedürftig, um fruchtbar zu werden.«[3]

Dann kam die Agrarchemie, und lange haben auch viele Landwirte und vor allem ihre Berater die schwarze, kaffee- und rostbraune oder schlammgraue Erde zu sehr als neutrales, lebloses Substrat betrachtet. In dieses Zeug musste man nur Saatgut, Dünger und andere chemische Produkte hineinstecken, damit es große Mengen von meistens Weizen, Mais oder Zuckerrüben hervorbringt, als billige Rohstoffe für die bunte Produktwelt der Lebensmittelindustrie. Der intensiven Landwirtschaft, die oft irreführend als konventionell bezeichnet wird, ist das eindrucksvoll gelungen, immer ertragreicher haben sie den Boden gemacht, die Ernten um ein Vielfaches gesteigert, doch mit dramatischen Folgen: In vielen Regionen ist der Grund am Boden zerstört. 60 bis 70 Prozent der europäischen Böden seien aus dem Gleichgewicht oder geschädigt, bilanziert die Europäische Kommission auf Basis von Schätzungen, denn, auch das ist ein Indiz für die Missachtung der Böden: systematische Daten haben nur einige EU-Länder erfasst. Demnach sind 2,8 Millionen Standorte potenziell vergiftet, ein Viertel davon nachgewiesenermaßen. 83 Prozent der Ackerböden enthalten Pestizidrückstände, drei Viertel sind überdüngt, vor allem mit Stickstoff, der mit gigantischem Energieaufwand erzeugt werden muss und Böden übersäuert. 23 Prozent der Böden sind bis auf die unteren Schichten durch Landmaschinen und Bearbeitung verdichtet, sodass Staunässe und Sauerstoffmangel das unterirdische Leben ersticken. 25 Prozent haben nicht mehr genug Wasser, 25 Prozent drohen zu verwüsten. Das Bundesamt für Naturschutz beschreibt bei seinen Blicken »unter den Tellerrand« schon die Gefahr, dass bestimmte im Boden lebende Organismen aussterben könnten, noch ehe sie überhaupt taxonomisch erfasst wurden.[4] Damit ist die intensive Landwirtschaft »die vielleicht einzige Branche, die ihre eigene Grundlage zerstört«, so hat es der luxemburgische Agrarminister Fernand Etgen einmal formuliert. Und die Böden, unsere »stummen Verbündeten«, so der frühere Direktor der Welternährungsorganisation FAO Graziano da Silva, haben »keine Stimme, und nur wenige nehmen lautstark für sie Partei«.[5]

Es wäre zu einfach, das Wegdämmern und Dahinfliegen unserer Lebensgrundlagen den Landwirtinnen und Landwirten vorzuwerfen. Verantwortlich sind wir alle, als KonsumentInnen, als Wähler. Verantwortlich ist vor allem das kurzfristig denkende und handelnde Agrobusiness. Erst seit die Schäden nicht mehr zu übersehen sind, beginnt endlich eine ernsthafte Suche nach Auswegen und die Perspektive ändert sich allmählich, mit dem Titel der amerikanischen Klimawandel-Komödie gesprochen: *Don't look up, look down!* Oder besser: *Look up, but look down as well* ... Die Perspektive ändert sich in Konzernetagen, bei Landwirten und Forschern.

Seit dem Ende des 19. Jahrhunderts hatte sich die Wissenschaft vor allem um eine chemische Optimierung des Anbaus und biotechnologische Diagnostik gekümmert, mit dem Ziel, Pflanzen besser zu schützen und zu ernähren. Doch die einseitige Düngestrategie habe die von ihr selbst mit verursachte Ermattung der Böden nur verdeckt, kritisierte der mittlerweile verstorbene äthiopische Biologe und Träger des Alternativen Nobelpreises Tewolde Berhan Gebre Egziabher einmal im Interview.[6] Dieser Ansatz ähnele »der Einnahme von Aspirin gegen Kopfschmerzen: Düngen beseitigt die Symptome, und am Ende ist der Kranke zu schwach, als dass Medikamente noch wirken könnten«. Hinterlassen hat das oft Badlands, schlechtes Land, wie im Titel eines Songs von Bruce Springsteen. Die Biologie des Bodens hingegen haben Forscher in Universitäten und Industrielaboren weitgehend übersehen, ja sogar als Ideologie des Biolandbaus belächelt. Dessen Anhänger mussten sich immer schon stärker um die Böden kümmern, um ohne die gängigen Mittel der Agrarchemie und nur mit wenigen erlaubten Stoffen wie Kupfer arbeiten zu können. Damit wurden sie marginalisiert, »obwohl alle Bodenökosysteme, die Geburtshelfer aller terrestrischen Ökosysteme und eines komplexen Lebens an Land, aus der Bodenbiologie hervorgegangen sind«, wie eine Vielzahl europäischer Experten kürzlich in einem Appell an die EU-Kommission schrieb.[7] Seit wenigen Jahren kommen Bodenleben, Kohlenstoff und Klimaschutz aber auch im wissenschaftlichen und politischen Mainstream in den Blick.

Das Wunder der Unterwelt

Der Blick wandert von den Halmen, Blüten, Sträuchern und Bäumen hinab und richtet sich endlich auf die ganz eigene Mitwelt darunter. Wer dorthin schaut, der reibt sich wie ein blinder Maulwurf, der sehend wird, die Augen, wenn er das große Wunder der Unterwelt erkennt: ständige Erneuerung. All die krabbelnden und kriechenden Erdreichbewohner, denen Marcus Maeder auf der akustischen Spur ist und die teils bis metertief unter die Oberfläche dringen, zersetzen dort immer wieder abgestorbene Pflanzenteile, um daraus immer wieder neues Leben zu schaffen. Nur ihrem Geben und Nehmen, ihrem Fressen und Gefressenwerden ist zu verdanken, dass dies ein grüner Planet ist, ein »Planet der Pflanzen« (Stefano Mancuso). Pflanzen, die im Boden wurzeln, wandeln über die Photosynthese Licht, Wasser und Kohlendioxid in Sauerstoff und Biomasse um und ermöglichen erst, dass Menschen und Tiere sich davon ernähren und atmen, dass sie existieren können.

Der Boden ist nicht weniger als der große, atmende, lokale und planetarische Zusammenhang. Er verbindet alles: die Atmosphäre, die Gesteinsdecke, den Wasserkreislauf, die Vielfalt aller Ökosysteme vom Wald über die Flussaue bis zum Acker. Das demütig anzuerkennen wäre ein erster Schritt für uns Boden-Ignoranten. Den Boden noch viel besser zu verstehen, bietet die Chance für eine große Erneuerung unseres Umgangs mit ihm in der Landwirtschaft und zugleich für die Wiederherstellung gesunder Ökosysteme.

Denn: Im Boden liegt der Ursprung. Er ist der Grund, in dem sogar der Raum mit der Zeit verschmilzt. Sehr, sehr viel Zeit. Im Felsen hat sie einst begonnen und beginnt immer wieder neu, die Formation der Haut der Erde. Felsen verwittern allmählich und lockern sich, Regen zersetzt das Gestein mit allerhand Säuren zu feinem Material, aus dem sich Boden entwickeln kann. Frost sprengt und zerkleinert es, Jahr für Jahr, Jahrhundert für Jahrhundert. In einem komplexen Prozess, der weitere Jahrhunderte dauern kann, verwandeln sich Mineralien, abgestorbene Pioniergewächse, später Sträucher und Bäume in fruchtbare Erde. Je nach Ausgangsgestein, Vegetation und Witterung entstehen ganz unterschiedliche Bodentypen. An dieser »biologischen Orgie« (David Montgomery) wirken die unzähligen Geschöpfe mit, die im Boden leben. Ein jedes in seiner Rolle, unersetzbar bei aller scheinbaren Unscheinbarkeit.

Viele dieser Tiere sehen sogar aus wie Zeugen früherer Jahrtausende. Die winzigen Milben und Spinnen mit ihren borstigen Beinen oder die Asseln, ursprünglich krebsartige Meeresbewohner, deren Leib panzerartig hinter Platten liegt: Urtiere aus einem Jurassic Park. Ähnlich die Springschwänze mit ihrer Schwunggabel am Hinterleib, vom Grünen Gleichringler bis zum Dunkelbraunen Kugelspringer. Durch den Boden kriechen unzählige Würmer, gruftige Winzlinge auf Wanderschaft, weiße oder graue, nackt und blind. Und dort leben Pilze, die weder Tier noch Pflanze sind, sondern eine ganz eigene Lebensform. Mit ihren ausgreifenden Fadenstrukturen verbinden sie sich mit den Wurzeln vieler Pflanzen. Gemeinsam bilden sie eine Art Underground Wide Web. Manche Arten lassen diese Hyphen genannten Pilzfäden, ihre Vegetationsorgane, bis ins nächste Dorf wachsen, andere so dicht, dass man bis zu 500 Kilometer in einem Fußabdruck findet.

Das alles sind aber nur die sichtbaren Bodenlebewesen. In vielfältigen subtilen Beziehungen mit diesen und auch untereinander existieren im Untergrund darüber hinaus unzählige Amöben, Wimperntierchen, Kokken, Stäbchen, Spirillen, Flagellaten, Ziliaten, Algen, Minipilze, die man nur unter dem Mikroskop erkennt. Bis vor wenigen Jahren waren weltweit nur ein Prozent dieser Mikroben erfasst und beschrieben. Erst mit den rasanten Fortschritten in der Biotechnologie und Digitalisierung lernen Wissenschaftler die enorme Vielfalt der kleinsten Bodenlebewesen und ihre Funktionen allmählich besser kennen. Sie hausen bevorzugt in den Poren der feinen mineralischen Strukturen und Krümeln des Erdreichs oder rund um die Wurzelspitzen der Pflanzen. Unter einem Quadratmeter gesunden Bodens existieren mehr von ihnen, als es Menschen auf der Welt gibt. Gegen diese unfassbare Bevölkerungsdichte sind Megacities Dörfer. Eine Million Bakterien, 120.000 Pilze und 25.000 Algen kann man in einem einzigen Teelöffel Erde finden!

Ihr König, der größte Held des Erdreiches, ist der Regenwurm.[8] Die katalysatorischen Fähigkeiten dieses wirbellosen, gesichtslosen Geschöpfes haben schon Charles Darwin fasziniert. Der Begründer der Evolutionslehre widmete gerade diesem Tier jahrzehntelange Studien. Aus aller Welt ließ Darwin sich Regenwurmarten schicken, beobachtete sie, spielte ihnen Klaviermusik vor oder auch Fagottstücke, um ihre Wahrnehmungsfähigkeit für hohe oder tiefe Töne zu erkunden, und schrieb 1881 über sie sein letztes Werk: »Die Bildung der Ackererde durch die Tätigkeit der Würmer«. Darin erklärte Darwin, »dasz die ganze Ackererde über das ganze Land hin schon viele Male durch die Verdauungscanäle der Würmer gegangen ist und noch viele Male durchgehen wird«. Tatsächlich kann man dieses so merkwürdige wie geniale Tier als einen einzigen Verdauungstrakt beschreiben. Der Mund mit der ungewöhnlich großen Oberlippe, die Speiseröhre, Darm und After, zusammengehalten von dünner Haut und Muskeln: Dieser gliedmaßenlose Körper ist hauptsächlich mit Verschlingen und Ausscheiden beschäftigt. Jeden Tag verleibt sich ein Regenwurm ein Mehrfaches seines eigenen Gewichts an Boden ein, all die Bakterien, Einzeller, abgestorbenen Tiere, Getreidestoppeln, Blüten oder Blätter, die darin enthalten sind. Diese Biomasse zieht er von der Oberfläche herab ins Dunkel, damit sie anfängt zu verrotten, um dann verschlungen zu werden. Lange vor Darwin bezeichnete schon Aristoteles die Regenwürmer als »Eingeweide dieser Erde«.

Fressen für die Zukunft

Unterwegs im Untergrund sind Regenwürmer unschätzbare Gemeinwohl-Agenten. Sie funktionieren als Transporter, die schwer bewegliche Mikroorganismen überallhin verteilen. Sie schaffen kleine und größere horizontale und vertikale Röhren, bis zu 450 Meter können sie unter einem einzigen Quadratmeter durchbuddeln. Diese Wege sind Voraussetzungen dafür, dass sich Pflanzenwurzeln ausbreiten können. Je dichter und tiefer, desto besser, denn das lockert den Boden weiter auf. Und es gibt im Erdreich noch mehr Kooperation: 92 Prozent der Pflanzen bilden Symbiosen mit den Pilzen, die an ihren Feinwurzeln siedeln. Mykorrhiza, so werden sie von Experten genannt. Das ist dabei der Deal: Pilze liefern Wasser und Mineralien, denn mithilfe von Enzymen können sie härteste chemische Strukturen in ihrer Umgebung aufschließen. Besonders Phosphate, die an Bodenpartikel gebunden sind, werden den Wurzeln erst durch Mykorhizapilze zugänglich. Diese kriegen als Gegenleistung von der Pflanze Nährstoffe, am wichtigsten Zucker, also Energie.

Zurück zum unermüdlich produktiven Regenwurm: Durch die Wurzelgänge, die er geschaffen hat, gelangt Sauerstoff in die Unterwelt. Er belebt die große Vielzahl anderer Lebewesen wie ebenjene Springschwänze oder Asseln. Die fressen und entleeren sich ihrerseits andauernd, zerraspeln mit wuchtigen Mundwerkzeugen Totholz oder anderes altes Grünzeug, aber auch Kadaver kleiner und größerer Tiere, damit andere die Überreste noch mehr zerkleinern und wieder anderen zugänglich machen können. Dass auch die Leichen unterschiedlichster Waldbewohner zum Menü der Untergrundbewohner gehören, zeigt der mehrfach preisgekrönte Film »Festmahl der Tiere«[9]. Aus nächster Nähe und in Großaufnahme kann man in dieser Dokumentation genau beobachten (und dabei seine urbanen Ekelschranken durch Faszination überwinden), wie ein verendetes Reh Würmer, Ameisen, Asseln und noch viel mehr Krabbelgetier anlockt, das den Kadaver am Beginn des Kreislaufes in sein »Leben nach dem Tod« befördert. Nirgends beweist sich Woody Allens Beobachtung, dass »die Natur ein einziges großes Restaurant« sei, so wie im Boden. Manche Organismen fressen auch einander. Ein positiver Effekt dessen kann die Ausschaltung pathogener Keime sein. Und auch sonst gibt es Reinigungskommandos, einige Pilze, Bakterien oder bestimmte Springschwänze können chemische Schieflagen im Boden beseitigen. Indem sie Schwermetalle immobilisieren, erschließen sie auch verseuchte Böden wieder für neues Leben.

Dank dieser in Jahrmillionen entwickelten, immer weiter verfeinerten, aber auch hoch störanfälligen Gemeinschaftsarbeit wird das Menü von der Oberfläche so vorbereitet, dass der Regenwurm es gut verzehren kann. Seine Ausscheidungen vermischen sich dann mit Mineralstoffen zu Krümeln, deren wichtigster Bestandteil Humus ist. Wenn zum Beispiel rund 120 solcher Tiere in jedem Quadratmeter leben (was nicht einmal besonders viele sind), dann können sie im Laufe eines Winterhalbjahres von einem Hektar die gewaltige Menge von sechs Tonnen Stroh in den Boden ziehen. Angerottet angerichtet: ein Festmahl. In derselben Zeit bedecken diese Regenwürmer den Boden einen Zentimeter dick mit frischen und stabilen Krümeln.[10] Fressen für die Zukunft: So werden die Nährstoffe aus abgestorbenem organischen Material den Pflanzen wieder zugänglich gemacht.

Umso tragischer ist es, dass in deutschen Böden immer weniger der Wurm drin ist. Allein zwischen 2006 und 2016 sank die Besiedelung laut dem Umweltbundesamt um 45 Prozent. Aus vielen Gründen: Es fehlt das Futter, wenn statt Kleegras Mais angebaut wird; Stickstoffdünger und Ammoniak aus Gülle können ihre Haut verätzen; jede Bodenbearbeitung zerstört ihre Gänge und Behausungen, sie werden von manchen Pestiziden gelähmt. Wo Raps- oder Maisäcker mit Glyphosat totgespritzt wurden, wachsen überdies keine Unkräuter mehr, deren abgestorbene Blätter Nahrung liefern könnten. Überhaupt bieten großflächige Monokulturen zu wenig Abwechslung beim Futter. Deshalb gibt es beim Schwund große Unterschiede: Während man in konventionellen Intensivbetrieben vielleicht 30 Regenwürmer pro Quadratmeter zählt, tummeln sich auf dem Hof des Biobauern Sepp Braun 450 Exemplare pro Quadratmeter, »möglich wären sogar 600«, sagt Braun. Auf seinen Äckern in der Nähe von Freising verschont dieser Meister der Regenwurmhege die Ringeltiere vor dem Pflug und bietet ihnen zugleich mit Kleegras, bunten Fruchtfolgen, Mischfruchtanbau, Bäumen und Sträuchern reichhaltig Speise. Den Humusanteil seines Bodens konnte er in 35 Jahren von zwei auf fünf Prozent steigern. In *nur* 35 Jahren, denn auch der Humusaufbau fordert Zeit.

Der produktive Shitstorm

Humus, das ist das lateinische Wort für Erdboden. Er besteht aus den Pflanzenresten in ihren unterschiedlichen Zersetzungsstadien, den Ausscheidungen, Umwandlungsprodukten und abgestorbenen Körpern von Bodentieren und Mikroorganismen und damit zu rund 58 Prozent aus organischem Kohlenstoff und ist dabei viel mehr als die Summe seiner Teile: der wichtigste Indikator für Fruchtbarkeit, also für gutes Gedeihen der Pflanzen. Fruchtbarer Boden ist humusreich, voller Poren, er gleitet locker von der Schaufel, er stinkt nicht, sondern duftet erdig frisch. Das ist umso erstaunlicher, als bei der Entstehung guter Böden oft ein Faktor beteiligt ist, den angeekelte Städter mit besonders strengem Geruch verbinden: der Fladen. Die Hinterlassenschaft der Nutztiere, allen voran der Rinder.[11]

Zehn Tonnen Fladen scheidet jede Kuh jährlich aus, und es ist ein

Unterschied, ob man den mit Harn verdünnten Dung als Gülle über den Feldern versprüht oder dort frisch dampfend als attraktives, noch grasgrün schimmerndes, ballaststoffreiches Mist-Menü liegen lässt. Denn auch die vorverdauten Grasreste, die der komplizierte Magen-Darm-Trakt der Wiederkäuer nicht verwerten kann, liefern Abertausenden von Lebewesen auf dem und unter dem Boden Energie und befördern so das permanente Wiederauferstehungsprojekt. Als dessen Mitarbeiter nähern sich, schon wenige Minuten nachdem sich die Kuh erleichtert hat, die ersten Koprophagen. So nennt man Lebewesen, die Exkremente fressen, wie der Stierkäfer, der Nackenhornige Kotkäfer, der Gemeine Dungkugelkäfer. Halmfliegen landen auf dem Fladen, Schmeißfliegen, Stubenfliegen, Dunkelfliegen. Auch Bläulinge flattern auf dem Flatschen. Wenige Tage später machen dann räuberische Zweiflügler, die gerne Kotfresser fressen, leichte Beute, allen voran die goldpelzige Gelbe Dungfliege. Auf dem Dung einer Kuh, die das ganz Jahr über, wenn es nicht zu kalt ist auch im Winter, auf der Weide frisst und verdaut, entstehen auf diese Weise – sofern das Tier nicht mit Entwurmungsmitteln behandelt wird – in einem Jahr mehr als zwei Millionen Insekten. Das sind etwa 170 Kilogramm Insektenbiomasse – eine wichtige Futterquelle für Vögel.[12] Die gelegentlichen Besucher wie Schmetterlinge sind dabei nicht mal mitgerechnet. Wenn Käfer und Fliegen die Kuhfladen (oder auch solche von Pferden, Schafen oder Ziegen) nach einer wochenlangen Besiedelungs- und Vermehrungsorgie mit Gängen durchzogen und durchlüftet haben, vollenden all die geschilderten Bodenlebewesen das Werk der Zersetzung. Zwei bis drei Monate später hat das Aufräumkommando die noch enthaltenen organischen Substanzen in die Erde transportiert.

Dieser produktive Shitstorm ist jedoch ebenso weit reichend vom Acker verschwunden wie der Regenwurm. In der EU gibt es immer weniger Weidehaltung, sie ist im System der Intensivlandwirtschaft kaum noch rentabel. Die Fladen fehlen nun überirdisch den Insekten und Vögeln und unterirdisch dem Bodenleben. Überall dort, wo über Jahrtausende große Herden von Wiederkäuern über weit ausgedehnte Graslandschaften gezogen sind, gibt es dank des Dungs und des Tritts der Tiere besonders mächtige Böden. Die fruchtbaren Prärien des Mittleren Westens der USA sind so entstanden, ebenso die Schwarzerden in der Ukraine.[13] Gewiss, dazu gehörten noch einige andere begünstigende lokale Faktoren, aber sicher ist: Die richtige Zahl der richtigen Tiere und ihrer Fladen auf der Fläche fördert Artenvielfalt und Bodenfruchtbarkeit.

Kein Wunder, dass mittlerweile intensiver darüber nachgedacht wird – zum Beispiel in dem Dokumentarfilm »Holy Shit« von Rubén Abruña und dem Buch gleichen Titels[14] –, wie man auch menschliche Exkremente und die darin enthaltenen Nährstoffe mit besonderen Kompostmischungen in den natürlichen Kreislauf zurückführen kann. In vielen alten Kulturen war das üblich, etwa im Norden Äthiopiens. Tewolde Egziabher erzählte, in seiner Heimat dort habe jeder Fremde Herberge, Speise und am Ende auch noch ein Abschiedsfrühstück bekommen, ganz so, wie es die Gastfreundschaft forderte. Doch vor dem Abschied habe es ebenso klar dazugehört, dass sich der Besucher »erst auf dem Gelände des Gastgebers diskret verziehen musste: zum Düngen«! Der ältere Herr kicherte leise: »Heute müssen wir erst wieder lernen, dem Boden Respekt zu zollen.« Tobias Morgenstern, der Komponist der Bodenkantate, hat sich das offenbar schon zum Vorbild genommen. Das Theater am Rand im Oderbruch, das er leitet, hat eine Toilette, wo man Pee und Poo getrennt macht. Dafür kann man sich anschließend aus einer Schale von Centstücken bedienen. »Shitcoins« als Entgelt für den hinterlassenen Dünger.

Ein Hinweis auf den Respekt für den Boden, den wir brauchen. Dieser muss ja nicht genauso streng gelebt werden, wie es die Jaina in Indien tun. Die Anhänger dieser Glaubensgemeinschaft fühlen sich allen Lebewesen, auch denen im und auf dem Boden, in besonderer Weise spirituell verbunden. Ihre religiöse Vorschrift »Ahimsa« besagt: Du darfst keinen Menschen, kein Tier und keine Pflanzen beeinträchtigen, in welcher Weise auch immer. Damit sie nichts tot treten, laufen strenggläubige Jaina barfuß. Mönche fegen sogar mit einem weichen

Bausch unentwegt Flächen um sich herum, damit sie nicht versehentlich Ameisen und andere Krabbeltiere erdrücken. Auch die Spitze mongolischer Stiefel – hochgezogen, um nichts zu verletzen – gilt als Symbol für eine Wertschätzung des Bodens. Aber selbst wenn man sich ihm und seinen Bewohnern mit dem verkopfteren Anthropozentrismus des Westens nähert: mehr Empathie wäre nur im eigenen Interesse. Schließlich sind wir nicht allein wegen seiner Nahrung spendenden Großzügigkeit schicksalhaft auf ihn angewiesen. Je mehr das Leben im Boden verarmt, desto weniger Werkzeuge stehen ihm zur Verfügung. Je vielfältiger aber seine Bewohner und Strukturen sind, je mehr Poren und Krümel er aufweist, je besser durchwurzelt und stabiler er ist, desto besser kann er auch all die anderen lokalen und planetarischen Überlebenswirkungen erzielen, die heute in der Sprache der Ökonomie als Ökosystemleistungen beschrieben werden.

Ohne gut belebte Böden gäbe es auch in der Oberwelt keine Artenvielfalt. Einige Insektenarten nutzen das Erdreich als Brutstätte für ihre Eier. Je mehr Maden und Larven dort leben, desto mehr Vogelarten bekommen ihr gefundenes Fressen und desto mehr Pflanzenarten wachsen. Je mehr Pflanzenarten, desto mehr Schmetterlinge, Käfer, Wanzen und Zikaden finden Lebensräume. Ökosysteme existieren nicht nebeneinander, sondern als Kontinuum, und innerhalb der Ökosysteme ist das Unterirdische mit dem Überirdischen durch vielfältige Wechselbeziehungen verbunden.

Wir sind, was wir essen

Das betrifft auch den Menschen unmittelbar, denn es gibt Hinweise, dass ein gesunder Boden auch die menschliche Gesundheit fördert. Wir sind, was wir essen, verbunden über das Mikrobiom der Erde, die unsere Nahrung hervorbringt, und das Mikrobiom unseres Darms. Das kausal nachzuweisen ist zwar wissenschaftlich ungeheuer schwer. Zu vielfältig sind die Ernährungsgewohnheiten jedes einzelnen Menschen und die Einflüsse auf seine Verdauung, zu individuell die Zusammensetzung von Bakteriengemeinschaften und genetischen Dispositionen für Krankheiten, zu vielfältig andere mögliche Ursachenfaktoren. In populären Büchern wird bei Zusammenhängen zwischen dem Darmmikrobiom und Dickleibigkeit oder Depressionen oft eine Eindeutigkeit unterstellt, die seriöse Wissenschaftler zu Recht infrage stellen.

Doch wiederum infolge der Fortschritte in der biotechnologischen Diagnostik zeigen die Titelzeilen wissenschaftlicher Zeitschriften – »Ihr inneres Ökosystem«, »Eine Inside-Story«, die »Mikroben-Menagerie« –, dass Forscher solche Fragen heute viel intensiver diskutieren. Immer mehr Hinweise deuten darauf hin, dass Mikroben, die im Boden und auf den Pflanzen leben, die Besiedelung des Darms mitbestimmen und dass das Immunsystem positiv beeinflusst wird, wenn diese Mikroben besonders vielfältig sind. Im Umkehrschluss hieße das: Böden, deren Artenvielfalt aufgrund der intensiven Landwirtschaft gelitten hat, bringen auch mikrobenärmere Früchte und Gemüse hervor und damit weniger ernährungsbedingte Vitalität. Wissenschaftliche Studien legen auch nahe, dass gesunde Menschen eine lebendigere Besiedlung ihrer Darmwände aufweisen als kranke; ebenso indigene Völker, die sich weitgehend pflanzlich ernähren.[15] Wohl nicht umsonst nennt man in der Türkei einen Menschen, der es auf besonders viele Jahre gebracht hat, »alter Boden«.

Die Mikrobiologin Gabriele Berg hat zudem mit einigen Kollegen biologisch produzierte Äpfel mit konventionell erzeugten verglichen und festgestellt: Die Ökoäpfel enthielten deutlich mehr Mikroorganismen als mit Chemieeinsatz erzeugte, nicht nur auf der Schale, sondern auch im Fruchtfleisch und im Gehäuse.[16] *An apple a day*: die alte Gesundheitsformel scheint mit 100 Millionen gelieferten Bakterien pro Apfel untermauert zu werden. Noch ein Indiz für die Vitalität des Bodens: Eine italienische Untersuchung fand am Beispiel von Rauke-Salat heraus, dass Gewächshausprodukte insgesamt weniger Bakterien enthielten als solche, die in der Erde gewachsen waren. In den

Niederlanden hat die Bac2nature-Stiftung ein großes Forschungsprojekt ins Lebens gerufen, das nach ersten Pilotstudien von einem Biohandelsunternehmen unterstützt wird. Klar, da gibt es auch ein kommerzielles Interesse, aber die niederländische Regierung ist mit 5,5 Millionen Euro ebenfalls dabei. An drei renommierten Universitäten will man nun die Bakterienvielfalt bei verschiedenen Gemüsen und deren Auswirkungen auf das Darmmikrobiom in größerem Stil untersuchen, auch mit Blick auf unterschiedliche Anbauweisen. Mit ersten Ergebnissen wird in zwei Jahren gerechnet.

Böden sind außerdem entscheidend für den Haushalt und die Kreisläufe des Wassers. Wieder spielen Regenwürmer eine Schlüsselrolle: Das riesige Wegenetz, das die Ökosystem-Ingenieure graben, lässt den Niederschlag besser versickern, ebenso ihre Bodenlockerungsübungen. Durch die kleineren und größeren Poren, die von Würmern geschaffen werden, dringt das Wasser in die Röhren und Gänge vor. Den Unterschied zu ausgezehrten Ackerflächen kann man gut illustrieren, indem man Wasser erst auf einen Mehlhaufen und dann auf eine Toastscheibe gießt. Das Mehl klumpt bald, das Wasser fließt ab. Ein mit Hefen und Enzymen aufgegangenes Brot hingegen saugt sich komplett voll. Das gespeicherte Wasser kommt den Pflanzen zugute, es schützt Böden davor, vom Winde verweht zu werden, und hilft, die Grundwasserspeicher neu aufzuladen. Nicht zuletzt mindern gesunde Böden die Folgen von Überschwemmungen bei Starkregen, die infolge des Klimawandels immer häufiger geworden sind. Nach der Flutkatastrophe im Ahrtal berichteten Naturschützer, dass viele Äcker, durch maschinelle Bearbeitung verhärtet, vom ausgewaschenen Schlamm aus erodierten Hängen abgedichtet worden seien wie ein verstopftes Sieb. Auf so einer Oberfläche konnten sich unzählige kleine Abflussrinnen schnell vereinigen, erst zu Bächen werden und dann zu zerstörerischen Strömen. Hört der Regen auf, ist alles rasch wieder trocken.

Dass es auch anders geht, zeigen erneut die lebendigen Äcker des Freisinger Biobauern Sepp Braun, auf denen es von Regenwürmern nur so wimmelt: Er hat dort eine eindrucksvoll hohe Infiltrationsrate von 150 Litern Wasser pro Stunde und Quadratmeter gemessen. Sie hätte die Katastrophe im Ahrtal wahrscheinlich spürbar abmildern können. Auch in Pakistan oder den USA gilt: Gute Böden retten Menschenleben, weil Wasser nicht über die Oberfläche schießt, sondern ein Teil davon versickert. Im Wald ist es ähnlich: Wo reine Fichtenbestände den Boden über Jahre übersäuert und tonnenschwere Baumerntemaschinen, die sogenannten Harvester, ihn verdichtet haben, rauscht das Wasser oft oberflächlich ab. Regenwürmer gehen ohnehin schon wegen natürlicher chemischer Substanzen ihrer Nadeln kaum unter Kiefern und Fichten. Die komplexeren Bodenstrukturen von naturnahen Laubmischwäldern dagegen halten die Flüssigkeit länger, sie saugen sie auf wie ein riesiger Schwamm. Wissenschaftler haben das Vorkommen der Regenwürmer in beiden Waldtypen untersucht und in den Mischwäldern doppelt so viele Arten wie im Fichtenforst gefunden.

Gut durchfeuchtete Böden und Wälder haben eine weitere elementare Funktion: sie verdunsten und kühlen. In nördlichen Breiten erschien das bislang selbstverständlich. Je mehr sich aber die Erde erhitzt und selbst die sonst regenreichen sauerländischen Forste oder jene im Harz mit Trockenheit ringen, desto mehr drängt ins Bewusstsein, dass Wälder erfrischen, ihre Feuchtigkeit abgeben, mit Nebel und Wolken das lokale Kleinklima positiv verändern können. Die AutorInnen Ute Scheub und Stefan Schwarzer haben die Zusammenhänge zwischen Böden und Wasserhaushalt, feuchten Landschaften und Wolkenbildung, Klein- und Großklima in ihrem Buch »Aufbäumen gegen die Dürre« umfassend beschrieben.[17]

Ein wichtiger Verbündeter beim Kampf gegen den Klimawandel sind Böden aber vor allem, indem sie Kohlendioxid aus der Atmosphäre kurz- und auch langfristig speichern. Das tun sie zum einen, weil Wälder, Bäume, Hecken und Sträucher, indem sie mit Stämmen, Ästen und Blättern wachsen, CO_2-Senken – so der Fachargon – schaffen können; das heißt, sie speichern Kohlenstoff zusätzlich zum kurzfristigen Auf und Ab auch auf lange Sicht. Aber auch die Böden selbst nehmen enorme Mengen des Treibhausgases auf und speichern es als Humus, sogar viermal so viel wie die oberirdische Vegetation und mehr als doppelt so viel wie die Atmosphäre. In Deutschland enthalten Ackerböden im Mittel bis in einem Meter Tiefe 96 Tonnen Kohlenstoff, Waldböden 120 Tonnen, Dauergrünland 136 Tonnen. Meister der Sequestrierung sind Moore. Weil Pflanzenreste darin nicht vollständig zersetzt werden, bauen sie kontinuierlich weiter Torf auf und binden dabei große Mengen CO_2. In Deutschland findet sich in einem einzigen Hektar Moor mit einer 15 Zentimeter dicken Torfschicht etwa so viel Kohlenstoff wie in einem hundertjährigen Wald auf gleicher Fläche. Weltweit binden Moorböden ein Drittel des terrestrischen Kohlenstoffes – doppelt so viel wie alle Wälder dieser Erde zusammen. Und das, obwohl sie lediglich drei Prozent der globalen Landfläche einnehmen.

Knapp fünf Prozent der deutschen Landesfläche waren einst von nassen Mooren bedeckt. Heute aber sind über 90 Prozent davon entwässert und in Äcker, Weiden und Forst verwandelt. Weil aus trockengelegten Mooren so viel CO_2 entweicht und obendrein noch Lachgas, sind die wichtigsten Kohlenstoffspeicher mit 53 Millionen Tonnen CO_2-Äquivalenten im Jahr 2021 sogar in einen der größten Agenten des Treibhausgaseffektes verwandelt worden. Über sieben Prozent der gesamten deutschen Treibhausgasemissionen entweichen Moorböden, das sind mehr als doppelt so viele, wie der Ausstoß aller Flugzeuge, die in Deutschland starten, verursacht.

Der Geruch der Unsterblichkeit

All diese faszinierenden Zusammenhänge zeigen: Böden sind existenziell. Wir müssen sie dringend besser schützen, anreichern und möglichst neu aufbauen. Dazu braucht es noch eine Menge Forschung. Denn obgleich renommierte Fakultäten teils filigranes Spezialwissen angesammelt haben: Selbst bei der Grund legenden Empirie über ihren Gegenstand tappt die Bodenforschung teilweise noch sprichwörtlich im Dunkeln und mehr noch bei der Zusammenschau. Das wird deutlich, wenn man mit Axel Don in den Keller des bundeseigenen Johann Heinrich Thünen-Instituts steigt. Der Experte für Geoökologie und Agrarklimaschutz ist verantwortlich für die Bodenzustandserhebung Landwirtschaft in Deutschland. 2018 wurde sie veröffentlicht – es war hierzulande die erste! Acht Feldteams hatten zuvor 22.000 Proben eingesammelt, alle acht Kilometer eine aus dem großen Landschafts-Raster. Um sie zu analysieren, wurde ein eigenes Labor gebaut, 60 Mitarbeiter waren zeitweilig für das Projekt engagiert. Podsol, Pelosol, Regosol, Plaggenesch, Vega – in einer Parade brauner Behälter mit Barcodes und Ziffern stapeln sich die Untertypen von 56 Bodenarten und ihren lokalen Ausprägungen von der Nordseeküste bis zum Alpental in langen Reihen in den Regalen. Fortan kann man fundiert vergleichen, wie sich Deutschlands Böden über die Jahre entwickeln.

Bei ihrer Grundlagenarbeit wollten die Bodenwissenschaftler unter anderem wissen, was welche Bodentypen leisten, zum Beispiel, wie viel Humus an welchem Ort unter welchen Bedingungen aufgebaut wurde. Aus solchen Daten wollten sie dann Standards ableiten, anhand derer man zum Beispiel den Humusaufbau messen und Landwirte dafür vergüten kann. Aber neben vielem, was man verallgemeinern kann, entdeckten sie vor allem eine Vielfalt, die noch viel größer war als ihr Lehrbuchwissen: »Geradezu erschlagend!«, sagt Axel Don. »Oft unterschieden sich die Böden sogar auf ein und demselben Acker.« Anhand ihrer Schichten könne man erkennen, wo früher einmal Ortschaften, Straßen, Feldwege lagen, wo Boden erodierte, angeschwemmt wurde, wo es Staunässe als Folge von Bodenverdichtungen gab oder wo er bewaldet war. »Böden sind ein Medium für die Geschichtsschreibung«, sagt Axel Don. Und noch etwas hat ihn überrascht, nicht prinzipiell, aber in den Dimensionen: »Wie viele Böden tatsächlich bereits gestört sind. Manche fanden wir derart verhärtet, dass gar keine Wurzeln mehr vordringen konnten.« Den Bodenforscher Don lässt das nicht kalt, denn er kennt natürlich den langen Atem der Natur: »Eine hoch komplexe und hoch fragile Bodenstruktur, die über Tausende von Jahren gewachsen ist, kann man nicht einfach wiederherstellen.« Deshalb streitet der Braunschweiger Wissenschaftler leidenschaftlich gegen die weitere Versiegelung: »Mit einem Parkplatz ist ein Jahrtausendwerk für immer dahin.«

Immerhin: Bei ausgelaugten Böden könne sich die obere, fruchtbare Schicht auch innerhalb von Jahrzehnten neu entwickeln, sagt Don. »Wenn Landwirte gut sind, bringen sie in fünf Jahren eine Tonne Kohlenstoff ein.« Auch wenn das zunächst eine minimale Verbesserung sei: »Sie lohnt sich, weil der Humusaufbau elementar ist für die Fruchtbarkeit und wichtig fürs Klima.« Außerdem addiert sie sich über die Jahre, und womöglich lernen die Forscher auch, wie die Arbeit der Boden-Organismen beschleunigt werden kann, wenn sie sich ihr jetzt intensiver widmen. Die Aussicht, CO_2 sogar produktiv zu machen, indem man es durch gezielte Anbautechniken als Kohlenstoff im Boden bindet, beflügelt Klima- und Agrarpolitiker seit einiger Zeit; ebenso Industrien, die ihre Emissionen kompensieren wollen oder Zertifikate für den Emissionshandel brauchen. Darüber, wie genau und wie schnell, mit welcher Finanzierung und welchen Technologien Boden fürs Klima gutgemacht werden kann, gibt es allerdings viele Kontroversen (Kapitel 4).

Aber viele Instrumente bieten sich bereits an, wenn man den Schutz der wichtigsten Lebensgrundlage ernst nimmt; Instrumente, die minutiösen Kohlenstoffrechnungen sogar überlegen sind. Denn sie können neben der Klimaschutzwirkung weitere Fliegen mit einer Klappe schlagen, indem sie zugleich den Boden neu beleben und die Artenvielfalt erweitern. So gilt es, Mischwälder zu gestalten und wachsen zu lassen. Moore müssen wieder vernässt werden. Überhaupt muss, wo immer möglich, mit Deichen und Teichen mehr Wasser in der Landschaft gehalten werden. Knicks, Hecken und Haine, Hügel und Senken nützen dem Boden, ebenso Dauergrünland, so vielgestaltig und wild wie möglich. In der Landwirtschaft tun längere und komplexere Fruchtfolgen not, mit mehr Pflanzen, die Pfahlwurzeln tief in den Boden treiben oder die wie Luzerne, Ölrettich oder Wegwarte die Zahl der Bodenporen vervielfachen können. Weiter in der Liste: Pflanzenkohle oder Kompost einbringen. Ackerfrüchte und Bäume gemeinsam in Agroforstsystemen, auch Baumfeldwirtschaft genannt, anbauen, ebenso unterschiedliche Pflanzen im Mischfruchtanbau. Kleinere, intelligentere, leichtere Maschinen entwickeln, mit denen die geforderte Zusatzarbeit leichter fällt. Alles nie nach Einheitsschema, sondern unterschiedlich komponiert, je nach den regionalen und klimatischen Bedingungen vor Ort und passend zum Boden.

Das alles ist nicht wirklich neu. Schon in den Siebziger- und Achtzigerjahren experimentierten Agrarwissenschaftler und Bäuerinnen mit Regenwurmkulturen, Kompost, Permakulturen, größerer Vielfalt in der Landschaft, tief wurzelnden Gräsern auf Wilden Weiden. Viele waren inspiriert von den praktischen Erfahrungen und Texten, die Pioniere einer biologischen, Boden bildenden Landwirtschaft wie Bill Mollison in Australien, José Lutzenberger in Brasilien, Wes Jackson und Wendell Berry in den USA vorgelegt haben. Ihre Denkansätze wurden nur in einigen Ländern zaghaft aufgegriffen, blieben aber letztlich politisch randständig. Die Ausbreitung des neoliberalen Denkens seit den Achtzigerjahren, das Grenzen der Natur stets ignoriert hat, und die damit verbundene globale Marktöffnung verschafften stattdessen großen Agrar- und Chemiekonzernen immer mehr Macht und Deutungshoheit.

Seit einiger Zeit aber kursiert in den Newslettern von Bauern- und Umweltorganisationen wieder ein Text aus dem Jahr 1979: das Manifest »Scheißkultur – Die heilige Scheiße«[18] des Künstlers Friedensreich Hundertwasser. Seine Tirade gegen Chemie und Hygiene kulminiert in einer Hommage an die grenzenlose Vielfalt und produktive Unordnung des Bodens, mit der Menschen unmittelbar verbunden sind: »Homo – Humus – Humanitas, drei Schicksalswörter gleichen Ursprungs«, schreibt Hundertwasser. Humus war für ihn das »wahre schwarze Gold«, der »Humusduft« schien ihm nicht weniger als »der Geruch der Unsterblichkeit« zu sein, »heiliger und Gott näher als der Geruch von Weihrauch«.

Wir waren also schon mal so viel weiter, wir könnten so viel weiter sein. Wir dürfen nicht noch einmal zögern, das Bodenleben zu pflegen und alles Wirtschaften auf ihm aufzubauen, statt fortwährend »von einem Konto abzuheben, auf das wir nicht einzahlen«.[19] Denn die Böden sind heute nicht mehr nur durch die intensive Landwirtschaft geschwächt. Sie sind durch die Vielzahl globaler Krisen zusätzlich strapaziert und herausgefordert.

3
VON KRISENSTÜRMEN VERWEHT

Klimawandel, Artensterben und schleichende Vergiftung zerstören unsere Existenzgrundlage

Es ist gar nicht einfach, ein Wort für den neuen, bedrohlichen Zustand zu finden, der so schwer auf uns und den Böden lastet: Doppelkrise, Dreifachkrise, Vielfachkrise, Multikrise, Polykrise? Weil das aktuelle Massenaussterben von Arten ebenso gefährlich ist wie die Klimakrise, sprechen Ökologinnen von einer Doppelkrise. Die Bundesumweltministerin Steffi Lemke zählt auch die weltweite Verschmutzung zu den großen planetaren Krisen, während der bekannte Ökologe Josef Settele in seinem Buch »Die Triple-Krise« das Risiko neuer Pandemien als dritte große Krise ausmacht. Verbunden mit ihr stecken wir außerdem in einer Bodenkrise, einer Wasserkrise, einer Ernährungskrise. Weltweit wächst die Ungleichheit, demokratische Systeme schwächeln, Diktaturen unterdrücken ihre Bewohner und terrorisieren Nachbarn. Um fruchtbares Land, um Böden und ihre Schätze werden Kriege geführt. Immer öfter explodieren Konflikte zwischen Bauern und Hirten in Ostafrika oder im Sahel. Die wertvollen Schwarzerdeböden der Ukraine sind zumindest ein Faktor, der den russischen Angriffskrieg mit befeuert. Längst wird Getreide als Waffe im globalen Machtpoker genutzt. Weltweit sind Millionen Menschen auf der Flucht vor dem sich ausbreitenden Hunger – und ihnen werden Milliarden folgen, weil, so die Prognosen, weite Teile der Erde bald zu heiß zum Leben sein werden. Das sind finstere Aussichten, die jede und jeden Einzelnen enorm belasten, die nicht der Verlockung der Ablenkung erliegen. Wer sich den wissenschaftlichen Studien zum Zustand der Welt aussetzt, verfällt je nach Gemütslage in Trauer oder Wut. Katastrophe, Apokalypse: diese Begriffe, die aufrütteln sollten, nutzen sich ab und lähmen zudem.

Je genauer der Blick, desto mehr krisenhafte Zustände fallen ins Auge, desto mehr wird deutlich, wie diese multiplen Krisen alle miteinander verbunden sind und sich gegenseitig verstärken. Und sie alle erhöhen den Druck auf den Grund: Hitze wird Teile der Erde auf Dauer unbewohnbar machen, Siedlungen an flachen Küsten werden vom Meer verschlungen werden, Erosion und Wassermangel werden viele Äcker und Gärten unfruchtbar hinterlassen, während das verbleibende Land trotz dieser klar erkennbaren Knappheit weiter versiegelt und zubetoniert wird. Immer mehr Menschen werden sich in Zukunft auf immer weniger Fläche zusammendrängen, von ihr versorgen müssen. Knapp ein Prozent der Landfläche der Welt ist schon heute so heiß, dass Menschen dort nicht leben können. Wenn wir weiter wirtschaften und Klimagase emittieren wie bisher, könnte diese unbewohnbare Fläche in weniger als 50 Jahren 19 Prozent der Landoberfläche ausmachen, also fast ein Fünftel.

Es ist leichter, die wissenschaftlichen Erkenntnisse zur zukünftigen Bewohnbarkeit der Erde zusammenzufassen, als wirklich zu verstehen, was sie bedeuten. Weite Teile Mittelamerikas und des nördlichen Südamerikas, ein breiter Streifen der südlichen Sahara, die arabische Halbinsel, große Teile Indiens, Südostasien und der Norden Australiens wären dann unbewohnbar, sie lägen außerhalb der sogenannten menschlichen Klima-Nische.[1] Das heißt: Wenn wir nicht schnell handeln, werden Menschen rund um den Äquator schon in wenigen Jahrzehnten nicht mehr gut leben können. Aber auch im Süden der USA und am Mittelmeer wird es knapp.[2] Die Vereinten Nationen haben im Oktober 2022 gemeinsam mit dem Internationalen Roten Kreuz und dem Roten Halbmond eindringlich vor den kommenden Hitzewellen und ihren Folgen gewarnt: Menschen werden an der Hitze sterben und die Trockenheit wird Ernten verdorren lassen.[3] Bis zum Ende dieses Jahrhunderts könnte das ein Drittel aller Menschen betreffen[4] – und wohin sollen sie noch ausweichen?

Die urbanen Zentren in den noch bewohnbaren Gegenden einfach dichter zu besiedeln, ist keine Lösung. Die kommende Hitze wird auch in den sogenannten gemäßigten Zonen, also etwa in Deutschland, einen anderen Städtebau erfordern. Gebäude und asphaltierte Flächen speichern so viel Hitze, dass sie das Leben in Hitzewellen vor allem für ältere Menschen, Kranke und sehr kleine Kinder schon heute unerträglich machen. Umso dringender brauchen die Städte kühlende Parks und Wasserflächen. Die engen Betonschluchten müssen endlich aufgerissen werden, die Städte müssen zu Schwammstädten mit vielen offenen Wasserflächen werden, die plötzliche Starkregen aufsaugen können und bei Hitze durch Verdunstung kühlen (Kapitel 7). Das würde urbane Siedlungen auch grüner, schöner und angenehmer machen, und diese positive Vision könnte viele Menschen zum Wandel motivieren – aber dazu braucht es mehr Raum.

Meer frisst Land

Auch an den Küsten wird Fläche verloren gehen. Noch steigt der Meeresspiegel langsam und beinahe unmerklich, etwa alle drei Jahre einen Zentimeter, doch die Geschwindigkeit des Anstiegs nehme zu, warnt der Weltklimarat IPCC. Immer mehr Süßwasser fließt aus den schmelzenden Eisschilden der Arktis und Antarktis und von den Gletschern der Hochgebirge in die Meere, die sich wiederum mit zunehmenden Temperaturen weiter ausdehnen. Laut Ozeanbericht des IPCC aus dem Jahr 2019 bedroht das die Heimat von 680 Millionen Menschen, die an den Küsten weniger als zehn Meter über dem Meeresspiegel wohnen – und das schon bei einem Temperaturanstieg von zwei Grad.[5] Das sind keine guten Aussichten etwa für die Menschen an den Küsten Schleswig-Holsteins. Das nördlichste Bundesland liegt zu einem Viertel nur knapp über dem aktuellen Meeresspiegel. Die Sturmflut im Oktober 2023 an der Ostsee, bei der Steilküsten brachen, Promenaden zerstört und Deiche beschädigt wurden, bot womöglich schon einen Vorgeschmack auf künftige Katastrophen. In den nächsten Jahren muss viel Geld in die Verstärkung der Deiche an der 1110 Kilometer langen Küstenlinie investiert werden. Schlimmer wird es für die Menschen, die in Metropolen am Meer leben wie in New York oder Mumbai. Schlimmer wird es auch für die Menschen an den Küsten armer Länder, denen die finanziellen Mittel fehlen, um ihr Land zu sichern. Ländern wie Bangladesch, Thailand, Indonesien, Kiribati oder Tuvalu.

Je wärmer es wird, desto schneller und höher wird das Meer ansteigen. Gelänge es, wie im Pariser Abkommen vereinbart, die Emissionen weltweit schnell zu stoppen, könnte der Anstieg bei einem knappen halben Meter enden. Schlimmstenfalls, bei gleichbleibenden Emissionen, läge der Meeresspiegel schon am Ende dieses Jahrhunderts ein bis zwei Meter höher[6] und würde danach noch lange weiter steigen. »Wir haben noch genug Eis auf den Kontinenten, um den globalen Meeresspiegel um weitere 65 Meter ansteigen zu lassen«, schreibt der Klimaforscher Stephan Rahmstorf im *Spiegel*.[7] Das klingt nach dem verzweifelten Sarkasmus einer wissenschaftlichen Kassandra, deren Warnungen seit Jahrzehnten niemand hören wollte.

Wir werden also zusammenrücken müssen und mit weniger Land auskommen – mit Land, das schon jetzt gefährdet ist und seine Fruchtbarkeit verliert: »Der Druck auf die Landökosysteme war noch nie so groß wie heute«, schreibt der Wissenschaftliche Beirat der Bundesregierung für Globale Umweltveränderungen WBGU in seinem Gutachten zur Landwende im Anthropozän aus dem Jahr 2020.[8] Rund ein Viertel der eisfreien Landfläche sei von menschengemachter Degradation betroffen. Dieser Niedergang ist nur schwer genau zu bemessen, doch der WBGU schätzt, dass Böden unter landwirtschaftlicher Bewirtschaftung schneller erodieren, als sich neuer Boden bilden kann. Unter konventioneller Bewirtschaftung sei die Bodenerosion oft mehr als 100-mal höher als die Neubildungsrate. Auch die Produktivität vieler Flächen gehe zurück, in Australien und Ozeanien auf 37 Prozent, in Südamerika auf 27 Prozent, in Europa auf 12 Prozent der Fläche. Dabei sind weit mehr als 90 Prozent der weltweiten Nahrungsmittelproduktion direkt vom Zustand der Böden abhängig. Doch die landwirtschaftliche Fläche, die pro Kopf der Bevölkerung zur Verfügung steht, hat sich weltweit bereits seit Anfang der Sechzigerjahre von 0,45 Hektar auf rund 0,22 Hektar halbiert. Und der Trend setzt sich fort: Bis zum Jahr 2050 wird dieser Faktor den Vorhersagen der Ernährungs- und Landwirtschaftsorganisation der Vereinten Nationen (FAO) entsprechend auf 0,18 Hektar pro Kopf sinken.[9] Insgesamt gehen jedes Jahr weltweit zehn Millionen Hektar nutzbarer Ackerfläche verloren. Der oft beschworene »Peak Soil« (in Anspielung auf den Ölförderungsgipfelpunkt Peak Oil) scheint demnach schon überschritten. Und wenn Intensivierung lange die Lösung war – heute ist sie ein zusätzliches Problem.

Als wichtigsten Treiber für das langsame Verkümmern der Böden nennt auch der wissenschaftliche Beirat nämlich, wie im vorangegangenen Kapitel skizziert, die Übernutzung und chemische Strapazierung der Äcker und Landnutzungsänderungen: die Umwandlung von natürlicher Vegetation in Acker- und Weideland, die Umwandlung von Urwäldern in Plantagen. Außerdem: die Versiegelung von Flächen für Straßen, Gewerbegebiete und Siedlungen und schließlich die Zerstörung ganzer Regionen durch den Extraktivismus, also das großflächige Ausgraben von Bodenschätzen wie Braunkohle, Coltan, Aluminium oder Lithium. Demnach werden ganze Regionen der Welt in den nächsten Jahrzehnten für die landwirtschaftliche Produktion verloren gehen, während die globale Bevölkerung weiter wächst und in vielen Ländern auch der Appetit auf Fleisch, was den Druck auf die Ackerflächen für den Anbau von Futtermitteln wie Mais und Soja zusätzlich verstärkt.

In den Ställen der Welt leben so viele Tiere wie nie zuvor in der Geschichte der Menschheit. Die Biomasse des Nutzviehs macht inzwischen 60 Prozent der Biomasse aller lebenden Säugetiere aus, weitere 36 Prozent entfallen auf die knapp acht Milliarden Menschen und nur vier Prozent auf die restlichen frei lebenden Tiere. Man stelle sich sämtliche wild lebenden Säugetiere der Welt vor: alle Elefanten, Büffel, Antilopen, Elche, Rehe, Kängurus, sämtliche Ratten und Mäuse und alle anderen Tiere aus der Natur. Sie alle wiegen nur ein Fünfzehntel der Tiere, die in Ställen eingesperrt oder auf Weiden und Steppen grasend vom Menschen gehalten werden.[10] Dieses krasse Missverhältnis macht klar, in welch hohem Maße die Fleischproduktion die Stoffströme auf der Erde verändert hat, insbesondere ihre globalisierte industrielle Form, vom Trinkwasser über die Gülle bis zum Flächenfraß, der andere Arten verdrängt.

Wie viele Pflanzen und Tiere halten stand?

Seit vielen Jahren warnen Biologinnen und Ökologen vor einem Massenaussterben von Arten, und beinahe ebenso lange sind ihre Warnungen gegen eine Mauer des Desinteresses oder des Unverständnisses geprallt. Vielen Menschen schien das Artensterben ein Problem der Natur zu sein und keines von uns Menschen, und das konnte nur passieren, weil wir der gefährlichen Illusion erlagen, diese beiden Sphären – die Natur und die Kultur – wären überhaupt voneinander zu trennen. Hierzulande hielten die meisten das Verschwinden des Segelfalters und der Gelbbauchunke für irgendwie bedauerlich, vielleicht auch für einen ästhetischen Verlust, aber nicht für ein erstes Zeichen, das vor dem beginnenden Zusammenbruch eines Ökosystems warnen könnte; eines Zusammenbruchs, der am Ende auch uns Menschen mit in den Abgrund reißen wird, wenn wir nichts ändern. Wir übersahen die Warnzeichen, weil sie sich nicht auf unser Leben auswirkten. Ob am Ufer der Elbe nun Schierlingswasserfenchel wächst oder nicht, ob in der Heide Wiedehopfe brüten oder nicht, ob auf den Kalkmagerrasen irgendwo am Berghang Widderchen flattern oder nicht, das ändert unseren Alltag und seine Sorgen und Freuden nicht. Wir bemerken es nicht einmal. Erst die Studie vom gigantischen Insektenschwund, den der Entomologische Verein Krefeld über Jahrzehnte erforscht und 2017 veröffentlicht hat, riss viele von uns aus ihrer Lethargie. Erst jetzt erinnerten sich viele ältere Menschen, wie früher die Windschutzscheiben nach langen Autofahrten über und über mit toten Insekten verklebt waren – und ihnen fiel auf, dass das heute nicht mehr so ist. Seitdem wächst das Unbehagen, seitdem wächst auch die Aufmerksamkeit für Erkenntnisse der Wissenschaft.

Zwei Jahre später veröffentlichte der Weltbiodiversitätsrat IPBES seine globale Einschätzung zur Lage der biologischen Vielfalt mit einer klaren Ansage: Wir brauchen Biodiversität für unser Überleben, doch ihr Zustand ist dramatisch. Überall auf der Welt gehen Arten verloren, und zwar um ein Vielfaches schneller als im Durchschnitt der letzten zehn Millionen Jahre.[11] Eine Million Arten sind vom Aussterben bedroht – so viele, dass ganze Ökosysteme vor dem Zusammenbruch stehen. Nein: zwei Millionen Arten seien es, mit dieser neuen Berechnung korrigierte im Herbst 2023 eine neue Studie im Fachmagazin *PLOS ONE* die Zahlen des IPBES verstörend hoch nach oben. Eine Verdoppelung! In Europa könnte demnach ein Fünftel der untersuchten Tier- und Pflanzenarten in den kommenden Jahrzehnten verschwinden.[12]

ForscherInnen sprechen von einem neuen Massenaussterben von Arten, je nach Zählweise dem sechsten oder siebten der Erdgeschichte. Das letzte liegt 66 Millionen Jahre zurück: Damals schlug ein gigantischer Asteroid auf der Erde ein. Die Wucht seines Aufpralls löste Erdbeben und Tsunamis aus und schleuderte Gesteinsstaub in die Atmosphäre, der die Erde über Jahre verdunkelte. Dazu kamen heftige Vulkanausbrüche in Indien. Das war das Ende der Ära der Dinosaurier und eines Großteils der anderen Tiere und Pflanzen, die bis dahin auf der Erde lebten. Heute sind wir wieder in einem solchen Massenaussterben – nur ohne Asteroid. Dieses Mal trägt eine einzige Spezies dafür die Verantwortung: der *homo sapiens,* also wir Menschen oder genauer: alle Menschen, die so leben, wirtschaften und konsumieren wie wir in den westlichen Industriegesellschaften. Die amerikanische Journalistin Elizabeth Kolbert hat in ihrem Pulitzerpreis-gekrönten Buch »The Sixth Extinction«[13] beschrieben, dass die Naturforscher des 18. und 19. Jahrhunderts sehr lange gebraucht haben, bis es für sie überhaupt denkbar wurde, dass Arten entstehen und vergehen, dass das Leben selbst also eine Geschichte hat. Über Jahrhunderte hatten Naturforscher einzelne fossile Knochen, die sie keiner existierenden Tierart zuordnen konnten, ausgebuddelt und in naturkundlichen Sammlungen ausgestellt. Dass diese riesigen Knochen von Tieren stammten, die es früher gab, aber heute nicht mehr – das war für sie schlicht unvorstellbar. Erst Georges Cuvier, der als Begründer der Paläontologie gilt, kam beim Betrachten des Backenzahns eines Mastodons zu der Erkenntnis, dass es so etwas wie ein Aussterben von Arten geben musste. Das war damals eine disruptive Information, der sich viele Zeitgenossen Cuviers schlicht verweigerten. Heute können wir uns die Verweigerung kaum mehr vorstellen, weil uns die zusammengesetzten Skelette eindrucksvoller Dinosaurier in den Naturkundemuseen vom Gegenteil überzeugen. Vielleicht werden sich unsere Nachfahren ihrerseits nicht vorstellen können, dass wir Menschen des frühen 21. Jahrhunderts so blind vor der globalen Bedrohung des Massenaussterbens und der Multikrisen standen wie einst Cuviers Zeitgenossen vor den Mammutknochen?[14]

Nun hat das große Sterben der Arten schon begonnen, bevor die Folgen der Klimakrise die Ökosysteme noch weiter unter Druck setzen werden. Mit jedem Zehntelgrad Erwärmung wird es für viele Tiere und Pflanzen noch gefährlicher werden. Wir entfernen uns nicht nur, wie Stephan Rahmstorf warnt, »aus dem Erfahrungsbereich der Zivilisationsgeschichte des Homo sapiens«, sondern wir verlassen auch »den Klimabereich, an den Tier- und Pflanzenarten und ganze Ökosysteme sich seit Jahrtausenden angepasst haben – und das in atemberaubendem Tempo«.[15]

Unter dem Segel die Todeszone

Das Ende der Anpassungsfähigkeit haben viele Wälder in Deutschland mit dem Beginn der Dürresommer ab 2018 gezeigt: Fast fünf Prozent der Waldfläche sind von 2018 bis 2021 verloren gegangen, etwa 500.000 Hektar, das entspricht einem Drittel der Fläche Schleswig-Holsteins.[16] Der Klimawandel hatte oft auch deshalb leichtes Spiel, weil die Wälder schon lokal unterschiedlich durch Schadstoffe und Ungleichgewichte des Bodens belastet waren. Vor allem Fichten, die natürlicherweise in Skandinavien oder in den Alpen wachsen und daher ohnehin nicht gut mit Hitze und Trockenheit umgehen können, sind, vom Menschen in unpassenden Regionen angepflanzt, unter dem Ansturm der Borkenkäfer kollabiert. Doch selbst in alten Mischwäldern, die wegen ihrer Vielfalt als klimaresilient gelten, leiden viele Bäume. Im Nationalpark Kellerwald im Norden von Hessen, der wegen seiner letzten Buchen-Urwaldbestände zum UNESCO-Welterbe ernannt wurde, sterben gerade viele dieser jahrhundertealten grünen Riesen.[17]

Auch große Teile der Ostsee haben ihr Anpassungslimit überschritten. Vor allem im Sommer bilden sich dort immer öfter Todeszonen, in denen der Sauerstoffgehalt so niedrig ist, dass kein Fisch und kein Krebstierchen mehr leben kann. Die Kombination aus Klimawandel, Überfischung und Überdüngung durch Stickstoff- und Phosphateinträge vor allem aus der Landwirtschaft lässt diese Zonen immer größer werden und auch in der Nähe der Küsten entstehen – ohne dass die Urlauber etwas von dem Drama, das sich unter ihren Segelschiffen und Stand-up-Paddeln abspielt, ahnen würden. Erst wenn massenhaft tote Fische an den Strand gespült werden wie im September 2017 in Eckernförde oder im Sommer 2023 im Golf von Mexiko, sehen sie, dass etwas nicht stimmt im Meer.[18] Auch diese Entwicklungen verstärken den Druck auf die Fläche: Wo keine Fische mehr leben, können Fischer nichts mehr fangen, und wo Wälder sterben, kann kein Holz gefällt werden. Die ausgefallene Produktivität muss also durch andere Flächen kompensiert werden.

Wir stecken tief in einer umfassenden Krisensituation, die auch den Boden in Mitleidenschaft zieht – und das verursacht schon jetzt enorme Kosten. Bei einem Workshop zur EU-Bodenschutzgesetzgebung rechnete eine Expertin vor, dass die Bodendegradierung allein in der EU Kosten in Höhe von mehr als 50 Milliarden Euro verursache[19]. Aber: Weltweit könne die Eindämmung und Umkehr des tödlichen Prozesses der Degradierung wirtschaftliche Vorteile in Höhe von bis zu 1,2 Billionen Euro bringen, schätzen die Experten des IPBES[20]. Der Thinktank TMG in Berlin bezieht das ganze fehlgeleitete Ernährungssystem einschließlich der Gesundheitskosten in seine Rechnung ein und kommt sogar auf bis zu zwölf Billionen Euro.

Das sind, wenn denn Verlustschmerz und Zukunftsangst nicht ausreichen, aufrüttelnde Zahlen – doch die politischen, ökonomischen und gesellschaftlichen Reaktionen darauf sind in beinahe allen Ländern der Welt viel zu langsam. So langsam, dass man sich an alte Zivilisationen wie das antike Griechenland und das Römische Reich erinnert, die – ebenfalls blind für die Begrenztheit der Ressource Boden und ohne Strategie für die Anpassung ihrer Landwirtschaft an eine wachsende Bevölkerung – »weniger zugrunde gegangen als zerkrümelt« sind, wie der Geologe David Montgomery schreibt[21]. Diese Erkenntnis sei »gerade mal ein Fun Fact bei Partygesprächen«, erzählte eine Journalistin bei einer Fachtagung zur Bodenzerstörung.

Immerhin scheint die Dramatik des Problems heute besser erkannt zu sein, jedenfalls hat sich die Europäische Kommission jetzt einiges vorgenommen: »Bis zum Jahr 2050 werden alle Boden-Ökosysteme in der EU in gesundem Zustand sein, daher auch resilienter«, kündigt sie in ihrer Bodenstrategie an – und zwar in dem Bewusstsein, dass diese Anstrengung noch in diesem Jahrzehnt »sehr entschiedene Veränderungen« erfordern werde.[22] Und immerhin gab es Ende 2022 einen noch weiter reichenden, großen Erfolg: Beim Weltnaturgipfel in Montreal verständigten sich die Vertragsstaaten, künftig 30 Prozent der Fläche unter Schutz zu stellen, um die gefährdete biologische Vielfalt zu retten. Das Ziel, ein Drittel der Flächen an Land und im Meer für den Schutz der Natur zu gewinnen, ist eine große und wichtige Entscheidung. Seither ist nicht mehr allein der Schutz bestehender Naturräume gefordert, sondern auch Renaturierung, also das Bemühen, Wälder, Weiden, Gewässer, Moore und viele Biotope aller Art zusätzlich zu gewinnen, indem man ihren ursprünglichen Zustand wiederherstellt. Denn bei aller Traurigkeit über das große Verschwinden (einer Traurigkeit, die vielleicht noch zu wenige Menschen empfinden): Vielerorts kann sich die Natur erneuern. Das zeigen viele wieder vernässte Feuchtgebiete, Küstenstreifen oder Forste, die nach jahrelangen Monokulturzuständen neu gemischt wurden. Oft wächst die Vielfalt der Tier- und Pflanzenarten erstaunlich schnell wieder, wenn diese die Chance hatten, in Nischen zu überleben, und wenn der Mensch die Voraussetzungen schafft.

Damit ist aber der Run auf die Flächen erst recht eröffnet, und die Konkurrenz nimmt zu: Wo wird künftig Naturschutz stattfinden? Wo und wie wird weiter Futter für die Tiere produziert? Wo wachsen Lebensmittel, wo Energiepflanzen, und wie intensiv, wie bodenschonend, wie weitreichend kann auch die Landwirtschaft den Boden erneuern? Welche Wälder überleben? Wo werden Solar- und Windparks errichtet? Werden noch Straßen gebaut, dehnen sich die Städte immer weiter aus? Wer verdrängt wen und um welchen Preis?

4
SPANNUNGSFELDER

Stromerzeuger, Autofahrerinnen, Investoren, Landwirte, Naturschützerinnen: Alle wollen die knappen Flächen

An der Ostwestfalenstraße im Kreis Höxter soll eine Allee mit rund hundert Bäumen gefällt werden – im Sommer 2023. Die Straße ist die wichtigste Verkehrsader der Region, sie führt im Norden nach Bielefeld und im Süden zur Autobahn, ins Ruhrgebiet oder nach Kassel und Frankfurt. Die Autofahrer sind froh, wenn sie die engen und kurvigen Kreisstraßen des Weserberglands hinter sich gelassen haben und endlich Gas geben können. Beim Bau der etwa zehn Meter breiten Straße wurden zahlreiche Umgehungsstraßen durch Wiesen und Felder geschlagen, nun soll die Fahrbahn noch breiter werden und vor allem dreispurig, damit Lkws und Trecker überholt werden können. Die verlorenen Bäume sollen an anderer Stelle ausgeglichen werden. Die Grünen im Kreis Höxter dagegen wollen die Bäume retten, sie verweisen auf die Schönheit der Landschaft, den geschwungenen Alleeverlauf, den weiten Ausblick über grüne Höhen und den ökologischen Nutzen der Bäume. Sie fordern: Tempolimit statt baumfrei rasen.

Die Ostwestfalenstraße schlängelt sich als langes Asphaltband über fruchtbarste Bördeböden. Zuckerrüben und Weizen bringen in der Warburger und Steinheimer Börde auch in trockenen Jahren beste

Erträge, doch die Flächen entlang der Schnellstraße sind nicht nur für Landwirte attraktiv. Wer über diese Straße braust, sieht, wie das fruchtbare Land verschwindet, wie Gewerbegebiete, Siedlungen und Photovoltaik-Anlagen die Äcker verschlingen.

50 Kilometer nördlich der gefährdeten Alleebäume sitzt im Frühjahr 2023 ein riesiger grauer Klotz in der hügeligen Landschaft, wie gelandet *from outer space* – so wirkt es für die Vorbeifahrenden. »Die Firma Amazon baut im Industriepark Lippe in Belle ein modernes Logistikzentrum«, informiert die Stadt Horn-Bad Meinberg nüchtern auf ihrer Webseite.[1] Ein »moderner Robotic-Standort« entsteht dort, in dem KI-gesteuerte Roboter Waren zu menschlichen Einscannern und Einpackern bringen, für die ein riesiger Parkplatz asphaltiert werden soll.[2] Der »Industriepark Lippe« war bis vor Kurzem noch fruchtbarer Acker. Auch hier gab es Widerstand gegen die gigantische Flächenversiegelung.

Noch einmal 50 Kilometer weiter im nördlichen Zipfel Ostwestfalens beanspruchte der Zuckerwarenhersteller Storck (Nimm zwei, Merci) im Jahr 2020 mehr Fläche für eine Betriebserweiterung im angrenzenden Wald, den das Unternehmen selbst vor sechzig Jahren gepflanzt hatte. Die Lokalpolitiker waren einverstanden, doch eine Fridays-for-Future-Gruppe opponierte gegen den Plan des Unternehmens, »70.000 Quadratmeter intakten Wald abzuholzen, um dort noch schneller noch mehr Zuckerzeug herstellen zu können«. Wald statt Asphalt, unter diesem Motto starteten Klimaschützer Petitionen zur Rettung des »Steini« und zogen monatelang in ein Camp am Steinhauser Wald – jedoch ohne Erfolg: »Wir konnten den Wald nicht beschützen und waren der Übermacht von wirtschaftlichen und staatlichen Interessen selbst hilflos ausgeliefert«, schreiben sie auf ihrer Webseite. »Wir und die Aktivist*innen im Wald bitten dafür bei allen Lebewesen im Steini, bei euch, liebe Unterstützer*innen, bei den Menschen im globalen Süden und allen anderen, die Hoffnungen in uns gesetzt haben, von Herzen um Entschuldigung!«

Storck rodete sechs Hektar Wald und begann im Frühjahr 2023 mit den Bauarbeiten. Es sei vorteilhaft, einen bereits bestehenden Standort zu erweitern, argumentiert ein Sprecher des Unternehmens. Das sei besser, als an anderer Stelle neue Leitungen und Straßen bauen zu müssen. Storck habe in den letzten Jahren 36.975 Bäume und Sträucher gepflanzt, außerdem werde man für den gerodeten Wald an anderer Stelle neuen Wald aufforsten.[3] Auf seiner Webseite versichert der Süßwarenhersteller, nachhaltig zu wirtschaften gehöre fest zu seinen Werten. »Beständigkeit, Zusammengehörigkeit, gegenseitiges Vertrauen und der Blick auf zukünftige Generationen prägen unser Familienunternehmen.«[4]

Nachruf auf das Haarstrang-Widderchen

Bonbons oder Bäume, Autos oder Alleen, Warenwirtschaft oder Landwirtschaft – das sind alte Flächenkonflikte, über die seit Jahrzehnten überall im Land gestritten wird, wo immer ökonomische und ökologische Interessen aufeinanderprallen. Alt, doch die Zeiten ändern sich: In der frühen Bundesrepublik war es noch völlig undenkbar, dass bei solchen Konflikten die Stimme der Naturschützer gehört wurde. Eine Gruppe von Schmetterlingssammlern, die in den Fünfzigerjahren eine seltene Falterart in Baden-Württemberg retten wollte: So etwas war exotisch und blieb ohne Erfolg. In der Nähe von Hockenheim, unweit des gleichnamigen Motodroms mit 97 Hektar versiegelter Fläche, an einem Saum zwischen einer stillgelegten Bahnstrecke und einem lichten Kiefernwald, hatten sie große Mengen von Bergpetersilie entdeckt, der Raupennahrungspflanze des seltenen Haarstrang-Widderchens. Dort fanden sie eine neue eigenständige Unterart des seltenen Falters, den sie nur aus viel weiter südlich und östlich gelegenen Gebieten in Tschechien und Südfrankreich kannten, roter und leuchtender und mit zerlaufenden Flecken auf den Flügeln. So lange sie auch überall im Süden Deutschlands suchten, diese besondere Unterart schien es nur an diesem einen Standort zu geben. Als die Schmetterlingsliebhaber von Bebauungsplänen für ein Industriegebiet erfuhren, sammelten sie »ganze Einmachgläser von Raupen« und brachten sie in ähnliche Habitate in der Umgebung.

Doch nirgends überlebten die einzigartigen kleinen Falter – was auch zeigt, dass Flächen eben nicht beliebig austauschbar sind und Verluste nicht immer durch anderes Gelände mit ähnlichem Bewuchs ausgeglichen werden können. »Nach 1957 wurde die Art in Deutschland nicht mehr gesehen. Das war nicht nur die Verdrängung einer Population einer Art, sondern ein globaler Biodiversitätsverlust«, sagt der Ökologe Axel Hofmann. Viele Jahre später hat er das Gelände noch einmal besucht – gemeinsam mit dem inzwischen alt gewordenen Schmetterlingssammler Karl Bastian, der die seltene Unterart einst hatte schützen wollen, und die Wehmut des alten Mannes ist ihm in Erinnerung geblieben. Ob es damals in den Fünfzigerjahren eine Bürgerbewegung zur Rettung des Haarstrang-Widderchens gab? »Mit Sicherheit nicht«, sagt Axel Hofmann. »Karl Bastian war distinguiert und zurückhaltend, er hätte sich nie getraut, ein Industriegebiet zu verhindern. Vermutlich hat er gedacht: Mit so was können wir doch nicht an die Öffentlichkeit gehen, damit machen wir uns doch lächerlich.«

Tatsächlich wurden die Verteidiger von Symboltieren wie dem Feldhamster oder der Mopsfledermaus in späteren Jahren immer wieder verspottet, wenn sie der Betonierung der Landschaft und dem Sterben der Arten Grenzen setzen wollten. In den Siebzigerjahren, mit dem Erscheinen des Buches »Grenzen des Wachstums«, erwachte erstmals das kritische Interesse der Öffentlichkeit an einer zerstörerischen Landschafts- und Flächenplanung. Die frühe Ökologiebewegung stellte neue Straßen und Gewerbegebiete mehr und mehr infrage, wegen der giftigen Emissionen, negativen Gesundheitsfolgen und ästhetischen Kränkungen – aber auch, um die Versiegelung fruchtbarer Böden zu verhindern. Schritt für Schritt gaben neue Gesetze ihnen Rückendeckung, etwa die Flora-Fauna-Habitat-Richtlinie der EU zum Schutz von Naturräumen aus dem Jahr 1992 – zumindest auf dem Papier. Denn ernst genommen hat man diese Richtlinie auch drei Jahrzehnte später noch nicht. Im Herbst 2023 erteilte der Europäische Gerichtshof Deutschland eine kräftige Rüge, weil Bund und Länder ihren Verpflichtungen nicht nachgekommen waren. Seit 2012 hatte die EU-Kommission die Bundesrepublik immer wieder vergeblich darum gebeten, Schutzgebiete auszuweisen, und schließlich geklagt. Im Zweifel galt aber bisher: in dubio pro Wirtschaft. Doch diese Priorität gerät heute ins Wanken.

Neu ist, dass immer häufiger und heftiger gegen den anhaltenden Flächenverbrauch gekämpft wird – und dass dieser Widerstand gelegentlich sogar erfolgreich ist. Etwa in der kleinen nordhessischen Gemeinde Neu-Eichenberg, wo der Immobilienkonzern Dietz AG 2018 ein 80 Hektar großes Logistikzentrum errichten wollte, auch hier auf fruchtbarem Ackerboden. Im Ort gründete sich die »Bürgerinitiative für ein lebenswertes Neu-Eichenberg«, junge Aktivistinnen errichteten ein Protestdorf und blockierten die Fläche.[5] Mit Erfolg: Die Dietz AG zog sich zurück.

In Österreich hat sich die Opposition gegen Versiegelung sogar schon zu einer Klage gegen die Regierung ausgewachsen. In den engen Alpentälern fühlen sich noch mehr Bürger von sich ausbreitenden Straßen, Supermärkten, Tourismus- und Gewerbebauten bedrängt als in Deutschland. Jüngst meldete sich deshalb auch die Österreichische Hagelversicherung zu Wort, warnte vor Überschwemmungen, Hitzebildung und Wertschöpfungsverlusten als Folge der Zersiedelung. Das Land könne sich künftig nicht mehr sicher mit Grundnahrungsmitteln versorgen, warnen die Versicherer: »Sind die Äcker und Wiesen fort – fehlt das Essen uns vor Ort. Stoppen wir die Verbauung Österreichs«[6]. Der Wiener Verein AllRise, der umweltpolitische Anliegen juristisch durchzusetzen versucht, reichte am 4. Mai 2023 beim Verfassungsgerichtshof eine Staatshaftungsklage gegen die Republik Österreich sowie gegen Nieder- und Oberösterreich ein.[7] Allein diese beiden Bundesländer vernichteten im Dreijahresdurchschnitt jeden Tag gemeinsam 4,7 Hektar Boden, monierten die Kritiker. Landesweit sind es mehr als elf Hektar. Die Regierung hat aber maximal 2,5 Hektar als Zielmarke für das ganze Land vorgeschrieben. Daher wirft AllRise ihr Staatsversagen vor.

Es könnte sich also ein neuer Konsens ausbreiten: Eine weitere großflächige Zubetonierung von bestem Ackerland, potenziell lebendigen Wiesen oder Waldböden ist in Zeiten multipler Krisen nicht länger zu verantworten. Heute können Investoren die Kritik an den negativen Folgen des Flächenverlusts deshalb nicht mehr allein mit dem Hinweis auf wirtschaftliche Interessen wegwischen, wie das vor einigen Jahrzehnten noch möglich war. Am Bauen hindert sie das aber noch immer selten. Und auch nicht an Schönfärberei.

So plant das kalifornische Unternehmen Intel, seine Halbleiterfabrik ausgerechnet in der Magdeburger Börde zu errichten. Diese Gigafactory ist ein Schlüsselprojekt der Digitalisierung, sie soll nicht zuletzt Deutschlands Abhängigkeit von China bei der Herstellung von Computerchips verringern, die man heutzutage für alles braucht. Deshalb will die Bundesregierung das Projekt mit 9,9 Milliarden Euro fördern (wenn nicht die Haushaltskrise diese Absicht untergräbt). Doch ausgerechnet auf Bördeböden? Das seien doch die allerfruchtbarsten, die wir in Deutschland haben, kritisierten Bauern in der Region. Ihr Einwand machte Schlagzeilen, und das Unternehmen reagierte: 600.000 Tonnen Oberboden, abgetragen von rund 1000 Hektar Ansiedlungsfläche, sollen deshalb nicht wie bei anderen Großbaustellen üblich auf Halde gelagert werden, wo das Bodenleben schnell verkümmern würde. Stattdessen will man die Muttererde abtransportieren und sie Landwirten in der Region zur Verfügung stellen. Das klingt gut – ist aber oberflächlich, im Wortsinn. Denn Schwarzerden wie jene der Börde sind so fruchtbar, weil sie tief gründen, besonders gut durchwurzelt sind und daher enorm viel Wasser speichern. Das aber passiert zu einem erheblichen Teil im Unterboden. Die geplante spektakuläre Parade von 24.000 hoch mit Erde beladenen Lkws mag besser sein als nichts, würde aber letztlich nur wenig nützen: Der Boden der Intel-Fabrik würde versiegelt, der fruchtbare Oberboden auf benachbarte Felder transportiert, obwohl sie ja ebenfalls schon fruchtbarer sind als anderswo. Es wäre eine potemkinsche Inszenierung. Viel zu oft bleibt es also dabei: Trotz Petitionen, Protesten und Blockaden werden überall in Deutschland weiter Flächen versiegelt.

Die Große Transformation bringt noch mehr Flächenkonflikte

Während sich bei diesen klassischen Auseinandersetzungen – Gewerbegebiet oder Straße gegen Natur oder Acker – der Kampf um die Fläche in den letzten Jahren verschärft hat, sind unter dem Druck der multiplen Krisen viele neue Konfliktfelder dazugekommen. Denn wir stehen vor einer Großen Transformation des Wirtschaftens, Lebens und Arbeitens: Klimaschutz, Artenvielfalt und Gerechtigkeit müssen zugleich vorangebracht werden. Weltweit gibt es jetzt neue Gesetzesvorhaben, Strategien und Investitionstöpfe, die diese Transformation auf den Weg bringen. Die bekanntesten sind der Inflation Reduction Act in den USA, der Investitionen in Batterien, Wasserstofftechnologien und andere für den Klimaschutz wichtige Innovationen fördert, oder der Green Deal, das grüne Gesetzespaket der EU. Auch die deutsche Bundesregierung arbeitet an einer ganzen Kaskade grüner Programme. Und schon jetzt zeichnet sich ab: nirgends wird die Transformation ohne neue Flächenkonflikte gelingen. Bei der Vielzahl der Ziele, die jetzt erreicht werden müssen, kann auf dem Boden der Tatsachen fast jedes mit jedem in Widersprüche geraten – grün gegen grün.

Dabei geht es genau genommen meist nicht um Zielkonflikte, wie der Tübinger Ethiker Thomas Potthast betont, denn die Ziele werden ja zunächst von allen geteilt, müssten es jedenfalls, schon weil dahinter internationale Abkommen und Verpflichtungen stehen. Insbesondere der Klimaschutz und der Artenschutz sind gleichrangig und vertragen keine Geschäfte auf Kosten des jeweils anderen. Es sind vielmehr schwierige Dilemmata, die gelöst werden müssen: Wie können alle Ansprüche der Energiewende, des Artenschutzes und der

Agrarwende ausbalanciert werden, wenn es nicht ausreichend Grund gibt für jeden Bedarf?

Und noch ein Konflikt zeichnet sich ab: Die Europäische Union hat sich das Ziel gesetzt, dass auf 25 Prozent (in Deutschland sogar 30 Prozent) der landwirtschaftlichen Flächen bis 2030 ökologischer Landbau betrieben werden soll. Heißt das dann, dass konventionelle Flächen noch intensiver bewirtschaftet werden müssen, um die geringeren Erträge der Bio-Äcker auszugleichen, wie Vertreter der Agrarindustrie das fordern? Nach den Nahrungsmittelpreiskrisen von 2008 und 2022 haben viele Nationen, auch Deutschland, das Bestreben, wieder mehr Nahrungsmittel im eigenen Land zu produzieren, um von Importen unabhängiger zu werden. Wie wird das mit mehr Naturschutz und mehr Bioproduktion in Einklang gebracht? Dürfen Flächen angesichts dieser Dreifach-Herausforderung dann noch für den Anbau von Energiepflanzen genutzt werden? Ist das umso verwerflicher, wenn Menschen anderswo nicht genug zu essen haben? Gleichzeitig fordern WissenschaftlerInnen die Wiedervernässung von trockengelegten Mooren, in Deutschland umfassen sie mehr als 1,4 Millionen Hektar. Wie kein anderes natürliches Biotop könnten sie dann Kohlendioxid binden. Hierzulande waren einst knapp fünf Prozent der Landesfläche von nassen Mooren bedeckt[8], doch mehr als 90 Prozent davon sind heute trockengelegt, auf ihnen werden Getreide, Milch und Fleisch erzeugt. Diese entwässerten Böden emittieren laufend Unmengen von Kohlenstoff, außerdem Methan und Lachgas. Brächte man das Sumpfland wieder in seinen nassen Zustand, geschähe das Gegenteil: Kohlenstoff würde gebunden – und das auf lange Zeit. »Moor muss nass«, so bringt es der Greifswalder Wissenschaftler Hans Joosten auf den Punkt.

»Der Verkehr muss fließen« oder »Moor muss nass«?

Diese neuen Flächenkonflikte spitzen also die alten, die aus dem stetigen Wirtschaftswachstum resultieren, nun weiter zu. Die Autobahn

A 20, das deutsch-deutsche Symbolprojekt aus der Wendezeit, das Deutschland von Ost nach West verbinden soll und damit auch Polen mit den niederländischen Nordseehäfen, ist ein gutes Beispiel dafür. Bis Bad Segeberg in Schleswig-Holstein ist die umstrittene A 20 fertig gebaut. Mehr als 200 Kilometer der »Küstenautobahn« in Schleswig-Holstein und Niedersachsen fehlen noch. Eines der letzten Teilstücke verläuft durch das Ammerland nordwestlich von Bremen. Der Untergrund der geplanten Autobahntrasse aber besteht zum großen Teil aus trockengelegten Mooren, die aus Gründen des Klimaschutzes eben dringend wieder vernässt werden müssten. Würden die letzten Abschnitte dieser – im Verständnis ihrer Protagonisten – europäischen Lebensader fertiggestellt, dann wäre sie zugleich Deutschlands längste Überlandstraße. So wünscht es sich der Bundesverkehrsminister Volker Wissing, trotz aller Bekenntnisse zum klimaschonenden Ausbau der öffentlichen Transportmittel. So wünscht es sich die norddeutsche Wirtschaft, und so wünschen es sich viele Kommunen, die an der Strecke liegen, weil sie hoffen, vom Verkehr zu profitieren, auch wenn sie unter Lärm und Abgasen der Lkw-Lawinen leiden.

Kritikerinnen wie die Umweltschützerin Susanne Grube hingegen bescheinigen diesen Kommunen »nachweisliches Wunschdenken«. Die Vorsitzende der Kreisgruppe Ammerland des Bundes für Umwelt und Naturschutz BUND sieht die A 20 ebenfalls als Symbol – aber für etwas ganz anderes, nämlich eine realitätsblinde Planung, die »eine riesige Naturkatastrophe« weiter aufheize. Wie kann man im Klimawandel, der ja mit Dürren und Fluten weltweit längst nicht mehr Zukunft ist, sondern harte Gegenwart, die Erderhitzung immer noch mit gesteigertem Verkehrsaufkommen, also neuen Treibhausgasemissionen befeuern? Das ist die Frage, die Susanne Grube sich stellt. Sie und ihre Mitstreiter sind umso mehr verärgert, weil der Autobahnbau hier im Norden besonders tief reichende Auswirkungen hätte. Die neue Trasse würde gerade die wertvollsten organischen Böden aufwühlen. Das grüne Marschland enthält große Mengen an Kohlenstoff, noch viel mehr davon findet sich in den Moorböden. Das Hellermoor, Hollener Moor, Dringenburger Moor, Frieschenmoor, Kötermoor, Hammahermoor, Ritschermoor, Drochtersermoor, Gauensiekermoor: Sie alle würden von der Autobahn durchschnitten.

Die meisten dieser früheren Feuchtgebiete sind zwar längst trockengelegt und landwirtschaftlich genutzt. Doch teilweise muss der Torf für neue Trassen ausgehoben werden. Dadurch könnten allein aus zwei von insgesamt 18 Teilabschnitten fast 450.000 Tonnen CO_2 freigesetzt werden, so hat Susanne Grube es aus den Daten der Planungsgutachten abgeleitet. Aus den weiteren seien noch mehr Torfaushub, noch mehr Emissionen zu erwarten. An einigen Stellen, wo das Moor noch vernässungs- und funktionsfähig ist, würde außerdem die Chance, CO_2 im Boden zu binden, wegasphaltiert. Dabei ist die Politik der Ampelkoalition eigentlich unmissverständlich auf gegenteiligem Kurs: »Moorschutz liegt im öffentlichen Interesse«, so steht es im Koalitionsvertrag. Die Planungen für einen ersten Bauabschnitt hat das Bundesverwaltungsgericht vorerst gestoppt, aber gestorben sind sie noch nicht. Teils monatelang demonstrierten Aktivisten in der Nähe von Oldenburg in Protestcamps gegen die Planungen. »Teer statt Moor«? Nein, sie würden hier lieber einen »Ort für ein anderes Leben« sehen. Susanne Grube vom BUND und ihre Mitstreiter organisieren Radtouren und Spaziergänge, um die Menschen zu informieren und die neuen Trassen zu verhindern.

Zwei Weltbilder prallen aufeinander: Die Vorstellung vom Verkehr, der fließen muss, damit die Wirtschaft wachsen kann, vom Konsum, der steigt, damit die Menschen gut leben – das prägende Mindset der frühen Bundesrepublik, an dem viele Bürger bis heute alles messen –, kollidiert mit der Einsicht, dass wir die ökologischen Belastungsgrenzen der Erde nicht weiter überschreiten dürfen, wenn wir als Spezies überleben wollen. Auch nicht für eine ökonomisch sinnvoll erscheinende Autobahn.

Die umkämpfte Küstenautobahn A 20 ist dabei nur eines von vielen bodenzerstörenden Mobilitätsprojekten. Zusammengerechnet könnten alle Fernstraßen, die nach dem Kompromiss der Ampelkoalition noch im Bundesverkehrswegeplan enthalten sind, rund 1000 Kilometer Lebensräume zerschneiden, 87 Naturschutzgebiete gefährden und 13.000 Hektar ökologisch wertvoller Flächen verbrauchen. So steht es in einem Papier der Umweltverbände aus dem Jahr 2021[9]. Sie warnen, dass neue Straßen nicht nur die Böden und die großen Wiedervernässungsprojekte in den Moorlandschaften zerstören, sondern auch die ohnehin schon gefährdete biologische Vielfalt weiter verringern: Für Rotkehlchen, Amseln, viele Greifvogel- und Fledermausarten sind breite Asphaltschneisen Todesfallen, deutlich gefährlicher als Windräder. Straßen durchtrennen Streifwege von Wildkatzen, Fischottern, Rothirschen. Statt den Lebensraum der Tiere durch neue Straßen noch mehr einzuschränken, wäre das Gegenteil gefragt: Es müssten Grünbrücken und Querungshilfen bei den schon bestehenden Aspaltbarrieren geschaffen werden. Die Wanderkorridore der Wildtiere müssten wieder eröffnet werden, fordert Olaf Bandt, der Vorsitzende des Bundes für Umwelt und Naturschutz BUND. Überall im Land gelte es, zerrissene Biotope großflächig zu vernetzen.

Futter für Tiere oder Lebensmittel für Menschen?

Die Versiegelungsverluste durch Bauwerke und Straßen erhöhen den Druck auf die Flächen, der schon vom Futtermittelanbau ausgeht. Mais, Weizen und andere Getreide- und Eiweißprodukte beanspruchen Hektar um Hektar, um in den Mägen der Nutztiere zu landen. Zwar stagniert der Fleischkonsum in den Industrieländern seit zwei Jahrzehnten auf hohem Niveau und geht in Deutschland sogar leicht zurück. Aber noch immer werden pro Kopf und Jahr rund 52 Kilogramm Fleisch verzehrt, dazu mehr als 25 Kilo Käse und 46 Kilo Milch [10], und all die Rinder, Schweine, Puten und Hühner müssen erst mal großgezogen, müssen ernährt werden. Hinzu kommt, dass die Landwirte von Niedersachsen bis Mecklenburg-Vorpommern seit der globalen Marktöffnungspolitik für Agrarprodukte auf weltweite Abnehmer setzen. Das Bevölkerungswachstum und die höheren Einkommen in vielen sogenannten Schwellenländern haben dazu geführt, dass auch dort mehr Fleisch konsumiert wird; ein Luxus, der vorher für viele Menschen unerschwinglich war. Der globale Fleischkonsum hat sich allein in den letzten zwanzig Jahren verdoppelt.

Am stärksten war der Zuwachs in Asien, vor allem in China. Dort wird heute zehn Mal so viel Schweinefleisch und über zwanzig Mal so viel Hühnerfleisch wie vor fünfzig Jahren verzehrt. Die asiatischen Exportmärkte, vor allem aber auch Märkte innerhalb Europas haben eine konzentrierte Tier- und Fleischindustrie groß werden lassen. Obwohl auch hierzulande schon fast zwei Drittel der Getreideäcker dem Zweck dienen, Tiere zu füttern statt Lebensmittel zu erzeugen, die Menschen direkt verzehren können[11], müssen große Mengen Mais und vor allem Soja zusätzlich importiert werden. Der Anbau von Futtermitteln konkurriert also nicht nur in Deutschland, sondern auch in Südamerika mit dem Anbau von Nahrungsmitteln. Dort hat er zur Abholzung der Wälder und der Zerstörung anderer Naturräume geführt. Weltweit beanspruchen die Felder, auf denen Futtermittel angebaut werden, mittlerweile 40 Prozent der gesamten Ackerfläche.[12]

Energiepflanzen, nachwachsende Rohstoffe oder Nahrungspflanzen?

Gleichzeitig steigt mit den wachsenden Klimaschutzverpflichtungen der Unternehmen und der Energiewende die Nachfrage nach Flächen für den Anbau von Energiepflanzen und anderen nachwachsenden Rohstoffen, die fossiles Öl als Ausgangsquelle für Treibstoffe, chemische Prozesse und Materialien ersetzen könnten. In Deutschland wurden 2019 auf knapp einem Sechstel der landwirtschaftlichen Flächen Energiepflanzen erzeugt, vor allem Mais und Raps. Lein, Hanf, Nessel, Zuckerrüben, schnell wachsende Bäume, Kartoffeln oder Sonnenblumen, aus denen man dann Textilien, Industriefasern, Baumaterialien,

Schmieröle oder Biokunststoffe gewinnt, könnten künftig verstärkt hinzukommen.

Auf der Positivseite könnten solche Pflanzen mehr Abwechslung in die Fruchtfolge bringen. Würden sie aber im großen Stil monokulturell angebaut, könnte das die Fruchtbarkeit der Böden und die biologische Vielfalt auch wieder gefährden. Wegen des billigen Öls rechnet sich das bisher nur begrenzt, aber je höher der CO_2-Preis, desto mehr Fläche dürfte für nachwachsende Rohstoffe beansprucht werden; desto höher wird die Wahrscheinlichkeit, dass sich Industrieunternehmen als zahlungskräftige Konkurrenten gegenüber den Lebensmittelherstellern durchsetzen – und das vor allem im ertragreichen globalen Süden. Das befürchten Experten vom »Aktionsforum Bioökonomie«.

Für den Flugverkehr etwa setzt man verstärkt auf Biokerosin. Die Wissenschaftsorganisation Royal Society in Großbritannien hat errechnet, wie es sich auf die Lebensmittelproduktionproduktion auswirken würde, wenn dieser Treibstoff bei gleichbleibender Passagierzahl rundum eingesetzt würde: Die Hälfte der jetzigen Anbaufläche Großbritanniens müsste der Erzeugung von Nahrungspflanzen entzogen werden – nur fürs Fliegen![13] Eine Alternative wäre dann auch für Biokerosin, »Biomasse« aus Afrika, Asien und Südamerika zu importieren. Dabei stehen solche Einfuhren für Energiezwecke in Europa schon seit Jahren in der Kritik. Für Mais, Zuckerrohr oder Ölpflanzen fielen Bäume, wurden Graslandschaften zerstört und Kleinbauern von ihrem Land vertrieben. Deshalb hat Europa seine vorgeschriebenen Beimischungsanteile für Tankfüllungen mittlerweile deutlich reduziert und fordert darüber hinaus Nachhaltigkeitszertifikate dafür. Doch ob ihre Ansprüche die Natur und die Kleinbauern schützen, bleibt ebenso umstritten wie die Frage, wann Biosprit überhaupt CO_2-Einsparungen bringt.

Natur wiederherstellen oder die Welt ernähren?

Ein zentrales Projekt des Klima- und Artenschutzes im Green Deal ist das Nature Restoration Law, das Gesetz zur Wiederherstellung der Natur. Demnach sollen die Mitgliedsstaaten konkrete Pläne für die ökologische Verbesserung von mindestens 20 Prozent der Seen und Flüsse, Auen und Moore, Wälder, Agrar- und Grünflächen vorlegen. In Deutschland nimmt ein vier Milliarden Euro schwerer Fördertopf für natürlichen Klimaschutz solche Renaturierungsprojekte teilweise schon vorweg. Dahinter steht ein Paradigmenwechsel der Betrachtung: Die Natur und ihre Ökosysteme werden immer stärker als Nutzbringer gesehen, deren Leistungen man in Zahlen und wirtschaftlichen Vorteilen ausdrücken und dann auch entsprechend vergüten kann. So vermeidet jeder Euro, der in die Wiederherstellung einer weiten Flusslandschaft investiert wurde, vier Euro Kosten, die sonst für Schäden wie erodierte Böden oder Überschwemmungsfolgen ausgegeben werden müssten. Aber auch Renaturierung fordert Raum. Raum für Küstenstreifen, an denen sich das Meer erholen und Rotschenkel und Reiher brüten können. Raum für eine ungestörte Heide, in der Insekten, darunter viele Bestäuber, leben. Raum für Wälder, die sich, wenn man sie in Ruhe lässt, in größerer und stabilerer Vielfalt der Baumarten verjüngen und ihre Böden mit der ganzen Lebendigkeit der sie speisenden Organismen erneuern können. Raum für Auen, in denen sich Gewässer und Biber, Traubenkirsche und Pfaffenhütchen wieder ausbreiten. Allerdings: Nah am Fluss lassen oft auch Bauern gern ihre Kühe weiden oder Getreide wachsen.

Landwirte und Naturschützer kamen sich schon immer in die Quere: Letzere schimpfen über Anbauweisen, die auf den Artenschutz keine Rücksicht nehmen, Erstere fühlen sich in ihrer Verantwortung als Ernährer missachtet. Seit einigen Jahren hatte sich das Verhältnis vielerorts durch Dialoge und praktische Versuche, gute Kompromisse für die Zwänge auf beiden Seiten zu finden, entspannt. Der Niedersächsische Weg war dabei wegweisend, ein Vertrag zwischen Naturschutzverbänden und Landwirtschaftsorganisationen; ebenso das Projekt F.R.A.N.Z. der Umweltstiftung Michael Otto, des Deutschen Bauernverbands und mehrerer Wissenschaftler, das von der Bundesregierung unterstützt wurde. Doch in der Großen Transformation lädt sich das Spannungsverhältnis zwischen Bauern und Biberfreunden vielerorts wieder neu auf.

Das eindrucksvollste Beispiel dafür sind ein weiteres Mal die Moore. Bei ihrer Wiedervernässung geht es um seltene Arten und eigene Lebensgemeinschaften, aber – wie bei anderen Projekten der Renaturierung – zugleich auch um den Schutz unseres Wassers und vor allem natürlichen Klimaschutz. Und so dringlich die Aufgabe angesichts der Verpflichtungen aus dem Pariser Klimaschutzabkommen ist: Die große Umwidmung wird enorm viel Ausdauer erfordern – und Konfliktbereitschaft. Das zeigt ein genauerer Blick auf diese anstehende Herkulesarbeit.

Es beginnt schon bei den Dimensionen: In den vergangenen vier Jahrzehnten wurden insgesamt 70.000 Hektar neu vernässt, eine Fläche von der Größe Hamburgs. Nach den Plänen der Bundesregierung müssen es jetzt 50.000 Hektar sein – pro Jahr. Das sei eine Herausforderung, »größer als der Kohleausstieg«, urteilt Holger Hennies, Vize des Deutschen Bauernverbands und Präsident einer seiner Mitglieder, des »Landvolks Niedersachsen«, in einem der moorreichsten Bundesländer.[14] Viele Betroffene sind *not amused* über die Vernässungspläne: Touristische Anbieterinnen wollen vertraute Landschaften erhalten, Naturschützer die Biotope für Fließwasserfische, Anwohnerinnen befürchten Mückenplagen. Vor allem aber sehen Landwirte ihre Existenzgrundlage in Gefahr. Sie hegen nicht aus Prinzip Vorbehalte, die meisten von ihnen haben sich, wie gesagt, längst für den Naturschutz geöffnet und wollen dafür etwas tun. Aber sie ziehen in der zunehmenden Flächenkonkurrenz immer öfter den Kürzeren, und auch dieser Konflikt droht sich nach einer Studie des Thünen-Instituts zuzuspitzen. Die Experten errechneten, dass Deutschlands Landwirte

300.000 Hektar Agrarfläche verlieren könnten, das wären pro Tag 109 Hektar, wenn alle Pläne der Bundesregierung bis 2030 umgesetzt würden, von den Wohnungsbauprogrammen bis zur Energiewende.[15] Das schafft enorme Unruhe und Verunsicherung auch bei der Umgestaltung des Moorlands. Denn dann fiele Land für den Anbau von Lebens- und Futtermitteln weg, die Ertragsausfälle würden das Einkommen verringern. Der Staat verspricht Kompensation, aber kann man sich darauf wirklich verlassen?

Viele Bauern sind da skeptisch. Sie haben trotz niedriger Milchpreise in Melkmaschinen und moderne Ställe investiert und sich oft in Millionenhöhe verschuldet. Jetzt drohen neue Kosten: für die Schließung ihrer Entwässerungsgräben, für neue Deiche, andere Geräte, für Leute, die die Mehrarbeit leisten. Das macht es nicht leichter, die Kreditlast zurückzuzahlen: »Mein Banker hat sich schon eingenässt«, sagte ein Moorbauer sarkastisch bei einer öffentlichen Veranstaltung des »Landvolkes« zu diesem Thema in Bremen. Mit Niedersachsen, Schleswig-Holstein und Mecklenburg-Vorpommern liegt die Hansestadt in einer von Deutschlands moorreichsten Regionen. Für viele Bauernhöfe würde die Wiedervernässung sogar schlicht das Ende bedeuten. Eine Studie im Auftrag der Kieler Landesregierung ergab, dass 900 Landwirte in Schleswig-Holstein aufgeben oder umsiedeln müssten.[16]

Das macht Angst, aber auch sonst geht es nicht zuletzt um Gefühle. Bauern sind familienbewusst, ihre Vorfahren, die früher das Moor trockengelegt haben, waren arm. Der Torfabbau brachte wenig ein, und bis in die 1950er-Jahre drohte sogar Malaria. Umso größer war die Jahrhundertleistung, dem Moor Weiden und Äcker abzutrotzen. »Des Ersten Tod, des Zweiten Not, des Dritten Brot.« Der alte Leitspruch zeugt von der Mühsal der Urbarmachung. Vor hundert Jahren hätten Moorkommissare die Bauern bei der Trockenlegung unterstützt, sagt der Bauernfunktionär Hennies, eine ähnliche beratende Unterstützung müsse es auch für die komplizierte Wiedervernässung geben: »Jetzt brauchen wir Moorkommissare 2.0.«[17]

Den Stolz auf das Mammutwerk mehrerer Generationen will man

sich auch im Osten Deutschlands nicht einfach nehmen lassen. Die Trockenlegung der Friedländer Großen Wiese etwa, des größten zusammenhängenden Niedermoors zwischen Stettiner Haff und Brohmer Bergen, war ein sozialistisches Vorzeigeprojekt. 1964 setzte ihm der Spielfilm »Egon und das achte Weltwunder« ein Denkmal. Da reckt der Held der Freien Deutschen Jugend seine Hand empor: »Sooooo 'n hohet Gras soll hier mal wachsen.« Dann imitiert er ein Rindvieh: »Und solche fetten Kälber wollen wir damit mästen ... und jeden Tag sollen 100 Waggons Butter aus der Wiese rollen!« So kam es: In den 1980er-Jahren ernährte die Große Wiese 34.000 LPG-Rinder. Heute liefert sie immer noch Futter für Tausende Tiere und für die mächtigen Biogasanlagen eines bayerischen Nachwende-Investors. Die Kulturleistung der Vergangenheit hatte aber ihren Preis: Heute sind die Böden in einer monotonen Landschaft aus Maisfeldern und Grasland breitflächig versackt und vergiftet und richten enormen Klimaschaden an. Insgesamt entweicht nicht weniger als ein Drittel der Treibhausgasemissionen Mecklenburg-Vorpommerns seinen trockengelegten Moorböden. Wie die Landesregierung unter diesen Voraussetzungen ihr bemerkenswertes Klimaschutzziel – netto null Emissionen bis zum Jahr 2040, also fünf Jahre früher als die Bundesregierung – erreichen will, ist die große Frage. Es würde bedeuten, dass bis dahin 200.000 Hektar Moore weitestgehend vernässt sein müssen. Das verursacht einen enormen politischen Druck.

Bei der Friedländer Großen Wiese brachten Versuche, den Landbesitzer für den Moorschutz zu gewinnen, bisher keinen Erfolg. In vielen Regionen der betroffenen Bundesländer müssen, weil eine Moorfläche mehrere Eigentümer hat, erst alle überzeugt werden. Wenn nur ein einziger Landwirt gegen die Vernässung ist, kann er das ganze Projekt blockieren. Was also tun, wenn Landbesitzer oder Pächter nicht wollen? Unter den Bauern kursiert schon das Wort Enteignung, das große Tabu. Till Backhaus, der als Minister für Klimaschutz, Landwirtschaft, ländliche Räume und Umwelt das ganze, weite Spannungsfeld im Portfolio hat, reagierte bereits darauf: »Wir wollen nicht enteignen, sondern höchstens Vorschriften erlassen, wenn es zu brenzlig wird. Aber zunächst schaffen wir Anreize.« Nicht alle lassen sich von diesem Wort einschüchtern, es gibt auch Naturschützer, die sagen: Wenn sich neun von zehn Landwirten über die Wiedervernässung einer zusammenhängenden Fläche einig sind, dann kann nicht alles am zehnten Landwirt scheitern. Für Autobahnen und Gewerbeflächen gibt es schließlich auch Enteignungen mit der entsprechenden Kompensation, warum soll der Naturschutz den Kürzeren ziehen? Viele Landwirte bleiben deshalb besorgt. Und es gibt Widerstand.

Diesen Widerstand begründet der Bauernverband Mecklenburg-Vorpommern nicht nur mit den Zumutungen der Umstellung, sondern überhaupt mit der Verantwortung der Landwirte in Europa: Wegen der begünstigten klimatischen Bedingungen und fruchtbaren Böden müssten sie »die Ernährungssicherung für eine stetig wachsende Weltbevölkerung« gewährleisten. Das gehöre neben dem Klimawandel ebenfalls zu den »großen globalen Herausforderungen der Zeit«, argumentiert der Bauernverbands-Vizepräsident Manfred Leberecht[18]. Laut den Vereinten Nationen müsse die weltweite Lebensmittelproduktion bis 2050 um 70 Prozent steigen, »deshalb ist es wichtig, auch zukünftig Nahrungsmittel wie Rindfleisch und Milch auf Moorstandorten zu erzeugen«. In Brandenburg hat die Organisation »Freie Bauern« mit dem Umwelt- und Agrarminister einen Kompromiss besprochen; einen Pegelstand bei der Wiedervernässung im Moor, bei dem sie weiter Rinder halten können. Auch der Alternative Bauernverband AbL sucht nach guten Kompromissen. Doch Henrik Wendorff, Präsident des Bauernverbands in Brandenburg, wehrt sich gegen Renaturierungsvorhaben. Wenn die Regierung wie geplant rund 260.000 Hektar Moore wieder vernässe und 70.000 Hektar Wälder aufforste und dann weitere 60.000 Hektar Flächen für Solar- und Windkraftanlagen hinzukämen, kritisiert der Interessenvertreter[19], dann könne den Landwirten rund ein Drittel der Nutzfläche verloren gehen. Mit solchen Argumenten können sich die Landwirte auch auf den Direktor der Abteilung für Agrar- und Ernährungswirtschaft David Laborde bei der

Welternährungsorganisation FAO berufen. In der Onlinezeitschrift *Euractiv* warnte er, die EU solle die Produktivität ihrer Landwirtschaft »nicht im Sinne der Nachhaltigkeit aufs Spiel setzen«, da andere Länder den Produktionsrückgang nicht ausgleichen könnten.[20]

Tatsächlich gefährden der Klimawandel und neue Kriege, die nicht zuletzt um Land und Boden geführt werden, die Versorgungssicherheit mit Lebensmitteln mehr denn je – und das nicht erst seit dem russischen Angriff auf die Ukraine. Hinter Konflikten zwischen Bauern und Hirten in afrikanischen Ländern wie Nigeria oder Somalia steht oft der Streit um Land als Ernährungsgrundlage. Getreide-Missernten mehrere Jahre hintereinander bei großen Produzenten wie Kanada, den USA oder der Ukraine sind bei sich häufenden Unwettern leider nicht mehr auszuschließen, sie würden zahllose Menschen neu in den Hunger treiben. Doch die Milch- und Fleischproduktion als Schlüssel zur Welternährung anzupreisen, so wie es Vertreter des Deutschen Bauernverbandes immer wieder tun, ist absurd, denn tierische Produkte beanspruchen für die gleiche Kalorienmenge ein Vielfaches mehr an Fläche als pflanzliche. Wissenschaftliche Berater der Bundesregierung kommen einhellig zum gleichen Schluss: Den Konsum von Fleisch und Milch, wie er in den USA, Europa und Deutschland üblich geworden ist, zu einem globalen Recht zu erheben, ist angesichts der Energie- und Flächenansprüche der Futtermittelproduktion und ihrer ökologischen Folgen schlicht unmöglich.

Trotzdem instrumentalisierten das Agrobusiness, die Bauernlobby und konservative Parteien den Zielkonflikt zwischen Artenschutz und Nahrungsproduktion auch für ihren Widerstand gegen das Nature Restoration Law der EU. »Zwangsökologisierung«: so diffamierte Frank Gemmer, Hauptgeschäftsführer des deutschen Industrieverbands Agrar, dieses Gesetz. Die Europäische Volkspartei, der die deutsche EU-Präsidentin und Repräsentantin des Green Deal, Ursula von der Leyen, selbst angehört, wollte das Vorhaben am liebsten komplett kippen. Im Gleichklang mit mehreren rechts außen stehenden Parteien und der marktliberalen Gruppe Renew Europe warnte die EVP davor, dass das geplante Nature Restoration Law die Ernährungssicherheit gefährde. »Weniger Land für Bauern, weniger Meer für Fischer, weniger Geschäftsmöglichkeiten für Unternehmen, weniger europäische Produkte und weniger Jobs für unsere Bürger«, so fasste es die italienische Abgeordnete Rosanna Conte zusammen. Nachhaltigkeit und gesunde Böden, letztlich die Grundlagen der Landwirtschaft, spielten bei dieser Argumentation keine Rolle. Diese Opposition gegen das Naturschutzvorhaben verfehlte letztlich ihr Ziel – doch nur ganz knapp. Bei der Abstimmung im EU-Parlament gelang es ihr zwar, Einschränkungen für Landwirte zugunsten des Naturschutzes weitgehend zu streichen. Doch im Verlauf des Trilogs, der Beratungen zwischen Kommission, Parlament und Mitgliedsstaaten, wurden die Verwässerungen zum Teil wieder zurückgenommen und das Gesetz im November 2023 schließlich verabschiedet.

Das Klima schützen oder die Arten?

Natürlicher Klimaschutz, der im Moor besonders wirksam ist, aber auch in Wald und Flur, soll durch CO_2-Senken, also Bäume und Böden wieder befördert werden. Immerhin kann eine neu gebildete Tonne Humus der Atmosphäre etwa 2,1 Tonnen CO_2 entziehen. Inspiriert von solch vielversprechenden Aussichten wurde schon bei den Pariser Klimaverhandlungen die »Vier-Promille-Initiative« ins Leben gerufen. Dieser Name spielt darauf an, dass jedes Jahr vier Tausendstel mehr organische Bodensubstanz in allen Böden der Welt gespeichert werden müssten. Damit könnten die aktuellen globalen, vom Menschen verursachten Treibhausgasemissionen weitgehend kompensiert werden. Dieses Projekt und einige andere haben einen regelrechten Hype um die »nature based solutions«, die naturbasierten Lösungen, ausgelöst. Nicht nur Regierungen, auch viele Unternehmen wollen jetzt in die Böden investieren. Neben dem Klimaschutz selbst ist der wachsende Druck einer kritischen Öffentlichkeit, die sich mehr Nachhaltigkeit wünscht, das Motiv; außerdem der Druck aus der Finanzwelt, die Klimarisiken zunehmend als wirtschaftliches Risiko bewertet. Dazu kommt, dass die EU mittlerweile eine ernsthafte Nachhaltigkeitsberichterstattung fordert. Also wollen Firmen ihr Kapital nachhaltig einsetzen, unvermeidliche Emissionen mit Zertifikaten abschreiben oder ihr Öko-Image aufpeppen. Bisher spielt Humus nur auf dem freiwilligen Zertifikate-Markt eine Rolle. Sollte er bei einer Verschärfung des offiziellen Emissionshandels einbezogen werden, könnte sich eine positive Dynamik entwickeln.

Eigentlich ist es eine gute Sache, dass neben Regierungsgeldern auch private Investitionen in die Nachhaltigkeit der Wälder und den Aufbau des fruchtbaren Humus fließen. Aber das erfordert kluge Regeln, denn auch hier kommen zahlreiche Fragen und Zielkonflikte auf. So hat die Suche nach geeigneten CO_2-Senken beim Wald bislang häufig dazu geführt, dass vor allem schnell wachsende Monokulturen gepflanzt wurden. Für Akazien- oder Bambusplantagen etwa wurden vielerorts sogar wertvolle, artenreiche Ökosysteme neu umbrochen. Da steht dann der vermeintliche Klimaschutz im Widerspruch zum Artenschutz. Nachdem Umweltschützer solche Aktivitäten als Greenwashing entlarvt hatten, wandten sich Finanzinvestoren von solchen Projekten teilweise wieder ab.

Das hat noch einen anderen Grund, besonders beim Boden: Die Kohlenstoffspeicherung ist nur schwer mit präzisen Daten zu untermauern. Wie genau sollen die sequestrierten Treibhausgase bemessen und vergütet werden? Wie wird der Fortschritt kontrolliert? Es gäbe dafür komplexe Modelle, versichern einige Wissenschaftler und Start-up-Gründer, zudem verfüge man über gigantische Rechenkapazitäten. Die Land Banking Group zum Beispiel will mithilfe von Daten aus der Satelliten-Fernerkundung, metagenomischen Analysen und Hochleistungsrechnern für jeden einzelnen Quadratmeter Land einen »biophysikalischen Pass« für Boden, Wasser, Atmosphäre und Artenvielfalt erstellen und zugleich die jeweilige Veränderung der lebendigen Prozesse allzeit abrufbar machen. Mithilfe dieses »greifbaren Vitalwerts«

für alle Flächen werde es »Grundbesitzern, Landverwaltern und Investoren im Endergebnis ermöglicht, aus blühender Natur Kapital zu schlagen«. Denn dann könnten sie für berechenbare Verbesserungen bezahlt werden. Aber ist das realistisch? Wie schnell? Bei derart vollmundigen Ankündigungen scheinen zumindest Zweifel angebracht.

Dass die Erwartungen an die Funktion der Böden als Kohlenstoffsenken häufig zu hoch bewertet werden, haben Axel Don vom Thünen-Institut und seine Kollegen mehrfach belegt. Sie analysierten eine Vielzahl von Studien, Untersuchungen und Kommentaren zu diesem Thema und brachten viel Unkenntnis, Ungenauigkeit und Beschönigung ans Licht.[21] Die Unschärfe folgt demnach unter anderem aus der Tatsache, dass Humus nicht statisch ist, sondern sich durch Einflüsse der Nutzung und Witterung laufend auf- und abbaut. In den untersuchten Beiträgen wurde nun laut der Thünen-Studie die Speicherung des Kohlenstoffs, bei der nur die verbrauchten Humusvorräte wieder aufgebaut werden, als Sequestrierung bezeichnet und als Beitrag zu sogenannten Negativemissionen bewertet, wie sie eine Kohlenstoffsenke auszeichnet. So eine Senke ist aber erst erreicht, wenn der Kohlenstoff zusätzlich in den Boden kommt – und das ist laut der Untersuchung selbst bei entsprechenden Maßnahmen keineswegs immer gewährleistet. So weisen ihre Autoren darauf hin, dass derzeit viele Äcker in Europa auch infolge des Klimawandels mit Trockenheit oder Starkregenfällen Humus verlieren. An solchen Orten bewirken dann aufbauende Maßnahmen zwar eine Verlustminderung, aber noch kein Plus. Und noch etwas muss nachgewiesen sein, ehe man von einer Senke sprechen kann: Die Klimaschutzmaßnahmen dürfen nicht andere Klimagasemissionen erhöhen. Das ist laut Axel Don aber beispielsweise bei einer pfluglosen Bodenbearbeitung oft der Fall, die als emissionsmindernd gilt. Dann entweiche zwar weniger CO_2, dafür aber möglicherweise umso mehr Lachgas, ein viel potenteres Klimagas. »Humusaufbau = Klimaschutz? Diese Formel ist zu einfach«, resümiert das Thünen-Institut in einer Pressemitteilung zu diesem Thema. Auch der Vier-Promille-Initiative bescheinigen Mitarbeiter dieses

Bundesinstituts in einer anderen Studie bei aller Wertschätzung des Bemühens einen Hauch von Weltfremdheit: Die »einseitige Fokussierung auf die theoretischen Potenziale für eine weitere Anreicherung von organischem Bodenkohlenstoff« sei »kritisch zu beurteilen«, schreiben sie.[22] Denn die Potenziale, die in der Praxis tatsächlich verwirklicht werden könnten, seien »wesentlich geringer, zeitlich begrenzt und außerdem reversibel«. Dass das eine bittere Wahrheit ist, zeigt sich gerade an den deutschen Wäldern. Durch die Trockenheit der letzten Jahre sind sie häufig von einer Kohlenstoffsenke sogar zur CO_2-Emissionsquelle geworden; von Waldbränden ganz zu schweigen. Auch im Boden begrenzt Erhitzung die Fähigkeit, Kohlenstoff zu sequestrieren oder gar langfristig zu speichern. Es ist, als trotze der Klimawandel selbst seiner Bekämpfung.

Bodenkundler wie Axel Don anerkennen daher mit Demut die Grenzen ihres Fachs: »Wir würden die CO_2-Sequestrierung gern so genau berechnen, wie sich die Ökonomen das wünschen«, sagt er. Aber man wisse noch längst nicht genug darüber, wie hoch die Humusvorräte in unterschiedlichen Böden tatsächlich sind und wie sie sich verändern. Die Zeit, das jeweilige Management, das Wetter, regionale Bedingungen, die Vorgeschichte der Nutzung: »Das sind hochkomplexe Zusammenhänge.«

Der Bodenforscher schlägt daher vor, einstweilen praktische Maßnahmen wie längere Fruchtwechsel mit einer möglichst dauerhaften Pflanzendecke oder Agroforstsysteme, bei denen Bäume auf dem Feld mitwachsen, und viele andere Instrumente zu honorieren, von denen man schon lange weiß: Sie fördern sowohl die Humusbildung als auch die Artenvielfalt.

Wilde Weiden schaffen oder mehr Wildnis?

Flächenpolitischer Streit – Klima- versus Artenschutz – ergibt sich auch aus der unterschiedlichen Bewertung der Tierhaltung. Umweltschützer wollen den Fleischkonsum mindern und statt vieler Tiere im Stall wenige Tiere auf den Weiden halten, aber die Agrarindustrie hält dagegen: Das schade dem Klima noch mehr. Denn die Welt werde auf Fleisch nicht verzichten, bei einer intensiven Haltung produzierten Kühe im Vergleich mit der Weidehaltung fast doppelt so viel Milch, und damit verringere sich die Methanintensität pro Liter. Andere Umweltschützer ziehen im Namen des Klima- und Artenschutzes gegen beide Haltungsformen zu Felde, um Platz für mehr Wildnis zu schaffen. Es gibt heute sogar Verfechter einer kompletten Abschaffung der Landwirtschaft. Um Bevölkerungswachstum, Klima- und Naturschutz angesichts knapperer Flächen in Einklang bringen zu können, soll die »Postlandwirtschaft« die Nahrungsmittelerzeugung vom Boden befreien und stattdessen mehr und mehr in substratbasierte Gewächshäuser oder Fermenter verlagern. In solchen Bioreaktoren könnten Pilze und andere Mikroorganismen Eiweiß produzieren. Das wäre die Hoffnung. Aber damit wäre ein neuer Konflikt um die Gentechnik verbunden, denn mit CRISPR und anderen neuen Methoden der Gentechnik ließen sich entsprechende Novel-Food-Produkte noch besser entwerfen. Das behaupten jedenfalls Biotechnologen.

Hinter solchen Ideen versammeln sich »Ökomodernisten« und ein Teil der veganen Bewegung. Ihr leidenschaftlichster Vordenker ist der englische Umwelt- und Wissenschaftsjournalist George Monbiot. Sein Buch »Neuland«, eine Streitschrift gegen das globale zerstörerische Agrarsystem und eine brillante Hommage an den Boden, mündet in der radikalen Konsequenz, dass Fermentation die Land- und Weidewirtschaft sogar ganz abschaffen könne, diese »verheerendste Kraft, die jemals von den Menschen entfesselt wurde«. Doch eine solche »Befreiung vom Boden« würde enorme Mengen Energie verlangen, die ihrerseits Flächen fräße, wenn sie erneuerbar erzeugt würde. Und sie wirft weitere Fragen auf: Wie passt eine Ernährung auf Grundlage von Substraten und industriellen Herstellungsverfahren zu der gesundheitsförderlichen Rolle der Bodenflora? Und wie passt die komplette Abschaffung der Tierhaltung zu den Vorzügen der Weidehaltung und des Grünlandes in den geeigneten Regionen, wenn man beides extensiv und lokal angepasst, etwa mit einer begrenzten Zahl von Tieren pro Hektar, betreibt? Glaubt man der Tierärztin und Weidefachfrau Anita Idel[23] und einigen anderen Experten, dann denken sowohl die Verfechter der Intensiv-Tierhaltung als auch die vermeintlichen Bodenbefreier verengt und kommen daher im Ergebnis zu Milchmädchenrechnungen. Da Rinder und Schweine im Stall erst mit artfremdem Kraftfutter auf ihre Hochleistung gebracht werden, müsse man die Emissionen aus der Herstellung von Kunstdünger und Pestiziden für den Futteranbau mit berechnen; ebenso das enorm klimaschädliche Lachgas, das gedüngte Maisfelder freisetzen. Bei der Weidehaltung schlage dafür positiv zu Buche, dass der Biss der Wiederkäuer das Graswachstum stimuliere, vor allem jenes der Wurzeln. Je tiefer sie sind, desto mehr CO_2 kann in bestimmten Regionen im Boden gespeichert werden. So war es einst in den großen Graslandschaften der Welt. Wiederkäuer haben sich in Co-Evolution mit den Prärien und Tundren entwickelt. Unter ihren besonderen Klimabedingungen schufen sie über Jahrtausende fruchtbare Schwarzerden und trugen dazu bei, dass weltweit ein Drittel des globalen Kohlenstoffs im Grasland gespeichert ist. Diese großen Graslandschaften sind weitgehend verloren, doch ähnliche regionale Ökosysteme kann man mit der Hilfe von Schafen, Rindern und Pferden erneuern. Es macht also wenig Sinn, Klima- und Artenschutz gegeneinander auszuspielen.

Zumal Weiden selbst eine hohe Biodiversität bergen – jedenfalls dann, wenn auf ihnen nicht Hochleistungsgräser ausgesät werden und Dünger ausgebracht wird, sondern wenn regionale Gräser und Kräuter wachsen und idealerweise auch Bäume, Hecken und Sträucher. Immerhin gedeihen auf Kalkmagerrasen, Borstgrasrasen, Zwergstrauchheiden und anderen Formen mageren, also nährstoffarmen Grünlandes in Deutschland Tausende Tierarten und 35 Prozent aller Pflanzenarten, die auf der Roten Liste stehen, viele davon in der Rubrik der am höchsten gefährdeten. Das hat Gründe: Wenn die Rinder zum Beispiel an Gehölzen beißen oder sich daran scheuern, entsteht Totholz; Suhle und Tritt reißen hier und da die Pflanzendecke auf. An solchen Stellen leben Wildbienen und Sandlaufkäfer oder Pflanzen wie die Behaarte Fetthenne und der Wilde Sellerie. Auf der Weide entstehen meist auch Tümpel mit allem, was darin lebt. Nicht zuletzt, sagt der Ökologe und Zikadenforscher Herbert Nickel, formten Rinder »die Schönheit und Identität der Landschaften«. Auch hier stellt sich also wieder die Frage: Welche Natur? Ist die Artenvielfalt der Wildnis grundsätzlich wertvoller als jene in Graskulturlandschaften, wie Monbiot zu meinen scheint? Oder muss beides gehen?

Schließlich bieten Weidegebiete global gesehen auch für die menschliche Ernährung eine existenzielle Chance. Nur etwa ein Drittel der landwirtschaftlichen Nutzfläche weltweit ist für den Ackerbau geeignet, während zwei Drittel dafür zu trocken, zu steil, zu kalt oder zu heiß sind.[24] Das schreibt die Tiermedizinerin Ilse Köhler-Rollefson, die seit vielen Jahren im indischen Rajasthan lebt und dort die Praktiken der Hirtenvölker erforscht. In solch weiten Savannen und Wüsten sei man auf Nutztiere angewiesen, um die natürliche Vegetation in Milch und Fleisch umzuwandeln; das gilt auch für gebirgige Gegenden Europas.

Richtig ist: In den letzten Jahrzehnten hat es infolge des Bevölkerungswachstums und des damit angestiegenen Ernährungsbedarfs in einigen Weltregionen deutlich zu viele Tiere und in der Folge eine massive Überweidung der Graslandschaften gegeben. Doch eine kurze und intensive Beweidung und lange Ruheperioden für die Vegetation lassen die Landnutzungssysteme der Hirten laut Köhler-Rollefson nachhaltig werden. Denn dadurch werde die richtige Menge Stickstoff in den Boden eingebracht und Bodenorganismen würden aktiviert, während oberirdisch der Dung als Nährboden für Insekten diene, die wiederum Nahrung für Vögel, Reptilien und Kleinsäuger sind. Zudem verbreiten die wandernden Tiere Samen, was die Keimung angepasster Arten erleichtere. Mittlerweile setzen sich Tierzüchter auch in Deutschland mit diesen Prinzipien auseinander. In

Forschungsprojekten wird das »Adaptive Multi-Paddock-Grazing«, wie die uralte traditionelle Weidewirtschaft der Hirtenvölker in der Sprache der Wissenschaft genannt wird, auch in europäischen Kulturlandschaften erprobt, um die Produktivität der Weiden, die Humusbildung und die Vielfalt der Arten zugleich zu steigern.

Flächen für die Energiewende

Der Zielkonflikte nicht genug, fordert auch die Energiewende neue Prioritätsdebatten bei der Landnutzung. Windkraftanlagen stehen seit Langem immer wieder unter Beschuss vieler Naturschützer, weil sie an Land seltene Vögel und Fledermäuse oder im Meer die Schweinswale gefährden können. Auch die Landkonflikte, die in Afrika und Südamerika beim Abbau von Rohstoffen für die Energiewende wie zum Beispiel bei Lithium entstehen können, werden kritisiert.[25] Mit der Beschleunigung der Energiewende verschärft sich die Konkurrenz um den Boden. Nicht nur der Anbau von Pflanzen, aus denen Energie gewonnen wird, auch die Produktionsanlagen für erneuerbare Energien beanspruchen Flächen.

Nur ein Fall von vielen ist Hohensaaten, ein Stadtteil von Bad Freienwalde im Brandenburgischen Oderbruch. Dort will ein Investor laut der Berliner Tageszeitung *taz* 370 Hektar Wald roden, um auf etwa zwei Dritteln dieser Fläche eine große Photovoltaik-Anlage für etwa 200 Megawatt zu errichten.[26] Der Rest des Landes soll Industrie- und Gewerbegebiet werden. Die Lindhorst-Gruppe aus Winsen an der Aller verspricht, dieses »energiepolitisch wichtige Projekt« werde »die Entwicklung der Region signifikant voranbringen, Arbeitsplätze schaffen, den Wert von Immobilien steigern, das Steueraufkommen auch für Hohensaaten verbessern und jedem Bewohner günstigeren grünen Strom zur Verfügung stellen«. Das Projekt gefährdet aber den Lebensraum von Uhu, Schwarzstorch und Seeadler. Sie werden angesichts der wirtschaftlichen Verheißungen wohl den Kürzeren ziehen, obwohl sie laut einer lokalen Bürgerinitiative »sonst kaum noch ein so großes, zusammenhängendes Waldgebiet als Heimat finden können«.

Ohne Zweifel ist die Energiewende klimapolitisch zwingend. Dafür müssten bis 2030 jährlich rund 20.000 Megawatt Photovoltaik und 10.000 Megawatt Windkraft allein an Land neu installiert werden. Weil Flächen überall knapp sind, kann und muss das auch in Wäldern geschehen, wo die Zugangswege die Lebensräume bedrohter Arten weiter reduzieren. Denn Sonne und Wind bringen ungleich mehr Energie als die Biogasanlagen, die mit Biomasse gefüttert werden, wie Mitarbeiter des Thünen-Instituts errechnet haben.[27]

Wohlgemerkt: Biogas kann als Energiespeicher regional Sinn machen, vor allem wenn es aus Reststoffen und Gülle erzeugt wird. Aber im Vergleich fallen die Biogasanlagen dramatisch zurück: Von einem Hektar Mais können laut Thünen-Institut sieben Haushalte ein Jahr lang mit Strom versorgt werden, von einer Photovoltaik-Freiflächenanlage auf der gleichen Fläche hingegen 230 Haushalte und von Windrädern sogar 6000 Haushalte. Ähnlich eindrucksvoll sind die Leistungsunterschiede bei der Wärmeversorgung und erst recht im Verkehr: Von einem Hektar, der mit Raps bepflanzt wurde, kann ein Auto 33.000 Kilometer im Jahr fahren und 57.000, wenn man die Nebenprodukte des Raps einbezieht. Ein Elektrofahrzeug hingegen legt mit Photovoltaikstrom von der gleichen Fläche vier Millionen Kilometer zurück, bei Windstrom sogar 100 Millionen Kilometer. Wollte man das Land zu 100 Prozent aus erneuerbaren Energien versorgen, dann würden laut den Braunschweiger Forschern bei Wind- und Sonnenstrom deutlich weniger als die Hälfte jener Fläche benötigt, die aktuell für den Anbau von Energiepflanzen genutzt wird. So würden viele Flächen eingespart, auf denen man Nahrungsmittel erzeugen oder Artenschutz betreiben könnte. Das sind stichhaltige Zahlen – und doch lässt diese rein ökonomische Rechnung zahlreiche Faktoren in der Wirklichkeit außer Acht, die Wind- und Sonnenkraft auf der konkreten regionalen Ebene in Konkurrenz mit anderen Formen der Nutzung oder des Naturschutzes bringen können.

In die einzig auf Strom und Wärme bezogene aktuelle Flächenrechnung kann zum Beispiel der wahrscheinlich in Zukunft steigende Bedarf an Pflanzen für die stoffliche Verwertung in der Industrieproduktion noch nicht eingehen. Zudem kann man Windkraftanlagen nicht beliebig an jedem möglichen Ort aufstellen, sondern nur dort, wo es mit steifer Brise den entsprechend lohnenden Stromertrag gibt. Das ist häufig auf Anhöhen der Fall, wo schützenswerte Wälder wachsen. Außerdem will nicht jede Landwirtin, jede Dorfgemeinschaft ihre Flächen mit Stahlgerüsten oder -masten verbauen. Viele Bürger empfinden die Technisierung ihrer Heimatlandschaft schlicht als ästhetische und emotionale Zumutung. Ein weiterer begrenzender Faktor: Wind- und Photovoltaik-Anlagen brauchen Anschlüsse ans Stromnetz, und auch für diese Grund legende Infrastruktur will nicht jeder Landwirt seinen Acker hergeben. Vielleicht müssen die Erzeuger das bald, denn die Bundesregierung plant eine Duldungspflicht für solche Leitungen. Der Ausbau erneuerbarer Energien ist von der Ampelkoalition als »überragendes öffentliches Interesse« definiert worden und hat damit Vorrang. Der Bauernverband aber wehrt sich dagegen: Die Duldungspflicht wäre in seinen Augen eine »entschädigungslose Enteignung« der Landbesitzer. Ob und wann Bauern und Bäuerinnen Leitungen akzeptieren müssen, ist noch ungewiss.

Die energetische Nutzung der Böden treibt die Preise für die Landnutzung enorm in die Höhe. In Schleswig-Holstein und Mecklenburg-Vorpommern bieten Investoren, die Solaranlagen aufstellen wollen und oft aus weit entfernten Großstädten oder sogar aus anderen Ländern kommen, Pachtsummen, die jene für eine landwirtschaftliche Nutzung bei Weitem übersteigen. Anlagen für grünen Strom sind angesichts des steigenden Bedarfes »Gelddruckmaschinen«, so äußerte sich der Kieler Agrarexperte Friedhelm Taube Anfang 2023.[28] Statt – je nach Region oder Bundesland – 300 bis 800 Euro Pacht pro Hektar für eine landwirtschaftliche Nutzung, bekommen Landbesitzer 2000, oft über 3000 Euro pro Hektar für die Installierung einer Photovoltaik-Anlage. Solche Einnahmen verführen besonders Bauern, deren Anbaubedingungen ohnehin nicht günstig sind und die sich durch Klimaveränderungen wie Trockenheit – z. B. in Teilen von Brandenburg und Mecklenburg – noch verschlechtert haben, dazu, Module zu installieren, statt Getreide anzubauen. Solaranlagen stehen aber durchaus auch auf ertragreichen Böden. Der Druck wird sich zuspitzen, je mehr Strom gebraucht wird, und der Bedarf wird steigen, weil immer mehr Bereiche elektrifiziert werden: Strom soll Autos antreiben, Wärme erzeugen, Wasserstoff produzieren, die Digitalisierung und KI voranbringen.

Konflikte über die Landnutzung lassen sich gut instrumentalisieren

All diese Konflikte sind real – aber sie werden auch aufgebauscht, übertrieben und für die jeweils eigenen Interessen instrumentalisiert. Beispielsweise schoben die Lobbyisten des Agrobusiness in Berlin und Brüssel unmittelbar nach dem russischen Angriff auf die Ukraine, als die Weizenexporte ausblieben, die steigenden Hungerzahlen vor, um die gerade erst eingeführten ökologischen Brachen in Europa wieder infrage zu stellen. Dort müsse nun Getreide für Afrika angebaut werden, forderten sie. Eine entsprechende Ausnahmeregelung setzte die Agrarlobby prompt durch – als hinge die Welternährung von europaweit 3,6 Millionen Tonnen Weizen ab, die auf solchen Flächen hätten wachsen können; und auch das nur theoretisch, denn praktisch hatten viele Bauern für den Artenschutz eher die ärmeren Böden liegen lassen, auf denen Weizen gar nicht wächst. Andere Maßnahmen, darunter ein Moratorium für die Biosprit-Beimischung, hätten zusammen mehr als das Zehnfache gebracht.[29]

Aber es gibt auch viele (zum Teil selbst ernannte) Naturschützer, die an einem romantischen Bild von Wald, Wiesen und Wildnis festhalten und es gegen jedes einzelne Windrad verteidigen. Mit ihren Worten: gegen die »Horrorvision« mit »stählernen Monstern«, wie es in dem Buch »Geopferte Landschaften« heißt[30]. Für sie soll alles genau so bleiben, wie es ist. Solche Emotionen sind legitim, kulturell tief verwurzelt und verständlich, je mehr Raum die Technik beansprucht. Aber sie entspringen oft auch Sentimentalität und Weltfremdheit. Denn Natur ist ebenso wenig statisch wie das Verhältnis des Menschen zu ihr. Landschaften haben sich immer verwandelt, durch evolutionäre und klimatische Veränderungen, durch Wanderungsbewegungen von Tieren, Pflanzen und Menschen, durch neue landwirtschaftliche Techniken. Und so fragil die Lebensgemeinschaften aufeinander eingestimmt sind, oft finden sie neue Gleichgewichte. Bei manchen Abwehrreaktionen fühlt man sich daher an den Titel eines Buches von Joachim Meyerhoff erinnert: »Wann wird es endlich wieder so, wie es nie war«.

Die individuellen Veränderungsängste und Heimatgefühle werden systematisch von Populisten und rechten Bewegungen politisch genutzt. Windkraft-Monster, vögelschreddernde Öko-Kruzifixe, Vogelhäcksler: Mit solchen Begriffen stürze sich das rechte Lager auf das Thema, stellte der mittlerweile verstorbene CSU-Bundestagsabgeordnete Josef Göppel schon vor Jahren fest. »Oft haben dieselben Leute, die Angst vor Überfremdung durch Flüchtlinge haben, auch Angst vor Windkraft«, so Göppel. »Leute, die sich vorher für Natur und Landschaft nicht interessiert haben.«[31] Heute nehmen sich AfD-Politiker ihrer gezielt an und versuchen landauf, landab mit Slogans wie »Windkraft auf Abstand« zu punkten. Auch bei den »Nimbys« (= not in my backyard), also jenen Bürgern, die von Artenschutz und Naturliebe reden, aber in erster Linie ein Windrad in ihrer Umgebung verhindern wollen und alles, was sonst ihren Blick verstellen könnte.

Die Bremser und die Befürworter einer grünen Transformation werfen sich bei politischen Kontroversen um die Flächennutzung gerne gegenseitig ideologische Verblendung vor, wobei sie die jeweils eigene Position als alternativlos bezeichnen. Tatsächlich gibt es aber bei den meisten Zielkonflikten viele Lösungsansätze, die nicht einer Entweder-Oder-Logik folgen, sondern systemisch zusammengedacht werden. Sie reichen von neuen ökologischen Anbausystemen bis zu neuen sozialen Organisationen, wir werden darauf in Kapitel 9 umfassender eingehen.

Ein Booster für alles

Die jeweils passenden Lösungen mit den richtigen Prioritäten zu finden und praktisch durchzusetzen, ist eine enorme Herausforderung, nicht nur für Landwirte, Investorinnen, Kommunalpolitiker, sondern für die ganze Gesellschaft. Sie muss ihr Verhältnis zur Natur neu definieren. Allem voran stellen die vielen Zielkonflikte eine Zerreißprobe für die Umweltorganisationen und -verbände und die grüne Partei dar, in sich und untereinander. Ihre Themen sind inzwischen zwar in der Mitte der Gesellschaft angekommen, sei es, weil man daran mittlerweile gut verdienen kann, sei es, weil längst die Hütte brennt – doch wie viel Naturschutz, wie viel Überlebensschutz werden die Umweltschützer ernsthaft durchsetzen können? Das ist eine Schlüsselfrage, denn die neuen grün-grünen Zielkonflikte bringen Verbände und Partei nicht nur mit anderen Interessenlagern in Konflikt. Auch eine alte, interne Kontroverse zwischen den Fürsprechern eines grünen Wachstums und den Vertretern einer Selbstbegrenzung – in dubio pro Natur – kommt wieder hoch.

Der Theologe und Soziologe Wolfgang Sachs sieht diese beiden Pole tief in der Geschichte der Umweltbewegung verwurzelt. Er ist der Frage nachgegangen: Warum hat man in Deutschland bei Klima und Biodiversität hauptsächlich über Braunkohle und Heizöl, Automotoren und Flugturbinen, Windkraft und Solaranlagen geredet, »aber warum haben Bäume, Humus und Moore so wenig Gewicht«? Sachs führt das auf zwei Richtungen zurück, die es von Anfang an, also schon im 19. Jahrhundert, in der Umweltbewegung gegeben habe: Gesundheitsschutz und Naturschutz. Die einen klagten krank machende Städte und riskante Technologien an, die anderen stritten für Naturschutzgebiete und Nationalparks. In den Vereinten Nationen zeigt sich die gleiche Trennung der Sphären: Hier die Konvention gegen den Klimawandel – dort die Konvention für Biodiversität. Oder, wie Sachs es formuliert: Hier das »Solarzeitalter«, dort das »Zeitalter der Lebensvielfalt«. Beides seien Utopien, so schreibt er, beide hätten Kreuzungspunkte – »aber sie widersprechen einander auch«. Die eine setze auf Solartechnik, ihre digitalisierte Überwachung, suche Chancen in künstlicher Intelligenz – aber könne man sich das auch für ein Zeitalter der Lebensvielfalt vorstellen? »Wohl nicht.« Die einen setzten auf erneuerbare Energie weltweit plus Kreislaufsysteme für Materialien – die anderen auf die Restauration der terrestrischen und marinen Ökosysteme. Beide Utopien brächten verschiedenes Wissen hervor, hier das der Ingenieure und Physikerinnen, dort jenes der Naturkundler und Biologinnen. Den einen stehe das Kippen des Erdsystems drohend vor Augen, den anderen das Verstummen der Natur.

Ähnlich wie Sachs kommt auch Christian Hiß, Gärtnermeister, Begründer der Regionalwert-AGs und Vordenker eines dezentralen Wirtschaftens, zu dem Schluss, dass die technisch-pragmatische grüne Fraktion in den letzten Jahren meist dominiert habe. Im Sog der Globalisierung und in ihrer Folge der fortschreitenden Naturzerstörung habe man sich auf das Dagegensein konzentriert – den Kampf gegen Ackergifte, gegen Monokulturen, gegen Gentechnik – und mit dem »Grünen Wachstum« auf technische Lösungen gesetzt, die im Mainstream anschluss- und politisch mehrheitsfähig erschienen. Das habe der frühen alternativen Bewegung viel Kraft für die kontinuierliche Verbesserung und Verbreitung ihrer eigenen Ansätze genommen, sagt Hiß, »für unsere auf Naturgesetzen basierenden, der historischen bäuerlichen Versorgungsökonomie entlehnten Konzepte. Damit ist unsere regenerative und resiliente Alternative zu lange gekippt.« Angesichts der Dimensionen der Katastrophen, jetzt, da der Menschheit der Boden unter den Füßen schwindet, wäre es an der Zeit, die Priorität neu zu setzen, die eigenen, regionalen Ansätze aus der Nische herauszuholen und sie gegenüber dem auf Kritik fokussierten Mainstream zu stärken.

Für die Lösung der grün-grünen Zielkonflikte ist hier die Frage entscheidend: Sind beide Utopien wirklich unvereinbar? Behindern sich die Positionen gegenseitig? Oder gibt es bei den Umwelt- und Naturschützern angesichts der Dringlichkeit des Handelns heute ein übergreifendes, die beiden Ansätze vereinendes »Ermöglichungs-Mindset«, wie es der Präsident des Umweltdachverbands Deutscher Naturschutzring (DNR), Kai Niebert, formuliert. Und wenn es das gibt: Kann sich so ein Gestaltungswille gegen ein altes fossiles »Mindset« behaupten, das die Energiewende für sich instrumentalisiert hat, wie viele fürchten, auf Kosten von Hecken, Knicks, Wäldern, Wiesen und allem, was darin und auch unter ihnen kreucht und fleucht? Solche Sorgen machen sich vor allem an der Planungsbeschleunigung für die Energiewende und deren Infrastruktur fest. Da gibt es eine fatale Kompromissallianz in der Bundesregierung, die mit der Vorfahrt für den Klimaschutz auch Vorfahrt für neue Versiegelung schafft – für die Böden fatal.

Der DNR-Präsident Kai Niebert wollte auf konstruktive Weise verhindern, dass Klimawandel und Artenschutz gegeneinander ausgespielt werden, ähnlich dachten auch die Vorsitzenden der größten Umwelt- und Naturschutzverbände Greenpeace, BUND und NABU, und sie taten sich im Januar 2023 zusammen. Das war kurz nachdem die Europäische Union ihre umstrittene Notfall-Verordnung für den schnelleren Ausbau der Wind- und Photovoltaik-Anlagen sowie der Stromnetze veröffentlicht hatte; umstritten, weil darin die Belange des Artenschutzes deutlich zu kurz kommen, etwa durch die Abschaffung der Umweltverträglichkeitsprüfung für Energiewende-Anlagen. Nun sollte die EU-Notfall-Verordnung, die zunächst 18 Monate lang bis Mitte 2024 gelten soll, in deutsches Recht umgesetzt werden.

Im Zuge dessen veröffentlichten die Verbands- und NGO-Chefs ein gemeinsames Ermöglichungs-Dokument: »Ein Booster für erneuerbare und grüne Infrastruktur: Wie zwei planetare Krisen gemeinsam schneller lösbar werden«. Der Titel war Programm. Mit diesem Positionspapier erkennen die Naturschützer an, dass der Bau erneuerbarer Energieanlagen nicht durch mehrjährige Verfahren verzögert werden darf. Sie machen deutlich, dass sie nicht, wie vielfach unterstellt, als Verteidiger der Pflanzen und Tiere Wind- und Solarkraftwerke blockieren wollen und dass ein beschleunigter Ausbau notwendig sei. Der Arten- und Ökosystemschutz müsse dann aber, so ihre Forderung, zum Ausgleich ebenfalls beschleunigt werden. Auch die Natur brauche einen Booster, gleichrangig, und zwar durch den Ausbau der »grünen Infrastruktur«.

Was hat man darunter zu verstehen? Ein »strategisch geplantes Netzwerk natürlicher und naturnaher Flächen mit unterschiedlichen Umweltmerkmalen«, definiert das Papier, »das mit Blick auf die Bereitstellung eines breiten Spektrums an Ökosystemdienstleistungen angelegt ist«. Hinter dem Begriff stehe der Gedanke, »dass Ökosysteme und ihre Leistungen ebenso unverzichtbar sind wie die Infrastruktur erneuerbarer Energien für die Entwicklung eines Landes«. Leider zahlte sich die Kompromissbereitschaft, die in dem Begriff »Infrastruktur« schon sprachlich aufschien, nicht aus. Vielmehr nutzte der Bundeskanzler Olaf Scholz das Angebot der Naturschützer als Steilvorlage, um erst mal nur bei Wind- und Sonnenkraftwerken Gas zu geben.

Dabei klang es eigentlich gut, was die Koalition im März 2023 in ihrem Modernisierungspaket für Klimaschutz und Planungsbeschleunigung festgehalten hat: »Um genügend und vernetzte Flächen für die Renaturierung und den Naturschutz raumordnerisch zu sichern, soll die Möglichkeit geschaffen werden, einen zusammenhängenden länderübergreifenden Biotopverbund als Vorrangfläche zu definieren.« Genau das meinten die Verbände mit grüner Infrastruktur und das ließ sie hoffen, dass die Dringlichkeit auch in Regierungskreisen verstanden worden war. Doch erfahrene Mitarbeiter aus der Naturschutzverwaltung waren sofort skeptisch, als sie diese Sätze lasen: Eine »zentrale Organisationseinheit« auf Bundesebene soll Flächen sichern und entwickeln – obwohl die Bundesländer doch für die Raumplanung zuständig sind? Und obwohl es in den Ländern teils schon Flächenagenturen gibt und doppelte Strukturen vermieden werden müssen? »Die Koalition hat den Naturschutzverbänden einen Ferrari versprochen«, spottet ein erfahrener Beamter, »aber sie bekommen einen ohne Räder.«

Und richtig: Der Vorschlag, Flächen auch für den Naturschutz mit einem Gesetz abzusichern, den Niebert und seine Kollegen gemacht hatten, wurde aufgeschoben; die Umweltministerin sollte ihn erst mal prüfen und einen Entwurf vorlegen. Das ist zumindest bis Dezember 2023 nicht geschehen. Ein »überragendes öffentliches Interesse«, das einen Vorrang für Planungsvorhaben begründet, gestand die Regierung nur Anlagen für Wind- und Solarenergie sowie neuen Strecken für die klimaschonende Eisenbahn zu, später auf Drängen der FDP sogar auch noch dem Bau von Straßen und Industrieanlagen. Naturschutzgebiete aber genießen keine solche Privilegierung. So »schaffen wir straffere, schnellere und rechtssichere Verfahren für den Ausbau der Windenergie«, teilte die Bundesregierung freudig mit. Deren Ausbau ist nun (mit Ausnahmen) auch in Landschaftsschutzgebieten ohne Umweltverträglichkeitsprüfung erlaubt, Prüfverfahren beim Natur- und Artenschutz wurden hingegen abgeschwächt. Ein »Solarpaket« erleichterte zwar endlich auch die Solarstromerzeugung in Städten. Die Hälfte der PV-Anlagen soll künftig auf Hausdächern oder am Rand von Schulhöfen, Fabriken oder Parkplätzen gebaut werden, an Orten also, die ohnehin schon versiegelt sind. Aber warum nur die Hälfte? Die willkürliche Zielsetzung halbe-halbe legt fest, dass der Ausbau in der Landschaft groß dimensioniert sein wird.

Planungsbeschleunigung »koste es, was es wolle«

Steffi Lemke, die grüne Ministerin für Umwelt, Naturschutz, Reaktorsicherheit und Verbraucherschutz (BMUV), versucht zwar so viele Flächen wie möglich zu verteidigen. Sie hat aber wenig Einfluss in einer Koalition, deren sozialdemokratischer Bundeskanzler Olaf Scholz und FDP-Finanzminister Christian Lindner im Klimaschutz vor allem Chancen für eine neue Variation des alten Dreiklangs »Bauen-Wachsen-Jobs« zu erkennen scheinen. Lindner verzögert oder erschwert regelmäßig die Umsetzung von Programmen aus dem BMUV, etwa bei der Vergabe der Milliarden für Lemkes größten Erfolg, das »Aktionsprogramm Natürlicher Klimaschutz«, das Renaturierungsvorhaben fördert. Schwer hatte und hat es die Umweltministerin auch neben Robert Habeck. Der erweist sich als »Klimaschutz first«-Minister, aber als grünen Parteifreund kann Lemke den starken Mann im Wirtschaftsressort nur schwer öffentlich angreifen. Dabei scheint Habecks Ministerium die systemische Bedeutung, die Biodiversität und Böden gerade für den Klimaschutz und die Klimaanpassung haben, nicht durchdrungen zu haben. Als Begründung für die einseitige Beschleunigung bei den erneuerbaren Energien hört man aus diesem Ressort immer wieder das reduktionistische Argument, ohne Energiewende sei alles nichts, schließlich werde der Klimawandel sonst auch Tiere und Pflanzen töten. Das stimmt zwar – doch erst recht gilt: Ohne gesunde und vielfältige Böden, Pflanzen und Tiere wird es weniger Wasser, weniger Kühlung, weniger CO_2-Speicherung und mehr Emissionen, also mehr Klimawandel geben. Lemke aber gestand sich und ihrer Klientel bei einer Podiumsdiskussion im Herbst 2023 ein, dass der Natur- und Artenschutz in jedem Fall Flächen werde preisgeben müssen. Noch nie in der Geschichte sei eine neue industrielle Infrastruktur ohne Verluste gelungen. Offensiv klang das nicht.

Man fühlt sich bei dieser Koalition an das Urteil des Forstwissenschaftlers und Journalisten Peter Laufmann über den Stellenwert des Bodens in der Politik erinnert: »Im besten Fall läuft die Sorge um den Boden mit. Sie ist wie der Gast, den man zwar auf die Party einladen muss, weil sich das so gehört, der dann aber mit seinem Glas in der Ecke steht und von niemandem mehr beachtet wird.«[32] Dafür spricht, dass der Bundeskanzler gemeinsam mit den Bundesländern im November 2023 wieder nur beim Klima- und nicht beim Biodiversitätsschutz nachlegte, und medienwirksam den »Deutschlandpakt« verkündete. Dieses Mal ging es nicht nur um die LNG-Terminals und Windräder, durch die wir so schnell wie möglich vom russischen Gas unabhängig werden sollen, sondern auch um den Straßen- und Wohnungsbau. Da fiel das bereits zitierte Kanzlerwort von den »ganz neuen Stadtvierteln«, die »auf der grünen Wiese« gebaut werden sollten »wie in den Siebzigerjahren«[33]. Ein Pakt mit geringeren Umweltstandards, noch mehr Ausnahmen, noch kürzeren Fristen, noch mehr Einschränkung der Bürgerbeteiligung in den Genehmigungs- und Planungsverfahren.

»Schwer enttäuscht« zeigte sich Jörg-Andreas Krüger vom NABU über diese »Planungsbeschleunigung, koste es, was es wolle«. In der Stellungnahme seines Verbandes schwingt Frustration darüber mit, dass den Zugeständnissen der Naturschützer kaum mit Gegenleistungen entsprochen worden war. Man kritisiere »auf das Schärfste, mit welcher wissenschaftsfernen Ignoranz und Vehemenz derzeit die Axt an Grundpfeiler des Umweltrechtsystems gelegt werden soll, das in den letzten Jahrzehnten entwickelt, demokratisch beschlossen, in der Praxis umgesetzt und fortlaufend optimiert wurde«, monierte der NABU.

Noch passionierter sprach Eckhard Jedicke, Geograf, Landschaftsökologe und wissenschaftlicher Herausgeber der Fachzeitschrift *Naturschutz und Landschaftsplanung*, verstimmten Natur- und Umweltschützern aus dem Herzen. In seinem Editorial warf er der Ampel Doppelzüngigkeit vor: Einerseits lege sich der Kanzler bei der Jahreskonferenz des Rates für Nachhaltige Entwicklung mit dem flammenden Appell »Die Zeit drängt« dafür ins Zeug, dass die globalen Nachhaltigkeitsziele der Vereinten Nationen, die Sustainable Developement Goals (SDGs), endlich vorankommen müssten – um andererseits kurzerhand die demokratische Beteiligung der Bürger und den Artenschutz, beides Nachhaltigkeitsziele, zu beschneiden. Das genaue Gegenteil sei gefordert, schrieb Jedicke: »Partizipation und

Co-Kreation sind das Gebot der Stunde, um akzeptierte Lösungen zu entwickeln und die Menschen mitzunehmen.« Stattdessen drohe die ebenso einseitige wie falsche Schuldzuschreibung, der zufolge eine holprige Planung einzig an den Naturschützern liege, »Politik- und Staatsverdrossenheit« zu fördern. »Erneut werden Populismus und Simplifizierung über einen intelligenten Umgang mit Komplexität siegen«, schreibt Jedicke. »Wenn, dann doch bitte mit Ehrlichkeit: Unsere Zukunft ist uns egal, solange die Wirtschaft nicht brummt.«

Der einseitige Booster für den Infrastruktur-Ausbau berührt ein weiteres wichtiges Problem: die Ausgleichsflächenregelung. Wenn Investoren bei Bauvorhaben Lebensräume für Tiere und Pflanzen beschneiden, dann müssen sie anderswo nach Flächen suchen, wo sich die verdrängten Arten ansiedeln können. Auch diese Regel wurde abgeschwächt. Für Photovoltaik- und Windkraftanlagen jedenfalls gilt sie nicht mehr zwingend, vielmehr können die Bauherren stattdessen in bestimmten Fällen Geld für den Naturschutz zahlen. Was aber dann in der Praxis passiert, ist ungewiss (Kapitel 5).

Die Naturschützer werden also weiter kämpfen müssen, ebenso wie die Landwirte. Gegenüber den Flächenansprüchen der Energiewende, der Industrie und des Verkehrs sind diese beiden Konkurrenten in ähnlich schwacher Ausgangsposition. In dem alten Konflikt zwischen Wirtschaft und Ökologie ist Augenhöhe trotz großer Fortschritte noch lange nicht erreicht. Im Gegenteil: Unter dem Druck geopolitischer Ressourcenkonkurrenzen und -engpässe werden »Ökos« wie schon in den Achtzigerjahren ideologisch in die Verhinderer-Ecke gedrängt. Viele hätten die Widerstände unterschätzt, die es gebe, wenn der Klima- und Artenschutz ernsthaft umgesetzt werden solle, resümierte die Bundesumweltministerin bei der Verleihung des Deutschen Umweltpreises. Da laufe man gegen »die Wand derjenigen, die das verhindern wollen. Die das bisherige Einkommensmodell und die Ausbeutung von Naturressourcen fortsetzen wollen.« Ähnlich erlebt es Jan-Niclas Gesenhues, der umweltpolitische Sprecher der grünen Bundestagsfraktion. Ob in Brüssel oder Berlin, überall stoße er auf eine Strategie der Konservativen und Populisten, die Umwelt, LGBT-Rechte und Migrationspolitik miteinander vermengen und entlang dieser Themen einen Kulturkampf vom Zaun brechen wollten. Gegen die vermeintliche »woke Elite«. Für Gesenhues ein unsägliches Gegeneinander-Ausspielen, das droht, die Gesellschaft zu spalten. Das sei fatal: »Gerade in Zeiten eines massiven Artensterbens müssen wir Naturschutz und Infrastrukturausbau gemeinsam denken, statt sie gegeneinander auszuspielen«, fordert auch der grüne Bundestagsabgeordnete. Dass das bisher nicht gelinge, liege vor allem an unzulänglichen staatlichen Strukturen, nicht an trotzigen Naturschützern. Gesenhues' Forderung: Priorisieren, mehr Personal in den Genehmigungsbehörden und schnelle digitale Prozesse.

Das verweist auf jene, die bei den neuen Zielkonflikten letztlich in ihrem Alltag und ihrer Funktion am konkretesten betroffen sind: die Mitarbeiter der Verwaltungen, auf allen Ebenen, in den Bundesministerien, vor allem in den lokalen Behörden. Staatliche Institutionen müssen die vielen widersprüchlichen Ansprüche und Interessen bei den Ziel- und Flächenkonflikten bewerten und hochkomplexe Entscheidungen so steuern, dass alle Aspekte mitbedacht werden. »Von vorneherein integriert planen«, und das nun auch noch schneller, pauschaler, also mit noch größerer Verantwortung: Diese Aufgabe fordert vor allem die Ämter heraus. Sind sie dafür gewappnet?

5
VERPLANT
Die Beschleunigung der Raumplanungsverfahren bremst Naturschutz, Landwirtschaft und Demokratie

Es gibt einen etablierten großen Instrumentenkasten, der eigens dazu entwickelt wurde, konkurrierende Nutzungsansprüche aufzulösen, und zwar unter Beteiligung aller Betroffenen. Das ist die öffentliche Raumplanung mit ihren zahlreichen Regelungen für Bund, Land und Kommunen. Das riesige Bündel von Gesetzen und weiteren Regelungen legt fest, wie über die Nutzung der Flächen mit demokratischer Beteiligung entschieden werden soll. Die Raumplanung soll, so steht es im Raumordnungsgesetz, »konfligierende Nutzungsansprüche« unter dem Leitbild einer nachhaltigen Raumentwicklung koordinieren. Sie soll »die sozialen und wirtschaftlichen Ansprüche an den Raum mit seinen ökologischen Funktionen in Einklang« bringen. Dazu werden Landesentwicklungspläne auf Ebene der Bundesländer aufgestellt, Flächennutzungs- und Bebauungspläne in den Gemeinden und in manchen Ländern noch Regionalpläne für die Ebene dazwischen. Und auf allen Ebenen – landesweit, regional und kommunal – ist geregelt, dass abgewogen werden soll zwischen den Interessen, zwischen den einzelnen Akteuren und ihren Ansprüchen, wer welche Ansprüche erheben darf, wer seine Bedenken dazu äußern darf, dass sie berücksichtigt werden, kurz, wie Flächennutzungskonflikte aufgelöst werden sollten.

Entstanden sind diese komplizierten Regelungen in den Siebzigerjahren, als so schnell und so ungeregelt gebaut wurde, dass die Menschen ihre Landschaft förmlich vor ihren Augen verschwinden sahen. Damals wurden die Vorläufer der Umweltverträglichkeitsprüfung entwickelt und später auch die sogenannte Eingriffsregelung. Sie hat zum Ziel, Beeinträchtigungen der Landschaft und der Natur, etwa durch Straßen, Fabriken, Gewerbegebiete oder Wohnhäuser, an anderer Stelle wieder auszugleichen. Die Planungsverfahren mit ihren Offenlagen und Erörterungsterminen sind filigran erdacht und aufeinander abgestimmt, vielleicht etwas verstaubt und kompliziert und wenig einladend für Laien – aber sie sichern zu, dass alle Interessen in einem demokratischen Prozess zumindest zu Wort kommen. Jeder, der mitgestalten will, kann das tun. Diese Regelungen verlangsamen das Planen und Bauen – aber letztlich erspart es künftigen Ärger, wenn man sich anfangs mehr Zeit nimmt. Je besser vorher Sorgen und Ideen aller Beteiligten einbezogen werden, je geduldiger nach Kompromissen gesucht wird, desto geringer ist die Aussicht, dass die spätere Entscheidung dauernd wieder infrage gestellt wird; desto höher ist ihre Rechtssicherheit.

Die zentrale Herausforderung jedoch ist das Machtgefälle, das durch demokratische Mitwirkung nicht aufgehoben wird. Das bemängelt der Wissenschaftliche Beirat der Bundesregierung WBGU in seinem Gutachten zur Landwende: Die Naturschutzbehörden seien zwar an der Flächenplanung beteiligt, aber ihnen fehle eine »rechtliche Bindungswirkung«.[1] Mit anderen Worten: Sie dürfen mahnen, aber ihre Warnung muss nicht berücksichtigt werden. Die Raumordnungsgesetze formulieren die Aufgabe, dass alle Interessen auszugleichen sind, aber sie regeln nicht, wie die Ansprüche des Naturschutzes, des Wassers und des Klimas tatsächlich durchgesetzt werden könnten – weder bei der Entwicklung der Regionalpläne noch bei konkreten Bauvorhaben. Dafür müssten die langfristigen Gemeinwohlinteressen bei der Flächenplanung einen politisch definierten hohen Stellenwert bekommen, etwa durch Vorrangregeln oder klare gesetzliche Festlegungen zum Schutz der Natur. Aber die wurden schon bislang meist eher Bauvorhaben zugesprochen. Auch wegen dieses Machtungleichgewichtes kam es häufig zu Klagen von Naturschützern, die das Planen und Bauen zusätzlich verlangsamen. Nicht nur, aber auch deshalb stehen die Genehmigungs- und Planungsverfahren jetzt überall im Weg, wo es um Booster, Beschleunigung und Bürokratieabbau geht. Wenn man sich bei Praktikern umhört, dann gewinnt man allerdings den Eindruck, dass sich dieses Machtungleichgewicht sogar noch verstärken könnte.

Die vielen Gesetzespakete, mit denen die Bundesregierung in den Jahren 2022 und 2023 die Planungsverfahren zu beschleunigen versucht, lassen das befürchten. Auch der Ausbau der erneuerbaren Energien liegt nun im »überragenden öffentlichen Interesse«, und sie »dienen der öffentlichen Sicherheit« – damit rücken sie vor alle anderen Raumansprüche. Rund hundert Einzelregelungen sollen allein im sogenannten Deutschlandpakt »mehr Tempo und weniger Bürokratie« schaffen, wie es der Kanzler formulierte. Deutschland solle weg von der »Kultur der Überregulierung« und dem »ausgeprägten Sicherheitsdenken«, hin zu »gesundem Pragmatismus«.[2]

»Dass eine Kultur entstehen muss, in der Entscheidungen getroffen werden«, wie der Kanzler sagt, klingt zunächst gut für alle, die schon einmal jahrelang Umwege fahren mussten, weil sich die Sanierung einer Brücke wieder und wieder verzögerte, und auch für alle, die jahrelang auf die Genehmigung einer Windenergieanlage warten. Und es stimmt: Planungsrecht und Artenschutzgesetze lassen sich nicht nur dafür nutzen, um beste Lösungen für das Gemeinwohl auszuhandeln, sondern sie wurden und werden auch von Gegnern jedweder Veränderung missbraucht. Es gibt sie ja, jene NIMBYs, und auch die BANANAs (build absolutely nothing anywhere near anybody), wie sie von der Windkraftbranche spöttisch genannt werden, die noch kategorischer sind und fordern: Gar nichts in der Nähe von irgendjemandem bauen! Da müssen Grenzen gesetzt werden.

Unter den Neuerungen, die die Ampelkoalition angekündigt hat, sind auch viele sinnvolle Vereinfachungen; etwa dass Neu- und Umbauten nicht mehr an fehlenden Parkplätzen scheitern sollen. Oder dass die Öffentlichkeitsbeteiligung zukünftig digitalisiert werden soll: Das klingt deswegen vielversprechend, weil es die Zugangsschwelle senken könnte. Aber auch da sind viele Naturschützer skeptisch, denn gleichzeitig wurde die Verpflichtung zu öffentlichen Erörterungsterminen eingeschränkt. So ist die Befürchtung, dass nun jeder ganz einfach online seine Meinung sagen darf und anschließend eine freundliche pauschale Antwort bekommt: Danke, Ihre Bedenken haben wir zur Kenntnis genommen. Der Kern der Beteiligung aber, das gemeinsame Gespräch und der Austausch von Argumenten, wird ausgehöhlt.

Bürokratieabbau ober Bürgerbeteiligung?

So klingt die Beschwörung eines neuen Deutschlandtempos und einer Kultur der schnellen Entscheidungen für viele so, als solle die komplexe Raumplanung, das lästige, aber unschlagbare Instrument zur Entschärfung von Flächennutzungskonflikten, mit dem Deutschlandpakt nicht verbessert, sondern eher geschliffen werden. Da stehen Sätze wie dieser: »Sofern Erörterungstermine abgehalten werden, sind sie ziel- und ergebnisorientiert auszugestalten, damit sie für eine zeitliche Straffung des Beteiligungsverfahrens sorgen.« Das kann man auch so lesen, dass Bürgerinnen, die mitreden wollen, eher als Störfälle gelten.

Bei der Jahreskonferenz des Rates für Nachhaltige Entwicklung im Herbst 2023 in Berlin brachte der Chef der Bundesnetzagentur, Klaus Müller, diese Sorge auf den Punkt. Das Publikum war gebeten worden, die wichtigsten Instrumente zu nennen, um die deutsche Industrie nachhaltig und wettbewerbsfähig zu machen. Und die am häufigsten genannte Antwort war: Bürokratieabbau. Alle schienen das richtig zu finden und nickten einander im wohligen Gefühl der Bestätigung zu, bis sich Klaus Müller zu Wort meldete:[3] Er habe seine Behörde gebeten, konkret aufzulisten, was diese Bürokratie, über die so geschimpft wird, denn konkret bedeute. Das Ergebnis: »Bürokratie bedeutet BürgerInnenbeteiligung.« Und die sei bei allen Verfahren, egal, ob Straßen, Brücken, Eisenbahnen, Windkraftanlagen oder Stromnetze gebaut würden, bei Planern und Bauherren extrem unbeliebt. Aber Bürokratie bedeute, dass Menschen mitreden könnten, rief Klaus Müller, und er frage alle, die jetzt abstrakt mal schnell deren Abbau im Namen der Geschwindigkeit forderten: »Sind wir uns einig, dass der Bau von Stromtrassen und Straßen so beschleunigt wird, dass ich mit einem Finger schnipsen kann als Behörde? Oder ist das nicht gewollt?« Das war dann offenbar so nicht gewollt. Bei der Nachhaltigkeitskonferenz jedenfalls gab es für diese Wirkung von Bürokratieabbau nur noch zaghafte Zustimmung.

Welche Auswirkungen die einseitige Planungsbeschleunigung hat, kann man in Nordrhein-Westfalen beobachten. Dort hatte die CDU-FDP-Landesregierung unter Ministerpräsident Armin Laschet bereits von 2017 bis 2021 eine Reihe von sogenannten Entfesselungspaketen verabschiedet, die Bürokratie abbauen und Planungen vor allem für die Energiewende beschleunigen sollten – unter anderem durch eine Schwächung der Bürgerbeteiligungsrechte. In Regionalräten legten politische Vertreter der Kommunen die Flächennutzung der einzelnen Regionen – Ostwestfalen, Münsterland und so fort – für die nächsten zwanzig Jahre fest. Und erfahrene Naturschützer waren schockiert.

»Wenn man sich die Entwürfe anschaut, hat man das Gefühl, der Klimawandel und das Artensterben finden gar nicht statt«, sagt etwa Mark vom Hofe, der Vorsitzende der Landesgemeinschaft Natur und Umwelt LNU, in der sich über hundert kleinere Naturschutzvereine, Bürgerinitiativen und Biostationen zusammengeschlossen haben. »In den neuen Regionalplänen werden vor allem ökonomische Interessen bedient. Baugebiete für neue Siedlungen werden in einem Ausmaß ausgewiesen, das man sich nicht hätte träumen lassen, und die Ökologie fällt hinten runter«, kritisiert vom Hofe. »Alles dreht sich um technischen Klimaschutz, um Windräder und Wasserstoff, doch für den Naturschutz macht sich im Moment kein Politiker stark. Wir beißen auf Granit.« Auch der Einfluss der höheren Naturschutzbehörden sei ausgehebelt worden, »artenschutzrechtliche Bedenken werden in den Gemeinderäten nur noch zur Kenntnis genommen und dann weggewogen«.

Die neuen Regionalpläne enthalten auch Rahmenpläne für die Landschaftsgestaltung, sie sollen die Naturschutzplanung mit den übrigen Flächenplanungen verknüpfen – also eine grüne Infrastruktur in die Fläche bringen. Doch die Zusammensetzung der zuständigen Regionalräte führt dazu, dass die klassischen Vorstellungen von Wirtschaftswachstum meist dominieren. In diesen Regionalräten sitzen Vertreter der Wirtschaft, der Gewerkschaften, der Kirchen und anderer gesellschaftlich relevanter Gruppen auch aus dem Natur- und Landschaftsschutz. Sie können Kritik anbringen und Vorschläge machen – doch abstimmen dürfen nur die politischen Vertreter der Kommunen als gewählte Vertreter der Bürger. Nach ihren Vorgaben erarbeiten dann die Raumplaner der jeweiligen Bezirksregierungen die konkreten Pläne.

Das war schon vor der Verabschiedung der Entfesselungspakete so, und schon damals haben die Verbände eine mangelnde Durchsetzungskraft der Naturschützer gegenüber einem Übergewicht wirtschaftlicher Interessen beklagt. Mark vom Hofe, der vor Jahren selbst die Naturschutzverbände im Regionalrat Köln vertreten hat, sagt: »Nur eine begrenzte Zahl der Mitglieder hat überhaupt zugehört, wenn ich gefordert habe, dass wir unsere natürlichen Ressourcen besser schützen müssen.« Das habe sich durch die Planungsbeschleunigung noch verschlimmert, bestätigt das Landesbüro der nordrhein-westfälischen Naturschutzverbände. Dort sind Juristen, Biologen, Ökologen und Landschaftspfleger damit beschäftigt, die Entwürfe der neuen Regionalpläne mit Blick auf die natürlichen Ressourcen zu kommentieren. Ihre Stellungnahme beispielsweise zu den Planungen für Ostwestfalen ist vernichtend: Der Entwurf werde der gesetzlich festgelegten Aufgabe einer zukunftsfähigen Raumplanung »in keiner

Weise gerecht«, schreibt das Landesbüro. Und weiter: »Die Naturschutzverbände beobachten mit Sorge und Unverständnis, dass die Regionalplanung in Federführung des Regionalrates Detmold sich noch immer nicht den Herausforderungen stellt, die sich nicht zuletzt durch den lange absehbaren und akut spürbaren Klimawandel und den dramatischen Verlust der biologischen Vielfalt ergeben.« Flächen, die in den alten Plänen für den Naturschutz vorgesehen waren, seien gestrichen und Vorgaben zum Biotopverbund aus dem Landesentwicklungsplan übergangen worden: »Der Regionalplanentwurf erweckt den Eindruck einer vornehmlichen Angebotsplanung.« Der Flächenverbrauch für Baulandentwicklung werde sogar »noch angeheizt«. Mark vom Hofe urteilt: »Die neue Koalition von CDU und Grünen macht dort weiter, wo die alte schwarz-gelbe Regierung aufgehört hat.« Die Naturschützer im Land hätten das Gefühl, bestenfalls Verschlimmerungen verhindern zu können. An eine aktive Flächenplanung zum Schutz der Ressourcen sei gar nicht zu denken. So ist die Lage in Nordrhein-Westfalen, und so, das befürchten viele Naturschützer, könnte sie sich im ganzen Land ausbreiten, wenn die Planungsbeschleunigung mit einem einseitigen Fokus auf erneuerbare Energien, Straßen und Wohnungsbau überall vorangetrieben wird.

Der umstrittene Ausbau der Ostwestfalenstraße im Kreis Höxter ist ein gutes Beispiel, um beides zu zeigen: die schwache Durchsetzungskraft des Naturschutzes und die Gründe, warum Wirtschaft und Politik vehement entfesseln und beschleunigen wollen. Für den Ausbau einer Straße braucht es zwar keine umfangreiche und langwierige Umweltverträglichkeitsprüfung, wie sie das Gesetz für große neue Bauprojekte verlangt. Trotzdem darf nicht einfach losgebaut werden: »Bei jedem Vorhaben, das einen Eingriff auslöst, müssen die Naturschutzbelange berücksichtigt werden«, sagt die Bauingenieurin Sandra Buschkühl vom Landesbetrieb Straßen.NRW, die für die Fällung der Alleebäume an der Ostwestfalenstraße verantwortlich ist. »Sowohl bei größeren Vorhaben als auch bei Sanierungen wie an der B 252 müssen wir Umweltgutachten anfertigen lassen.« In Höxter hat ein

Planungsbüro gleich mehrere Gutachten erarbeitet, einen landschaftspflegerischen Begleitplan, einen artenschutzrechtlichen Fachbeitrag und Untersuchungen der Fauna. Daraus geht hervor, welche Tier- und Pflanzenarten beeinträchtigt würden, wenn die Bäume gefällt werden. »Die Gutachter errechnen eine Punktzahl, die den Eingriff bewertet, und sie stellen die erforderlichen Ausgleichs- und Ersatzmaßnahmen zusammen.« Im Fall der B 252 sollen 291 neue Bäume auf einem zwei Meter breiten Grünstreifen gepflanzt werden. Nur wenn »planungsrelevante« Arten gefunden worden wären, hätte das die Bäume vielleicht retten können. Dazu zählen Tier- und Pflanzenarten, die im Anhang IV der europäischen Flora-Fauna-Habitat-Richtlinie als »streng geschützte Arten« gelistet sind, etwa der viel zitierte Feldhamster, die Gelbbauchunke und eine ganze Reihe von Fledermausarten. Aber weil in den Bäumen keine Fledermaushöhlen gefunden wurden, war die Allee nicht zu retten.

Einen alten Baum verpflanzt man nicht

Auch die Regelungen für Eingriffe in die Landschaft helfen kaum: Sie legen fest, dass ein Verlust von Naturflächen an anderer Stelle wieder ausgeglichen werden soll. Die Idee klingt gut: Wenn eine Fläche verbraucht, wenn Boden versiegelt wird, soll der Schaden anderswo wieder gutgemacht werden. Doch wird dieses Ziel nur selten erreicht. Denn es dauert viele Jahrzehnte, bis neu gepflanzte Bäume die gefällten alten wirklich ersetzen, andere Kompensationsflächen werden nicht gut umgesetzt, wieder andere gar nicht erst verwirklicht.[4] »Die Ausgleichsregelungen sehen vor, dass Eingriffe möglichst vor Ort ausgeglichen werden«, sagt Burkhard Beinlich, der viele Jahre ein Planungsbüro und die Landschaftsstation des Kreises Höxter geleitet hat. »Das ist grundsätzlich sinnvoll, denn die Menschen, die von einem Eingriff betroffen sind, sollen möglichst von dem Ausgleich profitieren. Doch die gute Absicht führte häufig dazu, dass der Naturverlust auf zersplitterten Flächen kompensiert wurde, die oft nicht oder nur unzureichend gepflegt wurden. Den Ökosystemen hilft das nur wenig, weil Arten und Lebensgemeinschaften zum Überleben Minimalareale brauchen, also Gebiete von einer bestimmten Größe.« Das bedeutet: Theoretisch wird jeder Eingriff in die Landschaft ausgeglichen, aber praktisch wird die Absicht, Lebensräume zu sichern, oft nicht erreicht. Es gibt viel formellen Schutz – und zu wenig praktischen Erfolg. Wenn aber nur unzureichend kompensiert wird, summieren sich über die Jahre beinahe unmerklich gigantische Flächenverluste. So sind am Ende alle unzufrieden: die einen, weil alles so lange dauert, die anderen, weil doch kein ausreichender Schutz der Landschaft und der Biodiversität dabei herauskommt, und wieder andere, vor allem Landwirte, weil ihnen Flächen verloren gehen.

Die Bundesregierung hat deshalb angekündigt, die Kompensationsregelungen zu überarbeiten. Künftig soll es in bestimmten Fällen möglich sein, dass sich Bauträger von der Ausgleichsflächen-Verpflichtung freikaufen können. Geld statt Fläche, so lautet das Angebot. Mit diesem Gedanken können sich auch Naturschützer anfreunden. Wenn alles in einem gemeinsamen Topf lande, dann könne die Bundesregierung »aktionistischen Einzelmaßnahmen« beim Klima- und Naturschutz ein Ende setzen, erklärte der NABU-Vorsitzende Jörg-Andreas Krüger, »bei denen alles nicht zueinanderpasst und letztlich weder das eine noch das andere Ziel erreicht wird«. Dann müsse man »nicht mehr drei Bäume gegen drei andere austauschen«, meint auch Kai Niebert, sondern könne »die ganze Landschaft von vorneherein integriert planen.« Geld aus großen Bauvorhaben könne dann dazu beitragen, dass das große Ziel aus dem Montreal-Abkommen, weltweit 30 Prozent der Flächen für den Naturschutz zu reservieren, in Deutschland verwirklicht wird. Es könne in jenes als grüne Infrastruktur definierte »Netzwerk natürlicher und naturnaher Flächen mit unterschiedlichen Umweltmerkmalen« fließen, das »mit Blick auf die Bereitstellung eines breiten Spektrums an Ökosystemdienstleistungen angelegt ist«. Das also auch zusammenhängende Biotope und

Streifräume für Tiere eröffnet, das Auen nicht zerschneidet, die Agrarlandschaften einbezieht, Gewerbeflächen, sogar Städte. »Integrativer Naturschutz auf 100 Prozent der Fläche« statt der Trennung von Infrastruktur und Landwirtschaft hier, Naturschutz da – das hatte auch der Ethiker Thomas Potthast gefordert. Den großen Zusammenhang in der Natur: den könne man planen und mit dem Geld der Bauherren umsetzen.

Aber noch ist keineswegs sichergestellt, dass mit den gesammelten Kompensationszahlungen auch wirklich zusammenhängende Flächen für große Naturschutzprojekte gekauft werden könnten. »Ob hinter jedem Euro auch wirklich eine Fläche steht«, wie der DNR-Präsident Kai Niebert es formuliert. Schon jetzt ist es schwierig, an geeignete Flächen für die Ausgleichsregelung zu kommen. Manche Naturschützer befürchten deshalb, dass Bauherren als Verursacher die Gelegenheit bekommen, sich aus der Verantwortung zu stehlen. Zudem ist unklar, ob überhaupt genug Geld zusammenkäme.

Dazu kommt: »Es gibt bislang keine tragfähigen Strukturen, die eine Kompensation umsetzen sollen«, sagt ein erfahrener Beobachter aus der Naturschutzverwaltung. »Die Bundesebene hat keine Liegenschaftsverwaltung, die Flächen in der erforderlichen Menge beschaffen und dauerhaft zur Kompensation bewirtschaften könnte. Und es gibt dafür auch keine ausreichenden rechtlichen Möglichkeiten.« Dafür bräuchte es ein Gesetz, ähnlich dem Windenergie-Flächenbedarfsgesetz. Diesem angekündigten Naturflächenbedarfs-Gesetz wurde aber als »Natur-Flächen-Gesetz« schon sprachlich der Bedarf ausgetrieben, und wann es vorgelegt wird, war im Dezember 2023 noch völlig unklar. »Was da passiert, ist eine Programmierung in den Nicht-Vollzug«, klagt der Experte. Starke Flächenagenturen in den Bundesländern könnten womöglich trotzdem umfassende Pläne für Naturschutzkorridore ausarbeiten, entsprechende Flächen schnell kaufen und somit für den Naturschutz sichern. Doch ob das vorgesehen ist oder gelingen kann, ist ähnlich unklar.

Nordrhein-Westfalen hat sich zwischenzeitlich noch vor einer anderen Verpflichtung gedrückt: Bei der Versiegelung neuer Flächen hat die schwarz-gelbe Landesregierung unter Armin Laschet das NRW-Verbrauchsziel von nur noch fünf Hektar pro Tag, das die Vor-Vorgängerregierung in die Nachhaltigkeitsstrategie geschrieben hatte, einfach abgeschafft. Entfesselung eben. Im Koalitionsvertrag der schwarz-grünen Regierung von Ministerpräsident Hendrik Wüst und Vizeministerpräsidentin Mona Neubaur stand es dann zwar wieder – doch erst im Sommer 2023, nach zwei Jahren Regierungszeit, und auch nur als ein grundsätzliches Ziel ohne klare Verpflichtungen. Gleichzeitig will Schwarz-Grün den Kommunen mehr Spielraum in der Planung gewähren, solange das die übergeordneten Ziele des Landes – Flächen sparen und die Wirtschaft klimaneutral umbauen – nicht gefährdet.[5] Das klingt gut, doch kommen diese Änderungen zu einem Zeitpunkt, an dem die neuen Regionalpläne so gut wie fertig sind.

Das alles beunruhigt nicht nur Naturschützerinnen und Landschaftspfleger, sondern auch Landwirtinnen. Susanne Schulze Bockeloh ist Vorsitzende des Landwirtschaftlichen Kreisverbands Münster und die einzige Frau unter den fünf Vizepräsidenten des Deutschen Bauernverbands. Auch sie kritisiert die Entwürfe für die neue Regionalplanung, in ihrem Fall für das Münsterland. Dort gehen Jahr für Jahr rund 200 Hektar Ackerland verloren.[6] Die Potenzialflächen, die in den neuen Plänen für zukünftige Siedlungsgebiete reserviert sind, seien viel zu hoch angesetzt, sagt Schulze Bockeloh. »Dabei wird immer von Freiflächen gesprochen, aber das sind sie mitnichten! Das sind Flächen, auf denen unsere Nahrungsmittel produziert werden, das ist ein hohes schützenswertes Gut.« Der Westfälisch-Lippische Landwirtschaftsverband fordere schon seit Jahren, dass Ackerböden ebenso wie Wälder unter Schutz gestellt werden sollten. Niemand in Deutschland darf Wald ohne ausdrückliche Genehmigung in eine andere Nutzung bringen, aber für die ebenso wichtigen landwirtschaftlichen Flächen gilt das nicht. »Wir wissen, dass diese Forderung in der jetzigen Situation nicht leicht umzusetzen sein wird«, sagt die Landwirtin, die mit ihrer Familie einen Ackerbaubetrieb am Rand von

Münster bewirtschaftet. Auch bei den eigenen Mitgliedern nicht, denn viele Bauernfamilien sind verschuldet, und da kann ein solcher Flächenverkauf einen rettenden Geldsegen bedeuten. Doch die Summe der Verluste ist bedenklich, das Ackerland, auf dem unsere Lebensmittel wachsen, schrumpft immer weiter.

»Die Zielkonflikte müssen irgendwie gelöst werden. Man kann ja nicht sagen, es darf gar nicht mehr gebaut werden, das sehen wir auch«, sagt Susanne Schulze Bockeloh. »Aber wenn schon so viel Fläche verloren geht, dann muss man wenigstens in Kombinationen denken, sowohl bei den erneuerbaren Energien als auch bei Kompensationsflächen.« Gemeint ist: Man könne Photovoltaik-Anlagen mit Ackerbau kombinieren – oder mit Biodiversität. »Das ist gut, aber nicht immer einfach« (Kapitel 9). Die Naturschutzverbände und der Deutsche Bauernverband haben sehr oft konträre Positionen, doch bei der Frage des Flächenverbrauchs sind sie sich einig: Flächen, die jetzt nicht bebaut sind, sollen möglichst nicht mehr bebaut werden.

Kommunale Planungsüberforderung

Für die Kommunen bedeutet das alles eine Riesenherausforderung: Sie müssen Lösungen finden für abstrakte übergeordnete Nachhaltigkeitsziele und sehr konkrete Bürgerwünsche. Sie müssen das komplizierte und nicht immer kohärente Planungsrecht beachten und gleichzeitig dem Hin und Her der Landesvorgaben folgen und den vielen Beschleunigungspaketen der Bundesregierung. Städte und Gemeinden sind in Deutschland selbst dafür verantwortlich, zu entscheiden, wie sie mit ihren Flächen umgehen. Kommunale Planungshoheit wird das genannt, doch die Freiheit, sich selbst regieren zu dürfen, findet im Rahmen von Bundes- und Landesvorgaben statt und bedeutet eben auch, all diese Zielkonflikte bei einer sich ständig wandelnden Gesetzeslage auflösen zu müssen.

Über diesen multidimensionalen Spagat kann Mechtild Schulze Hessing viel erzählen. Sie ist Bürgermeisterin der Stadt Borken, 60 Kilometer östlich von Münster, kurz vor der niederländischen Grenze. Die CDU-Politikerin ist studierte Verwaltungswirtin, eine erfahrene, gut vernetzte Kommunalpolitikerin und Mitglied der Hochwasserallianz Bocholter Aa, deren Engagement für die Klimaanpassung mit dem »Blauen Kompass« des Bundesumweltministeriums ausgezeichnet wurde. Schulze Hessing ist auch Vorsitzende des Regionalrats, also mitverantwortlich für den neuen Regionalplan für das Münsterland, und das heißt: Sie steht mittendrin im Ringen um Flächenkonflikte und ihre Lösung. Fragt man sie, wie das nachhaltig gelingen kann, dann spricht Schulze Hessing viel über Schulterschlüsse, Austausch und Netzwerke. Wenn die Kreisverbände der Grünen zu einer Artenschutzkonferenz laden, ist die Frau aus dem anderen Lager dabei – obwohl die Agrarfrage die beiden Parteien im Münsterland besonders tief spaltet. Die Konservativen wollen weiter intensiv produzieren und die Viehbestände hoch halten – die Grünen wollen eine Agrarwende, weniger Tiere, weniger Futtermittelproduktion, mehr Artenschutz in der Fläche. Doch eine Politikerin wie Schulze Hessing bleibt gelassen: »Man kann und muss die Themen zusammenbringen.« Das sagt sie, obwohl auch sie enorme Probleme sieht.

Auch im Münsterland müssen die Parteien aktuell nach einer Lösung suchen, wie sie die Vorgabe der schwarz-grünen Landesregierung für die Energiewende erfüllen können: 1,8 Prozent der Flächen Nordrhein-Westfalens sollen zukünftig für Windräder und Solaranlagen zur Verfügung stehen. Um dieses Ziel zu erreichen, hat die Landesregierung jene Vorschriften fallen lassen, die bisher für Windräder 1000 Meter Abstand zur Wohnbebauung vorsieht, und sie hat noch weitere Regeln zum Schutz der Landschaft aufgehoben. In den neuen Regionalplänen in Nordrhein-Westfalen sollen nun Vorrangflächen für erneuerbare Energien ausgewiesen werden, aber bis das so weit ist, können Windräder und Sonnenkraftwerke an viel mehr Standorten und mit viel weniger Auflagen als jemals zuvor geplant und gebaut werden. Windräder im Wald sind jetzt erlaubt und Freiflächen-Photovoltaik entlang aller öffentlicher Wege, sagt die Landesregierung in Düsseldorf. Aber: »Was heißt das für die einzelnen Kommunen? Was bedeutet das für die Identität der Region Münsterland?«, fragt die Bürgermeisterin. »Wir haben über 400 Kilometer Gemeindestraßen und Wirtschaftswege allein in Borken als Flächenstadt. Würden wir die alle rechts und links mit Photovoltaik-Anlagen zupflastern, dann gäbe es keine Münsterländische Parklandschaft mehr.«

Auch die intensive Landwirtschaft mit ihrer hohen Viehdichte hat die ehemals vielfältige Münsterländer Parklandschaft, ein buntes Mosaik aus Feldern, Weiden, Wallhecken und Wäldchen, stark verändert: Die jahrhundertealten artenreichen und vielfältigen Allmendeweiden sind verschwunden und mit ihnen Blühwiesen, Schmetterlinge und viele Vogelarten. Wo früher kleine Herden weideten, sind heute Zehntausende von Masttieren in hermetisch abgeriegelten Ställen eingesperrt. Ihre Futtersilos sind die neuen, weithin sichtbaren Landmarken der norddeutschen Tiefebene. Ab Mitte des Sommers verstellt der meterhohe Mais für die Biogasanlagen den Blick auf die Parklandschaft und macht manche Radwege zu Tunneln. Diese Art der Landnutzung, der Veränderung der traditionellen Landschaft, haben konservative Politiker wie Mechtild Schulze Hessing nie infrage gestellt. Es war ja ein langsamer Wandel in der Landwirtschaft, er geschah beinahe unmerklich über mehrere Jahrzehnte – während die vielen Windräder jetzt schnell gebaut werden sollen. Und natürlich wären sie viel höher und weiter sichtbar als die Stallkomplexe. Allein auf dem Gebiet der Stadt Borken sind 24 Windräder geplant, die einzeln oder in kleinen Gruppen aufgestellt werden sollen.

Wie ist das zu vereinbaren mit all den anderen Ansprüchen an die Fläche dieser Kleinstadt? Mechtild Schulze Hessing kann am Beispiel Borkens gut zeigen, welchen Spielraum und welche Mittel eine Kommune hat, um alten und neuen Ansprüchen an die Fläche gerecht zu werden – und auch, wo die Grenzen der kommunalen Planung liegen. Als wichtigstes Instrument zur Bewältigung der Zukunftsaufgaben nennt die Bürgermeisterin einen Umbau der Verwaltungsstrukturen: »Wir haben uns im Rathaus ganz neu aufgestellt«, erzählt sie. »Wir haben die Abteilung Klimaschutz und Biodiversität personell gebündelt und direkt bei der Bürgermeisterin angedockt, und wir haben einen Ratsbeschluss, dass diese Stellen nach dem Auslaufen der Förderung unbefristet weiterlaufen.« Das mag in Zeiten der Klima- und Biodiversitätskrise für viele selbstverständlich klingen. Doch in vielen Kommunen fehlt noch immer das Verständnis, dass Biodiversität mehr bedeutet als ein paar Blühstreifen irgendwo an den Feldern. Und in vielen, gerade in kleinen Kommunen fehlt das Geld für neue Strukturen und neue Leute. Kompetentes Personal ist nicht nur teuer, sondern oft auch gar nicht zu finden. Fachkräftemangel eben. Das ist die Folge von dreißig Jahren Neoliberalismus, in denen der Staat und seine Behörden als träge, langsam und überflüssig belächelt wurden und die »Verschlankung« der Verwaltung als fortschrittlich galt. Das hat sie als Arbeitsplatz nicht gerade attraktiv wirken lassen. Und ausgerechnet jetzt, wo immer deutlicher wird, dass das Management der multiplen Krisen dringend eine funktionierende, vorausschauende und gestaltende Verwaltung erfordert, macht uns zusätzlich auch noch die Demografie einen Strich durch die Rechnung.

Ein weiterer wichtiger Gestaltungshebel für Kommunen sind die Erneuerbare-Energien-Projekte. Die Stadt Borken nutzt sie, um gleichzeitig die Zielvorgaben des Landes für die erneuerbaren Energien zu erreichen und die Herzen der Bürgerinnen und Bürger für die Energiewende zu gewinnen. »Wir haben Wert darauf gelegt, dass die Investoren aus der Kommune selbst kommen und dass die Anlieger mitgenommen werden. Flächeneigentümer und Landwirte haben sich zusammengetan und gemeinsam Windenergiegesellschaften gegründet. Die Stadt muss bei allen Anlagen mit 20 Prozent beteiligt werden. Außerdem streben wir eine Schwarmfinanzierung an, denn auch Bürgerinnen und Bürger ohne eigenes Land sollen sich finanziell beteiligen können.« Dafür sind die Ausgangsbedingungen im Münsterland günstig: »Wir haben in der Vergangenheit hier schon viel in Wind investiert, das ist ein großer Vorteil, so haben wir das Flächenziel schon fast erreicht.«

Städte und Gemeinden können auch praktische Aufgaben neu denken. Zum Beispiel beim Starkregenschutz: Die Wasserrahmenrichtlinie verpflichtet die Kommunen, Regenrückhaltebecken zu bauen. »Früher wurden die meist als technische Bauwerke mit Zäunen errichtet«, sagt Schulze Hessing. »Heute machen wir das anders: Wir gestalten das Umfeld wie das Rückhaltebecken naturnah und biodivers, wir pflanzen Bäume, legen Totholzecken und Blühwiesen an, und der Instandhaltungsweg kann von Fußgängern und, wenn möglich, auch von Radfahrern genutzt werden. In Zukunft wird es Regenrückhaltung nur noch in dieser Form geben.« Ein anderes Beispiel: Die Stadt Borken wird in Neubaugebieten künftig kein Regenwasser mehr direkt ableiten, sondern es in der Fläche versickern lassen. So hält es den Boden feucht und speist das Grundwasser, statt gleich in den nächsten Fluss abzufließen. Auch hier nutzt die Stadt Borken ihren Spielraum, über Ausschreibungen eine nachhaltigere Flächennutzung umzusetzen. Ein weiterer praktischer Ansatz kommt dazu: »Für Gewerbebetriebe bieten wir einen Katalog mit Maßnahmen zum Regenwasserrückhalt wie Versickerungsflächen an, ebenso Photovoltaik, eine Flächen- oder Fassadenbegrünung«, sagt Schulze Hessing. »Wer mitmacht, bekommt einen Preisnachlass beim Flächenkauf, und das wird sehr gut angenommen.« Für ein Neubaugebiet auf einer ehemaligen Industriebrache hat die Stadt Borken außerdem ein kaltes Nahwärmenetz entwickelt, eine Art gemeinschaftlich genutzte Wärmepumpe, die die Grundstückskäufer verbindlich nutzen müssen, »und das hat hervorragend funktioniert. Die Leute sind froh darüber in der Energiekrise.«

Das alles sind Beispiele für Mechtild Schulze Hessings Anspruch, »die Themen zusammenzubringen«, Flächen multifunktional zu nutzen, für den Wasserrückhalt, die Naherholung, die Energiewende, das Wohnen, die Wirtschaft. Doch was ist mit dem im Abkommen von Montreal vereinbarten Ziel, 30 Prozent der Fläche für den Schutz der

Natur zu sichern? Dafür kann Mechtild Schulze Hessing auch als vorausschauende, gut vernetzte und systemisch denkende Politikerin bislang keine Lösungen bieten. »Wir müssen uns an den Bedarfen der Menschen orientieren, und wir brauchen auch die heimische Landwirtschaft für die Grundversorgung mit Lebensmitteln«, sagt sie, und ihre sonst sehr weiche Stimme wird dabei deutlich schärfer. »Hier leben über 60 Prozent der Bürger in den eigenen vier Wänden, das ist die Sozialisierung hier. Zu sagen, Einfamilienhäuser gibt's zukünftig gar nicht mehr, das wäre unmöglich.« Natürlich müsse in Zukunft anders gebaut werden, gesteht auch Schulze Hessing zu: »Die Grundstücke werden kleiner, wir müssen in die Höhe bauen, wir brauchen mehr Mischgebiete mit neuen gemeinschaftlichen und auch altersgerechten Wohnformen und setzen das auch schon um.« Viele kleine Fünfzigerjahre-Häuser mit sehr großen Gärten, die bald auf den Markt kämen, böten die Chance zur Nachverdichtung, »wenn die EigentümerInnen mitgehen«, sagt die Bürgermeisterin. »Aber zu sagen, wir bieten gar keine neuen Flächen mehr an, wir machen hier keine Siedlungsentwicklung mehr – das ist unmöglich. Dann wandern die Menschen und die Wirtschaft ab.« Kurz: Keine neuen Bau- oder Gewerbegebiete auszuweisen wäre für Bürgermeisterinnen und Bürgermeister politischer Selbstmord. Mechtild Schulze Hessing verteidigt das: »Es wäre verantwortungslos, zu entscheiden, dass wir für uns alles abschöpfen und so kommenden Generationen die Entwicklung versagen.«

Andererseits zeigen die Prognosen der Klimaforschung und die Warnungen der Ökologen genau das: Wir haben fast alles abgeschöpft, der Spielraum für die nächste Generation ist längst beschnitten, sie kann ihre Zukunft nur noch gestalten, wenn sie anders denkt und vor allem anders plant. Die kommenden Generationen werden auf die Krisen reagieren müssen, die wir heute verursachen, sie werden Prioritäten für die Natur setzen müssen und auch für den Erhalt von Ackerflächen. Dafür bieten die aktuellen gesetzlichen Regelungen noch wenig Möglichkeiten. Obwohl mittlerweile auch die deutschen Gesetze verlangen, großflächige Gebiete auszuweisen, die die Populationen gefährdeter Arten wirksam schützen, prallt die Umsetzung dieser Forderung in der Kommunalplanung immer wieder auf die Flächenansprüche der Wirtschaft und den Widerstand der Wählerinnen und Wähler. Die wollen lieber neue Häuser bauen oder eine Umgehungsstraße, weil die existierende Bundesstraße mitten durch ihren Ort führt, oder Gewerbegebiete bekommen den Vorzug, die den Kommunen Gewerbesteuereinnahmen bescheren. Flächensparende Synergien und Kooperationen zwischen Gemeinden sind deshalb nicht attraktiv. Diese finanzielle Abhängigkeit der Kommunen von der Gewerbesteuer dürfte einer der größten Treiber für die Flächenversiegelung auf dem Land sein. Das zu ändern ist eine politische Mammutaufgabe. Gemeinden allein werden sie nicht lösen können.

Beschleunigung verlangsamt

Im November 2023, kurz nachdem der Bundeskanzler verkündet hatte, man solle »wie in den Siebzigerjahren« auf der »grünen Wiese« bauen, lud das Bundesamt für Naturschutz (BfN) zu einem Fachgespräch über Naturschutz und erneuerbare Energien ein. Die Bundesbehörde wollte dem Gedanken mahnend Nachdruck verleihen, dass »die globalen Krisen des Biodiversitätsverlusts und des Klimawandels nicht isoliert betrachtet werden dürfen«.[7] Die BfN-Präsidentin Sabine Riewenherm warnte vor der voreiligen Gleichsetzung des Klimaschutzes mit dem Ausbau der erneuerbaren Energien. Die Fläche, »das kostbare Gut«, werde nicht nur dafür gebraucht, sondern auch für den natürlichen Klimaschutz, etwa für wiedervernässte Moore. Mit jeder Beschleunigungs-Ankündigung aus dem Bundeskanzleramt wächst die Sorge der Naturschützer. Mit jeder kleinen Änderung, die harmlos klingt, die es aber in sich hat. Die sogenannte »vereinfachte Zielabweichung« im novellierten Raumordnungsgesetz verlangt von den Behörden, ihre mit viel Aufwand beschlossenen Regionalpläne über den Haufen zu werfen, wenn zum Beispiel ein Investor ein Windrad in einem Gebiet bauen will, das dafür eigentlich nicht vorgesehen ist. »Im Gesetz steht, die Abweichung vom Regionalplan ist zu genehmigen, wenn nicht überragende Interessen dagegenstehen, die eine Begründung brauchen«, erklärt der Verwaltungsjurist und Biologe Magnus Wessel, Experte für Naturschutzpolitik beim BUND. »Das macht zusammen mit dem überragenden öffentlichen Interesse beim Ausbau der Erneuerbaren eine Ablehnung aus Naturschutzgründen sehr schwer.« Da werden also mit viel Aufwand in jahrelangen Dialogprozessen verbindliche Regionalpläne verabschiedet – in denen sich die Verfechter von Natur- und Landwirtschaftsflächen ohnehin kaum durchsetzen können –, und dann wird per Beschleunigungsanweisung ein Passus ins Gesetz geschrieben, dass die Pläne zwar gelten, aber für ganz dringende Vorhaben dann doch nicht?

Noch etwas verschärft das Ungleichgewicht zwischen Flächenansprüchen für Windkraft und solchen, die den den Kollaps der Arten zu stoppen sollen: Die artenschutzrechtliche Prüfung, früher verbindlich für jede einzelne neue Anlage, wurde abgeschafft. Ein Windkraft-Investor muss also nicht länger selbst Experten beauftragen, die die Flächen ablaufen und zählen, welche Vögel dort leben oder welche Fledermäuse. Ob ein Windrad Rotmilane und anderes Getier gefährdet, wird künftig über die sogenannte »strategische Umweltprüfung« entschieden.

Die Windenergieverbände hatten – nicht zu Unrecht – kritisiert, dass sie überhaupt so viel Aufwand zum Schutz der Vögel treiben sollen. Abschaltvorrichtungen etwa, die Windräder austrudeln lassen, wenn eine Kamera erkennt, dass sich ein gefährdeter Rotmilan oder Schwarzstorch nähert, können Hunderttausende Euro kosten. Dabei kämen Rotmilane und andere Vögel auf Schnellstraßen in viel größerer Zahl ums Leben als durch Windräder. Eine intensive Landwirtschaft, die vielfältige Lebensräume ausgeräumt hat, Hecken, Büsche, Tümpel und Feldraine vernichtet und viele Vogelarten so ihrer Nahrungsgrundlage beraubt hat, werde sogar mit Agrarfördergeldern aus Brüssel subventioniert, so die Argumente der Betreiber. Sie fordern eine pauschalere regionale Artenschutzprüfung, und damit wären auch die Naturschutzverbände einverstanden – wenn gefährdete Arten an anderen Orten wirklich geschützt und die strategischen Umweltprüfungen sorgfältig durchgeführt würden.

Doch dabei gibt es ein Problem: Die neuen Gesetze sehen nicht vor, dass für die strategischen Umweltprüfungen Artenschutzexperten wirklich durch die Landschaft gehen und aufschreiben, welche Arten dort leben. Ob in einem Gebiet Windräder gebaut werden dürfen, wird in Zukunft nur noch mit Daten abgeglichen, die den Behörden schon vorliegen, und die sind zum Teil sehr lückenhaft und veraltet. Selbst wenn es aktuellere Untersuchungen gibt, etwa von Wissenschaftlern oder Naturschützern, müssen diese nicht berücksichtigt werden. Für die Unternehmen, die Windräder bauen wollen, ist das ein Geschenk. »Aus den Energieverbänden waren Stimmen zu hören: Wir produzieren Energie; um das Gedöns wie den Artenschutz kümmert sich jetzt der Staat«, kritisiert Magnus Wessel. »Kluge Unternehmen kartieren trotzdem weiterhin selbst, allein schon aus Gründen der Rechtssicherheit.« Das kann laut Wessel zu völlig absurden Situationen führen: So könnten sich »vier Kartierer aus fünf unterschiedlichen Bauvorhaben auf der gleichen Fläche treffen, wo alle nach der gleichen Art suchen«, sagt der Naturschützer. »Und das nur, weil die Firmen nicht dazu verpflichtet werden, den Behörden zur Verfügung zu stellen, was sie über gefundene Arten wissen.«

Man sieht: Der Teufel steckt im Detail der neuen Beschleunigungsvorschriften, und diese Details scheinen teilweise nicht zu Ende gedacht, unklar, widersprüchlich, unzuverlässig. Der Raumplaner Matthias Proske, Direktor des Regionalverbands Mittlerer Oberrhein in Baden-Württemberg und Sprecher für die Arbeitsgemeinschaft aller Regionalverbände im Ländle, warnte deshalb, dass die geforderte Beschleunigung sogar eine Verlangsamung mit sich bringen könnte. Ein Beispiel: 2021 forderte das Bundesland Baden-Württemberg von den regionalen Planungsbehörden, zwei Prozent der Fläche für erneuerbare Energien auszuweisen – ob Wind oder Solar, das konnten die Verantwortlichen in den Regionen selbst entscheiden. Wenig später legte das Windenergiebeschleunigungsgesetz des Bundes die Zielmarke auf 1,8 Prozent der Landesfläche bis 2032 – aber nur für Windenergie. Daraus wiederum macht die schwarz-grüne Landesregierung ein noch ehrgeizigeres Ziel: Schon 2025 müsse klar sein, wo die Windräder hinkommen können. »Ich kann einen Planungsprozess nicht beliebig beschleunigen, wenn ich auf halber Strecke ständig neue Rahmenbedingungen bekomme«, stellte Matthias Proske klar. »Dann gehe ich im Verfahren drei Schritte nach vorne und zwei wieder zurück.« Immerhin, für die Vereinbarkeit von Windrädern und Artenschutz zeichnet sich in Baden-Württemberg eine Lösung ab. Das Umweltministerium hat eine landesweite Karte mit Vorkommen der Vogelarten, die durch Windräder besonders gefährdet sind, neben den Milanen, Falken und Störchen auch der Wespenbussard, der Wachtelkönig und der Wiedehopf. Auch Gebiete mit vielen und seltenen Fledermäusen sind dort eingezeichnet. Diese Gebiete sollen die Behörden bei der Windenergieplanung aussparen.[8]

Aber es bleibt kompliziert für sie: Sie sollen einerseits den politischen Zielen folgen und dafür Sorge tragen, dass möglichst schnell möglichst viele Windräder ans Netz gehen können. Andererseits müssen sie Entscheidungen treffen, die rechtlichen Überprüfungen vor Gericht standhalten. Nach Einschätzung der Diplom-Ingenieurin Monika Agatz, die in der Verwaltung des Kreises Borken für die Genehmigungen von Windenergieanlagen zuständig ist und einen Ratgeber für Kollegen in den Verwaltungen geschrieben hat – das »Windenergie-Handbuch« –, ist es für die Beamten eher noch komplizierter geworden. Gewiss, die komplizierten Prüfungen, um für jeden einzelnen Vogel einen »Verbotstatbestand« zu ermitteln und Auflagen zu legitimieren, hätten ein »schlechtes Verhältnis zwischen Aufwand und Nutzen mit sich gebracht«, so Agatz. Noch immer fehlten klare Standards, an denen sich die Verwaltung orientieren könnte. Die Novelle des Bundesnaturschutzgesetzes habe nur »kleine Teilbereiche blitzlichtartig geregelt«. So sei das grundsätzliche Tötungsverbot von Brutvögeln eingeschränkt – aber wie mit der Gefährdung anderer Tiere, also etwa von Zugvögeln, zu verfahren sei, das bleibe unklar.

Oder die »berühmte Zumutbarkeitsregelung« aus dem Bundesnaturschutzgesetz: »Eine Monsterregelung«, sagt Agatz, »da traut sich im Moment niemand ran, die überhaupt mal anzuwenden.« Diese Regelung besagt etwa: Wenn Windräder gebaut werden, wo gefährdete Vögel leben, können die Behörden Abschaltvorrichtungen anordnen. Die stoppen die Windräder, sobald sich gefährdete Vögel nähern. Würde das aber zu oft passieren, dürften die Windräder nach einer bestimmten Zeit weiterlaufen. Wann genau ausgeschaltet werden muss und wann nicht, das muss mit einer langen Formel berechnet werden. Das Ergebnis ist in jedem Fall absurd: Der Windradbauer muss viel Geld in Kameras und künstliche Intelligenz investieren, die Rotmilane von anderen, nicht geschützten Vögeln unterscheiden können – aber die seltenen Greifvögel bleiben trotzdem gefährdet. Ein drittes Beispiel: die neuen Regeln der Erneuerbare-Energien-Richtlinie RED III und die Hoffnung auf die noch undefinierten Artenhilfsprogramme, in die Anlagenbetreiber künftig Geld zahlen müssen, wenn sie keine Ausgleichsflächen zur Verfügung stellen. »Viele, viele Baustellen«, sagt Monika Agatz, und »wir müssen uns zusammenreimen, was damit gemeint ist«. Wie sollen Verwaltungsangestellte das alles überblicken und gute Entscheidungen treffen, wenn selbst die gut informierten Experten mit den Schultern zucken? Und wenn in vielen Behörden schon jetzt Personal fehlt, bevor die vielen Anträge für den beschleunigten Ausbau überhaupt eingetroffen sind? Von den Beamten wird ein fundamentaler Mentalitätswechsel gefordert: vom ordentlichen Regelverwalter zum risiko- und entscheidungsfreudigen Genehmigungsmanager. Aber zugleich muss er äußerst genau arbeiten, denn die organisierten Gegner der Windenergie werden die Genehmigungsunterlagen weiterhin penibel auf mögliche Fehler und Klagegründe durchsuchen.

Kurz: Obwohl wir mit einem rapiden Artensterben konfrontiert sind, gerade von Arten, die im Boden zu Hause sind, obwohl wir wissen, dass das unser eigenes Überleben gefährdet und wir uns in internationalen Verträgen auf den Naturschutz verpflichtet haben, hat das hyperkomplizierte Planungsrecht in den Zeiten der Beschleunigung keinen Plan, wie es gelingen könnte, Böden zu retten. Dazu müsste dem Naturschutz in der Raumplanung ein höheres Gewicht eingeräumt werden. Es bräuchte dazu ebenso verbindliche Flächenziele wie für die Energiewende. Die Vertreter des Naturschutzes bräuchten stärkere Mitbestimmungsrechte in den Regionalräten, und die Äcker und Wiesen müssten besser vor Versiegelung geschützt werden. Doch alle diese Verbesserungen bleiben Stückwerk, solange es keine Flächenplanung gibt, die alle Krisen zusammen in den Blick nimmt.

Eine öffentliche Raumplanung in Zeiten der multiplen Krise müsste zuallererst ein grünes Netz von Naturflächen entwerfen, die das Überleben gefährdeter Arten sichern. Dieses grüne Netz müsste als ein bundesweiter, regional verankerter Biotopverbund entworfen werden, der gleichzeitig viele andere Funktionen übernehmen kann: Hochwasser aufsaugen, Trinkwasser generieren, in Städten über entsprechende Schneisen kühlere Luft erzeugen, den Boden neu beleben. Teilweise könnten auf den Flächen in diesem Verbund auch Lebensmittel erzeugt werden. Ein solches grünes Netz wäre zugleich ein Raum zur Naturerkundung und zur Erholung. Es wäre viel schöner, als es der technische Begriff der grünen Infrastruktur erahnen lässt. Diese Verbünde zu entwickeln müsste bei der Planung ebenso hochrangig bewertet werden wie Verkehrswege, Stromtrassen, Wasserleitungen und Kommunikationsnetze. Die öffentliche Raumplanung müsste in den Überlebensmodus schalten. Doch selbst wenn sich die Politik auf solche Planungsziele verständigen würde, wäre damit nur eine Hürde genommen. Für einen anderen Umgang mit dem Land ist auch die Frage entscheidend, wem es gehört.

6
WEM GEHÖRT DAS LAND?

Landgrabbing, steigende Bodenpreise, Höfesterben: Droht die Refeudalisierung?

Jahrelang musste Michael Dreyer zittern, gemeinsam mit 15 Verwandten, die hauptsächlich von seinem Bauernhof leben. Der liegt in Heerstedt, einem Örtchen bei Beverstedt im Landkreis Cuxhaven. Auf rund 400 Hektar Land wachsen vor allem Gras und Futterpflanzen für 500 Milchkühe. Seit 1903 ist der Hof in der Familie, weitergereicht von Generation zu Generation. Auch Dreyers Söhne Hark und Henrik wollen ihn übernehmen, erzählen sie bei Bratwurst und Rosenkohl in der guten Stube. Deshalb hofften sie eigentlich immer, ihre Zukunft mit zusätzlichen Flächen besser absichern zu können.

Doch im Jahr 2019 passierte das Gegenteil: Rund 85 Hektar, davon 41 Hektar Ackerland, die Dreyer schon seit den Siebzigerjahren gepachtet und zum Teil erst gerodet hatte, sollten verkauft werden. »Als die Eigentümerin der Flächen, unsere Verpächterin, abends vorbeikam, um uns zu informieren, da war sie schon mit dem neuen Pächter handelseinig«, erzählt Michael Dreyer. »Sie sagte munter, das sei kein Problem, sie habe ja noch genug Land für uns.« Mit Dreyers »inneren Turbulenzen«, die das auslöste, dem »Gefühl, dir wird der Boden unter den Füßen weggerissen«, begann ein Konflikt, der weit über diese Familie und die norddeutsche Ortschaft hinaus als Menetekel gesehen wird. Als eine Warnung vor der wachsenden Wirtschaftsmacht einzelner Betriebe und dem Einfluss von Investoren bei den Entscheidungen über Grund und Boden – und damit als Erinnerung an die Dringlichkeit, bei dieser unserer wichtigsten Ressource über Eigentum, Landverteilung, Agrarstrukturen und das künftige Zusammenleben und -wirtschaften ländlicher Gemeinschaften zu reden.

Der Kaufinteressent für Dreyers gepachtetes Ackerland, die Wachholzer Land- und Forstwirtschaft GmbH mit Sitz in Beverstedt, ist eng mit der B. H. Holding verbunden, und B. H.: diese Anfangsbuchstaben stehen für Benjamin Heinig, einen Mann, dessen Vater den Textil-Discounter KiK gegründet hat. Ihm gehört die Billigwarenkette Tedi, auch an Woolworth ist er beteiligt. Die B. H. Holding besitzt bereits rund 700 Hektar in der Cuxhavener Region, manche schätzen auch, deutlich mehr. Ein großer Teil des erworbenen Landes wurde laut Presseberichten nach dem Kauf wieder verpachtet.

Aber Land pachten von einem Unternehmen, dessen Besitzer weit entfernt in Nordrhein-Westfalen ansässig ist? Viele Bauern lassen sich ungern auf so eine Geschäftsbeziehung ein. Sie wünschen sich lange Pachtfristen, am liebsten über viele Jahre, denn nur das gibt ihnen Planungssicherheit. Damit rechnen sie eher bei einem Eigentümer, der in der Region verwurzelt ist. Auch professionelles wie menschliches Einfühlungsvermögen für das krisenhafte Auf und Ab ihres wetter- und marktabhängigen Berufes erwarten Pächter eher von den Nachbarn; von Leuten, denen man vertraut, die man zumindest einigermaßen einschätzen kann.

Außerdem: Je mehr Land ein Investor besitzt, desto eher kann er die Preise bestimmen. Über die Heinig-Tochter in Wachholz hatte Dreyer tatsächlich nicht viel Gutes gehört: Es gebe Ausschreibungen für die Pacht, bei denen in der Regel der Meistbietende profitiert, nicht der, der das Beste für das Land tun kann oder am meisten darauf angewiesen wäre. Und Laufzeiten von nur drei bis fünf Jahren, unverhoffte Erhöhungen des Pachtzinses, so erzählte man es sich jedenfalls in der Gegend (die B. H. Holding will sich zu dem Fall nicht äußern).

Wegen solcher Ungewissheiten rang sich der Landwirt schließlich dazu durch, die 85 Hektar selbst zu erwerben. Denn sie aufzugeben hätte bedeutet, etwa hundert Kühe weniger halten zu können – eine Katastrophe wäre das gewesen, nachdem die Familie eine Millionensumme in einen neuen Stall investiert hatte und entsprechend hoch verschuldet war. Dann lieber noch einmal Geld in die Hand nehmen. Die Finanzierung klappte, weil wegen der gewährleisteten Hofnachfolge ein langfristiger Kredit mit überschaubarer Tilgung möglich war. Und Land ist für Banken die beste Sicherheit, denn sie können mit einer laufenden Steigerung des Wertes rechnen.

Dreyer meldete also sein Kaufinteresse bei der Niedersächsischen Landgesellschaft (NLG) an. Diese staatliche Agentur hatte ihn über Preis und Konditionen des Deals mit der Holding unterrichtet, denn sie muss solche Flächenhändel prüfen und genehmigen. Eines der wichtigsten Kriterien dabei ist der Grundsatz: Bauernland in Bauernhand. Das hat Priorität, es bedeutet: Wenn ein Landwirt aus der Region seinen Betrieb aufstocken will und mitbieten kann, dann hat er das Vorkaufsrecht. Diese Regel, verankert im Grundstücksverkehrsgesetz, soll vor allem gewährleisten, dass ausreichend Lebensmittel im eigenen Land erzeugt werden können. Sie soll überdies verhindern, dass Flächen zersplittern, und sie soll Spekulation vorbeugen. Um das zu sichern, darf der Staat eine »ungesunde Verteilung von Grund und Boden« im Einzelfall verhindern. Der Staat: das war im Fall Beverstedt zunächst der Grundstücksverkehrsausschuss des Landkreises gewesen, er hatte den Heinig-Deal abgelehnt. Nachdem Michael Dreyer der NLG anschließend seine »Erwerbswilligkeit und Erwerbsfähigkeit« glaubwürdig demonstrieren, sprich: ausreichende Finanzmittel und einen konkreten Plan für die Expansion seines Betriebes nachweisen konnte, erhielt er die Zusage, dass sein Vorkaufsrecht umgesetzt würde. Heinigs Unternehmen hingegen bekam einen Korb, weil die Landgesellschaft darin keinen Vollerwerbsbetrieb anerkannte. Dazu muss man sein Auskommen hauptsächlich aus dem Beruf als Landwirt beziehen, und das langfristig.[1]

Doch die Wachholzer Land- und Forstwirtschaft GmbH wollte die Entscheidung nicht akzeptieren. Heinigs Leute zogen vor das Landwirtschaftsgericht. Selbst als sie dort im Frühjahr 2020 Unrecht bekamen, gaben sie nicht auf und fochten das Vorkaufsrecht auch noch vor dem Oberlandesgericht in Celle an. Eines der Argumente: Man plane, einen Großteil des Ackerlandes nach Auslaufen des Pachtvertrages selbst zu bewirtschaften. Deshalb müsse die NLG das Wachholzer Unternehmen auch als Landwirtschaftsbetrieb anerkennen.

Wer würde siegen: der Bauer oder das Unternehmen, das deutschlandweit wahrgenommen wurde wie die moderne Variante früherer Junker? Medien von der *Nordsee-Zeitung* bis zu *Land & Forst*, von Radio Bremen bis zum Bayerischen Rundfunk berichteten über den Konflikt. Das große öffentliche Interesse rührte nicht nur daher, dass großer Reichtum aus einem umstrittenen Billigwaren-Imperium Aufmerksamkeit versprach, sondern auch, weil sich die brisante Gemengelage aus hohen Hektarpreisen, wachsender Konzentration und regionaler Macht auch in anderen ländlichen Regionen ausbreitet.

»Weil von uns keiner mithalten kann …«

Seit den 1990er-Jahren und besonders seit der Finanzkrise 2007/2008 machen »außerlandwirtschaftliche Investoren« nicht nur in den USA Schlagzeilen, so wie zum Beispiel der Microsoft-Gründer Bill Gates, der mit fast 109.000 Hektar als größter Ackerlandbesitzer Nordamerikas gilt. Auch in Deutschland greifen immer mehr branchenferne Unternehmer zu: »Weide, Wald und Weinberg statt Dollar, Dax und Derivat«, titelte das *Manager Magazin* schon 2015. Meist erfährt die Öffentlichkeit eher zufällig von solchen Landnahmen, denn diese laufen diskret ab.

Als einer der Ersten, die ihr Herz für Land entdeckt haben, wurde der Brillenhersteller Fielmann in Mecklenburg-Vorpommern bekannt. Dann die KTG Agrar, ein börsennotiertes Agrarunternehmen, das

Tausende von Hektar erwarb, die nach seinem Bankrott eine Stiftung übernahm, hinter der ein Werftunternehmen steht. Mit weiterem Landerwerb machte die JLW Holding AG, eine Unternehmensgruppe aus Winsen an der Aller, die mit Immobilien und Seniorenresidenzen Millionen gemacht hat, von sich reden; ebenso die Rethmann-Gruppe aus Selm, ein Logistik-Dienstleister, unter dessen Dach unter anderem der Entsorgungsriese Remondis aktiv ist, oder die Münchner Rückversicherung Munich Re. Die schwäbische Pharma-Dynastie Merckle, der auch Firmen in der Baustoff-, Zement- und Maschinenbaubranche gehören, erwarb das Gut Hohen Luckow und Anteile an der benachbarten Agrargenossenschaft Jürgenshagen-Hoppenrade bei Bützow. Rodo Schneider, früher Fleischmanager, sicherte sich Anteile an drei ostdeutschen Gütern. Ein Spross der süddeutschen Industriellenfamilie Dornier kaufte nach der Wende das Gut Brook im Klützer Winkel. Milliardär Martin Viessmann, einer der großen deutschen Heiztechnik-Hersteller, sicherte sich ein großes Anteilspaket an der Agrargesellschaft Ducherow.[2] Ein Metallfabrikant aus dem Altkreis Beckum, ein Nutzfahrzeugbauer aus dem Münsterland, private Investoren wie Rechtsanwälte, Zahnärzte, Hobbyjäger, und so fort ... Sie alle sicherten sich Flächen, vorzugsweise im Osten.

Nach Schätzungen des Thünen-Instituts gehören auf dem Gebiet der früheren DDR etwa 32 Prozent der landwirtschaftlichen Großbetriebe überregional aktiven Investoren, in Thüringen 23 Prozent und in Sachsen-Anhalt 22 Prozent. Aber zunehmend schaut man sich auch in westlichen Bundesländern um. So wie eben die B. H. Holding, die rund um Beverstedt versucht, günstig größere Landstücke zu erwerben. »Heinig kauft alles. Wiesen, Wald, Ackerland«, so wird ein ehemaliger Landwirt der Region im *Wochenblatt für Landwirtschaft und Landleben* zitiert. »Aber er macht die Geschäfte nicht selbst, sondern seine Strohmänner. Wenn die wissen, dass Pachtverträge auslaufen oder ein Hof abgegeben oder versteigert wird, warten sie, bis die Bauern sich geeinigt haben. Dann sagt Heinig seinen Preis und bekommt das Land, weil von uns keiner mithalten kann.«[3]

Die Preise für Grund und Boden: In den letzten zwölf Jahren haben sie sich in den Bundesländern im Westen verdoppelt, in der früheren DDR teils mehr als vervierfacht.[4] Sie steigen vielerorts in Deutschland immer noch empor bis in Höhen, in denen viele Landwirte mit Familienbetrieben ihr Vorkaufsrecht gar nicht mehr wahrnehmen können. Allein 2021 verteuerten sich die Agrarflächen innerhalb nur eines Jahres um 10,3 Prozent auf 29.545 Euro je Hektar.[5] Ein Jahr später schon wieder um acht Prozent auf 31.911 Euro.[6] Keine schlechte Rendite.

Wie viel Land kostet, hängt von vielen Faktoren ab: der Qualität des Bodens, der Art der Nutzung, der geografischen Lage, ob es etwa näher zu den Märkten liegt oder weiter entfernt. Doch die Relevanz der Einflussgrößen hat sich auf absurde Weise verschoben. Fruchtbarkeit? Die sei »heute kein wesentlicher Maßstab für die Preisbildung«, notierte die Kommission Bodenschutz beim Umweltbundesamt Ende 2019. Vielmehr spielen der Flächenbedarf für die Tierhaltung und die Nutzung als Baugrund eine immer größere Rolle.[7] Im dicht besiedelten Nordrhein-Westfalen ist der Preisdruck durch Bauland, Verkehrsadern und Ausgleichsflächen für den Naturschutz besonders hoch. Dort mussten die Käufer 2022 sogar bis zu 80.113 Euro für den Hektar bezahlen, im Durchschnitt 18,5 Prozent mehr als im Vorjahr. In Rheinland-Pfalz ist er eher niedrig, steigt aber mit der Nähe zur Grenze nach NRW. Dass das Preisgefälle zwischen Bundesländern und einzelnen Regionen weit auseinanderklafft, lässt sich auch mit der unterschiedlichen Produktivität der Betriebe erklären. So liegen die Umsatzerlöse je Hektar bei Bauern in den hoch industrialisierten Tierzuchtregionen in NRW und Niedersachsen deutlich vorne.

Viele Einflüsse, die das Preisniveau mit beeinflussen, sind schwankend: die Weltmarktpreise, die Inflation, das Zinsniveau. Doch bislang scheint sich die Einschätzung vieler Experten nicht zu erhärten, die meinen, das Landgrabbing habe sich etwas abgeschwächt, seit die Zinsen wieder steigen. Wenn man sein Geld auch auf der Bank oder am Aktienmarkt wieder vermehren könne, erlahme das Interesse, es in Grund und Boden anzulegen. Klingt erst mal plausibel – doch gegen einen solchen Trend spricht, dass die wachsende globale Unsicherheit durch Klimarisiken und die Erfahrung mit Handelsbeschränkungen in der Pandemie oder im Ukrainekrieg die Aufmerksamkeit für die Ernährungssicherung im eigenen Land deutlich geschärft haben. Auch die im Eingangskapitel beschriebenen Faktoren – die Konkurrenz mit der Energie-, Transport- und Chemieindustrie sowie die Aussicht auf Geldmittel für die Ökosystemleistungen der Böden – steigern den Wert von Grund und Boden, erhöhen damit seine Attraktivität als sichere Geldanlage und das spekulative Interesse. Das gilt selbst dort, wo der Klimawandel mit seinen langen Phasen der Trockenheit die Bodenqualität schon geschwächt hat, wie in Teilen Brandenburgs. Wer dort Photovoltaik-Freiflächenanlagen errichten will, der kann trotz der Ertragsschwäche der Region mit so hohen Renditen rechnen, dass er gern einen exorbitanten Kaufpreis auf den Tisch legt. In den letzten Jahren jedenfalls fiel bei den jährlichen Agrarpreisschätzungen regelmäßig das eine Wort: »Rekordsteigerungen«. Die Flächen seien »begehrt, begrenzt, (un)bezahlbar«, urteilt auch die *Frankfurter Allgemeine Zeitung*[8]. Selbst in diesem medialen Gral der Marktwirtschaft ist von »ruinöser Konkurrenz« die Rede.

Ein weiterer Grund dafür ist die europäische Subventionspolitik. Nach wie vor lässt sie automatisch hohe Summen auf jeden Hektar regnen. Und selbst wenn ein Eigentümer die Flächen nicht selbst bewirtschaftet, sondern verpachtet, profitiert er davon indirekt, weil er einen höheren Betrag dafür verlangen kann. Und er profitiert doppelt, denn auch die hohen Wertsteigerungen treiben zugleich die Pachtpreise nach oben. Im Bundesmittel kletterten sie 2021 nach Schätzungen des Bundeslandwirtschaftsministeriums um knapp zehn Euro auf 372 Euro je Hektar Acker- und Grünland.[9] Allein in den letzten zehn Jahren sind sie um 45 Prozent gestiegen, in Mecklenburg-Vorpommern und Thüringen sogar um 64 Prozent.

Weil das Land so teuer geworden ist, hat sich zugleich der Anteil der gepachteten Flächen an den Äckern und Weiden, die Bauern bewirtschaften, deutlich erhöht. Das bestätigt: Wenn sie wachsen wollen oder müssen, dann können sie vor allem im Westen keine neuen eigenen Flächen mehr kaufen, sondern sie nur noch pachten. Und das ist vielleicht sogar ein größeres Problem als die Grundstückspreise selbst, denn es treibt die Landwirte bei ihrem wichtigsten Produktionsmittel in dauerhafte Abhängigkeit. Auch dafür ist Michael Dreyer ein Beispiel. Ihm gehören noch etwa 40 Prozent seiner Flächen, für die übrigen rund 60 Prozent muss er anderen Eigentümern Pacht bezahlen. Höhere Pachtsummen für mehr Hektar: Das verringert die ohnehin geringen Einkommen vieler Landwirte, und damit sinken ihre Chancen auf dem Flächenmarkt noch weiter. Wenn sie weniger Äcker und Wiesen selbst besitzen, dann stehen sie bei den Banken schlechter da, denn die betrachten den eigenen Boden als Sicherheit. Ohne Land kein Kredit und umgekehrt – aus dieser Falle kommen Bauern schwer heraus. Um noch einmal Fernand Etgen zu zitieren, jenen Luxemburger Agrarminister, der sagte, die Landwirtschaft dürfte die einzige Branche sein, die ihre eigene Arbeitsgrundlage, die Böden, zerstöre: die Fortsetzung seines Satzes lautete, sie sei auch die einzige Branche, die sich diese ihre Arbeitsgrundlage nicht mehr leisten könne.

Land zu erwerben wird auch deshalb immer schwieriger, weil es auf diesem Markt kaum Fluktuation gibt. So wurden im Jahr 2022 in Ostdeutschland gerade mal 0,86 Prozent der gesamten Fläche gehandelt, im Westen wechselten sogar nur 0,34 Prozent den Besitzer. Größere Landstücke, Flächen wie jene, die Michael Dreyer gepachtet hat, kann man kaum noch erwerben. Auf etwa der Hälfte seiner 85 Hektar steht Wald, deshalb gelten sie als Eigenjagd, das macht sie noch attraktiver. Ein altes, neues Statussymbol.

Auf die Erben kommt es an

Die Angebotslage ist insgesamt kompliziert, und dabei spielt Vererbung eine Schlüsselrolle. Manche Landwirte sind durch ihren Landbesitz Vermögensmillionäre, aber sie sehen sich traditionell nicht so, sondern eher als Treuhänder und zeitweilige Nutzer ihrer Flächen, so lange, bis der Sohn oder die Tochter übernehmen. In den nächsten Jahren bahnen sich bei vielen Höfen Nachfolgeentscheidungen an, denn die Landwirtschaft ist noch stärker überaltert als andere Branchen: Rund 40 Prozent der Eigentümer eines Bauernhofes sind über 55 Jahre alt. Der Agraringenieur Andreas Tietz vom bundeseigenen Johann Heinrich von Thünen-Institut, der Deutschlands Agrarstrukturen seit vielen Jahren wissenschaftlich untersucht, meint: »Der Generationswechsel wird zur Achillesferse, an der sich entscheidet, ob die Landwirtschaft regional verankert bleibt oder nicht.«[10] Denn das alte, ja archaisch anmutende Nachfolgemodell funktioniert nicht mehr zwingend. Auch die Töchter und Söhne von Bauern haben andere Berufe erlernt, sie leben in Städten und wollen selbst nicht mehr auf dem Acker arbeiten oder im Stall. Wie und zu welchem Zeitpunkt diese Kinder über das Land, das sie geerbt haben, entscheiden werden, ist für die Zukunft der ländlichen Räume hoch bedeutsam. Wenn sie von der Steigerung der Landpreise profitieren wollen und Äcker und Grünland möglichst teuer verpachten, tragen sie zur lähmenden Stagnation auf dem Landmarkt bei. Andere gehen, vielleicht um eine Eigentumswohnung zu finanzieren, auf das attraktivste Kaufangebot ein, das wahrscheinlich eher von einem wirtschaftlich potenten Investor kommt als von einem Bauern in der Nachbarschaft, der dafür einen Kredit aufnehmen muss.

Besonders jene Bauernfamilien, die Milch und Fleisch erzeugen, stehen unter Druck von allen Seiten: Die Lebensmittelpreise sind niedrig, die Zahl der bürokratischen Anforderungen wird höher und teurer, die Kosten für Dünger, Pflanzenschutzmittel und Investitionen in Landmaschinen und digitale Technik steigen ebenfalls. Wachse oder weiche: Die Höfe müssen größer werden, damit solche Investitionen refinanziert werden können. Wenn das aber nicht mehr möglich ist, weil »juristische Personen« von außerhalb mit ihren Beratern früher an Informationen über frei werdende Flächen kommen und jeden

Landwirt überbieten können? Denn wenn dieser sein Vorkaufsrecht wahrnehmen will, um einen Investor auszustechen, dann muss er über den hohen Preis hinaus auch noch zweimal Grunderwerbssteuer bezahlen: einmal für den Kaufvertrag, den die Landgesellschaft mit dem Eigentümer abschließt, denn sie geht für den Bauern in Vorleistung; ein weiteres Mal dafür, dass dieser ihr die Fläche abkaufen muss. Diese doppelte Besteuerung ist politisch umstritten, wurde bisher aber noch nicht geändert, wohl weil sie Geld in die Kassen der Bundesländer und Kommunen spült.

Laut Jobst Jungehülsing, der bis vor Kurzem Fachmann für dieses Thema im Bundeslandwirtschaftsministerium war, können 97 Prozent der Verkäufe an externe Investoren nicht verhindert werden; meist, weil diese den Kaufpreis in Höhen treiben, die für lokale Landwirte unerschwinglich sind. Das Vorkaufsrecht wurde ihnen nicht nur eingeräumt, um die Ernährung zu sichern, sondern auch, weil Bauern ihr wichtigstes Produktionsmittel, den unbeweglichen Boden, nicht einfach anderswo besorgen können. Auch kritische Bauernorganisationen und Wissenschaftler halten den Schutz des Vorkaufsrechts wie Jungehülsing angesichts der ungleichen Konkurrenz längst für wirkungslos. Allenfalls profitierten davon finanzstarke regionale Agrarunternehmen oder eben Großbauern, so wie ja auch Michael Dreyer einer ist. Der konnte sich in dieser Gemengelage behaupten, weil er die große Familie hinter sich wusste, »eine selige Sache«; weil sein Betrieb technisch und mit Land gut ausgestattet und deshalb bei den Banken kreditwürdig ist.

Die Klage der Wachholzer Land- und Forstgesellschaft gegen seinen Kaufanspruch endete prompt zu seinen Gunsten: Im Jahr 2022 gab das Oberlandesgericht in Celle der Niedersächsischen Landgesellschaft recht und urteilte, dass für Benjamin Heinigs Unternehmen, Dreyers Konkurrenten, »allein das Eigentum an landwirtschaftlichen Grundstücken oder die Anmeldung eines landwirtschaftlichen Betriebs noch keinen Landwirt ausmachen«. Die Land- und Forstgesellschaft lasse die meisten Flächen durch Lohnunternehmen oder beauftragte Landwirte bewirtschaften, so die Richter, »während ihr vornehmlicher Geschäftszweck ersichtlich darauf gerichtet war, umfangreiche landwirtschaftliche Flächen als Kapitalanlage zu erwerben«. Für diese Sichtweise der Richter sprechen Annoncen und Selbstdarstellung des Unternehmens in einem lokalen Anzeigenblatt und auf der Website. Da werden alle Landwirte, die Flächen verkaufen wollen, ermuntert: »Wir investieren in Land und Forst und sind interessiert!« Im Gegenzug bietet das Unternehmen die »Möglichkeit auf Rückpacht mit langfristigen & ortsüblichen Verträgen« an, dazu eine »diskrete & sorgfältige Bearbeitung«. Auch wenn am Ende ein »Ausbau & Weiterentwicklung zum größten Agrarunternehmen Niedersachsens« angekündigt wird: Der Flächenkauf sah in den Augen der Richter klar nach spekulativer Absicht aus.

Nach dem Urteil habe so mancher Kollege aus der Region regelrecht gejubelt, meint Michael Dreyer. Wie die Holding aufgetreten sei, wie sie »Urteile nicht akzeptiert und ihre Macht ausgespielt hat«, damit habe sie sich bei vielen unbeliebt gemacht. Mehr und mehr Land zu kaufen, dazu neigen viele Investoren auch deshalb, weil sich dann die Kosten für einen Verwalter eher rentieren. Aber Bauern verstehen sich als freie Unternehmer, auch wenn sie das Land zum Teil nur gepachtet haben, und lehnen es ab, in die Rolle eines Filialisten gedrängt zu werden, der nur einen Betriebsteil verwaltet. Sie mögen es nicht, wenn ihnen Manager, die oft weniger als sie selbst von Landwirtschaft verstehen, Vorschriften machen. Viele Medien haben sie da auf ihrer Seite: »Wie ein Großinvestor bei Bremerhaven abblitzte«, so betitelte Radio Bremen einen Beitrag über den Fall Dreyer.[11] David gegen Goliath – auch wenn dieser Goliath mit seinem 400-Hektar-Betrieb eigentlich kein David ist. Umso bedrohlicher, dass selbst so ein relativ großer Hof in Bedrängnis kommen kann.

Denn obwohl das OLG Dreyer recht gegeben hatte, war sein Fall noch immer nicht ausgestanden. Die Wachholzer Land- und Forstgesellschaft konnte laut Dreyer nicht mehr aktiv werden, nun habe die Verkäuferin versuchte, das Gerichtsurteil zivilrechtlich anzufechten.

Schließlich sei etwa die Hälfte des strittigen Grunds mit Wald bewachsen, daher unterliege sie auch nicht dem Vorkaufsrecht. Sie habe sich geweigert, ihre Unterschrift unter die Auflassung der strittigen Flächen zu setzen. Und: Sie habe Dreyer den Pachtvertrag gekündigt. Samt seinen Söhnen hatte er weiterhin schlaflose Nächte, »da hängt ja unsere Existenz dran«.

Andere Bauern hätten so einem Druck nicht standgehalten, und viele geben frustriert auf, weil sie auf dem Markt für Flächen keine Chance gegen Investoren oder auch Großbetriebe haben, die dann von der Resignation ihrer Nachbarn wieder profitieren. So treibt die Landfrage das Höfesterben weiter an, das sich auch aus vielen anderen Gründen in ganz Europa dramatisch beschleunigt hat. Gab es 1960 noch rund 1,5 Millionen Bauernhöfe, so waren 2021 nur noch rund 263.500 übrig.[12] Seit der Jahrtausendwende hat sich die Zahl der Betriebe halbiert, in den letzten zehn Jahren ist sie um zwölf Prozent gesunken.[13] Jeden Tag schließen laut Bundesagrarministerium im Schnitt rund zehn Unternehmen, vor allem Tierhalter, ihre Hoftore. In einigen Regionen ist schon nicht mehr die Rede vom Strukturwandel, sondern vom Strukturbruch. Nüchtern betrachtet. Man könnte es auch anders beschreiben: als Kulturbruch. Ein herzzerreißender Verlust. Bauerndämmerung.

Die Konzentration schreitet leider weiter voran und man fragt sich: Ist dieser Prozess eine Art ökonomisches Naturgesetz? Ist es vielleicht gar kein Problem, wenn kleine Betriebe verschwinden, weil sich die größeren, technologisch fitter und mit besser ausgebildeten Leuten dank ihrer größeren Kapitalstärke, auch auf die langfristige Erneuerung ökologischer Ressourcen besser einstellen können? Oder müssen Bund und Länder die wachsende Konzentration von Macht und Eigentum politisch stoppen, um eine Vielfalt der Landnutzer zu erhalten, zu erneuern, bestenfalls sogar zu vermehren, und wenn ja: wie? Welche Landwirtschaft wollen wir?

Share Deals verschleiern Landnahmen

Je mehr finanzstarke Interessenten in den Wettbewerb um die knappen Flächen einsteigen, desto brisanter werden solche Fragen. Und man kann sich nur wundern, wie wenig öffentliche Aufmerksamkeit die Verteilung von Grund und Boden jenseits einzelner skandalisierender Berichte über »Bauernland in Bonzenhand« erfährt. Dieses Desinteresse hat viele Ursachen. Eine davon ist Intransparenz.

Das Land: Insgesamt sieht Deutschland von oben noch immer ziemlich grün aus. Knapp 30 Prozent des Grundes sind von Wald bestanden, etwa die Hälfte wird landwirtschaftlich genutzt. Von diesen 16,6 Millionen Hektar, die der Ernährung oder auch Herstellung von Energie- oder Textilpflanzen dienen, sind rund 70 Prozent Äcker und 29 Prozent Grünland. Gewässer, Siedlungen, Industriegebiete und Straßen bedecken alle zusammen den Rest. Das erscheint relativ gering, die meisten Menschen hätten wohl erwartet, dass Städte und Infrastrukturen, die unsere Kultur so sehr beherrschen, mehr Raum einnehmen. Allerdings dehnen sie sich ständig aus, während die Agrarfläche immer mehr schrumpft. Allein zwischen 1992 und 2021 mussten rund sieben Prozent der Äcker und Weiden weichen, mehr als eine Million Hektar – und diese Tendenz setzt sich fort. Wem gehört, was übrig ist?

Das sei »weitgehend unerforscht«, schreibt Andreas Tietz vom Thünen-Institut in einer Studie für das Bundesministerium für Ernährung und Landwirtschaft (BMEL). In einem Land, das häufig für seine überbordende Bürokratie und den mit ihr verbundenen Datensammelwahn gescholten wird, fehlen solche Basiskenntnisse? Das ist kaum zu glauben. Im Grundbuch sind Eigentümer nur mit Namen, Geburtsdatum und Angaben wie der Anschrift erfasst, die häufig wechselt, jedoch ohne eindeutige Zuordnungsdaten wie der Steuernummer. So viele vage Einzeldaten lassen sich kaum sammeln und bundesweit zusammenführen. Warum geht es nicht genauer?

Das ist in erster Linie der politischen Grundüberzeugung, ja historisch von der Französischen Revolution bis zum amerikanischen »Go West« tief geerdeten westlichen Kultur geschuldet, in der die Privatheit des Eigentums stärker durchgesetzt wird als seine ebenfalls in der Verfassung gewährleistete Gemeinwohlbindung.

Ein weiterer strategischer Grund: Oft erwerben Investoren Land nicht direkt, sondern sie kaufen sich in die Agrarbetriebe ein, offen, manchmal auch über Strohmänner. Über ihre Anteile bekommen sie den erwünschten Zugang zu Flächen und können das Genehmigungsverfahren nach dem Grundstücksverkehrsrecht umgehen. Über die Lukas-Stiftung, eine der Eigentümerinnen von ALDI Nord, haben sich zum Beispiel die Supermarkt-Erben in große Agrarbetriebe eingekauft, die von einem Unternehmen der Boscor Gruppe bewirtschaftet werden.[14] An einem der Geschäfte war laut der Tageszeitung *taz* der frühere thüringische Bauernpräsident Klaus Kliem beteiligt. Ein weiterer bekannt gewordener Fall: Die Quarterback Immobilien AG aus Leipzig, an der zu 40 Prozent die Deutsche Wohnen AG beteiligt ist. Sie übernahm laut Medienberichten einen Agrarbetrieb in Brandenburg per Anteilskauf. Dieser bewirtschaftet 2500 Hektar Land mit Hunderten von Rindern, Mutterkühen und Milchvieh, 600 Hektar davon gehören der Quarterback Immobilien AG. Das Unternehmen hatte einen Landwirt aus der Region, der acht Millionen Euro für diese Flächen bezahlen wollte, um zwei Millionen überboten. Das Unternehmen will den Landwirtschaftsbetrieb weiter betreiben, auf dem Land aber auch einen großen, gewinnbringenden Solarpark bauen.[15] Solche »Share Deals« hebeln das Vorkaufsrecht der Bauern aus, deshalb sind sie politisch besonders umstritten. Außerdem wird, wenn man es geschickt anstellt, die Grunderwerbssteuer umschifft. Den betroffenen Bundesländern entgehen laut Jobst Jungehülsing, dem früheren Beamten des Bundesagrarministeriums, pro Share Deal zwischen 380.000 und 765.000 Euro.[16]

Dass die Landkonzentration zunimmt, ist also klar – aber das Wissen, wer dahintersteckt, beruht nur auf ungefähren Daten, zufälligen

Veröffentlichungen und Schätzungen. Wie kann der Staat dann präzise bewerten, in welchem Ausmaß es im ganzen Land eine »ungesunde Verteilung von Grund und Boden« gibt? Auf welcher Grundlage soll dann der »demokratische Aushandlungsprozess« über Landvermögen, Kauf- und Pachtpreise den aktuellen Entwicklungen entsprechend gestartet werden, um »gefährliche Konzentrationsprozesse« zu verhindern? Solche Fragen stellt eine Autorengruppe des Konzeptwerks Neue Ökonomie (eines Vereins, der alternative Konzepte zur kapitalistischen Wirtschaftsweise entwickelt) in einem Papier zur Bodenpolitik.[17] Auch die Wissenschaftler des Thünen-Instituts mussten geradezu detektivisch vorgehen, als sie 2021 noch im Auftrag der Agrarministerin Julia Klöckner Eigentumsverhältnisse bei den Flächen aufzudecken versuchten.

Ihre Untersuchungen bestätigten seinerzeit die Schlüsselrolle der Erben: Der größte Teil des Flächenkuchens, nämlich mit fast 48,6 Prozent fast die Hälfte, gehört Eigentümern, die nicht selbst landwirtschaftlich aktiv sind. Agrarbetriebe besitzen knapp 40 Prozent, private oder institutionelle Anleger 1,4 Prozent. Die restlichen zehn Prozent gehören Gebiets- und anderen Körperschaften wie Bundesländern, Kommunen oder Kirchen. Die staatliche Hannoveraner Klosterkammer beispielsweise verfügt als größter Landbesitzer Niedersachsens über 40.000 Hektar. Der größte Teil davon ist Wald und Ackerland, wie diese bewirtschaftet werden, hat also großen Einfluss auf den notwendigen sozialökologischen Umbau. Die katholische Kirche besitzt deutschlandweit etwa 200.000 Hektar, die evangelische Kirche rund 300.000 Hektar.[18] Auch das sind Schätzungen, denn eine Vielzahl heterogener Eigentümer aus Klöstern, Ordensgemeinschaften, Trägervereinen kirchlicher Einrichtungen, Diözesen, Stiftungen oder lokaler Kirchengemeinden erschwert die Bestandsaufnahme. Oft sind die Flächen, über die sie verfügen, nicht sehr groß. Aber ob die evangelische Kirche wie bei einem langjährigen Konflikt auf Rügen ihr Land an einen Großbauern verpachtet, der an Monokulturen mit Pestizideinsatz festhält, oder ob sie einem erfahrenen Biolandwirt Chancen für ein regionales Vermarktungskonzept eröffnet: Solche Entscheidungen legen ihr hohe Verantwortung für die Zukunft des Bodens auf. Denn, um noch einmal daran zu erinnern: Es geht um unsere Existenz. Um ihren Grund, den Ursprung, das unterirdische Reich vielfältiger Lebewesen, die unsere Ernährung, den Wasser- und Kühlungshaushalt und das Klima regeln. Auch manch ein katholischer Abt, der die Verpachtung seiner Ländereien jahrzehntelang ohne Auflagen immer wieder fortgeschrieben hat, wird sich dieser Verantwortung für die Schöpfung und die Rolle des Menschen darin stellen müssen.

Zurück zur Studie des Thünen-Instituts in Sachen Landverteilung. Danach bewirtschaftet der größte Eigentümer in einer Kommune durchschnittlich knapp zehn Prozent ihrer Flächen, aber der Anteil kann bis zu mehr als einem Drittel umfassen. Auch an so einer Spanne ist zu erkennen, dass die Studie eher grobe Hinweise liefert. Sie beruht auf Daten aus 59 Gemeinden, die zwar gezielt ausgewählt wurden, aber Stichproben bleiben. Außerdem schwanken die Ergebnisse von Region zu Region, von Ort zu Ort erheblich. Der Anteil der Eigentümer, die selbst nicht (oder nicht mehr) aktiv sind, kann zum Beispiel zwischen 13,5 und knapp 71 Prozent liegen. Den größten Betrieben gehören in einem Ort 17 Prozent der Flächen, in einem anderen aber 75 Prozent. Fast 58 Prozent der Eigentümer besitzen jeweils weniger als einen Hektar, aber zwei Prozent mehr als 50 Hektar – auch das ist ein klarer Indikator für die wachsende Konzentration. Er passt zu Informationen des Statistischen Bundesamtes, denen zufolge im Jahr 2021 rund 14 Prozent der größten Agrarbetriebe in Deutschland knapp zwei Drittel der Landwirtschaftsfläche bewirtschaftet haben.[19] »Neofeudale Strukturen« nannte das die Nachhaltigkeitsjournalistin Annette Jensen im Deutschlandfunk.[20]

Besonders deutlich fallen die Unterschiede aufgrund der historischen Entwicklung auf dem Agrarsektor zwischen Ost und West auf. In den neuen Bundesländern ist zum Beispiel der Anteil von Agrarunternehmen im Vergleich zu einzelnen bäuerlichen Betrieben deutlich höher. Das liegt an der Beschaffenheit der Landschaft, die weite Schläge ermöglicht. So nennen Fachleute Flächen, die zusammenhängen und einheitlich mit der gleichen Kultur bewirtschaftet werden. Außerdem sind die Betriebe von Mecklenburg-Vorpommern bis Brandenburg infolge der alten LPG-Strukturen größer. Doch wie bereits erwähnt: Nordrhein-Westfalen, Baden-Württemberg und Bayern ziehen nach. Auch dort können Familienbetriebe beim Wettbewerb um Ackerland mit reichen Grundbesitzern, großen Agrarunternehmen und Investoren kaum noch mithalten. Vordergründig gibt es noch eine breite Streuung des Landbesitzes – aber die Dynamik, die das ohnehin galoppierende Konzentrationstempo beschleunigt, ist bereits spürbar.

»Kein Recht darauf, Bauer zu sein«?

Wer diese Entwicklung kritisiert, dem wird oft entgegengehalten, dass die Landwirtschaft nur eine Entwicklung nachvollziehe, die andere Branchen längst hinter sich haben. Es gebe schließlich auch keine Tante-Emma-Läden mehr, betonen zum Beispiel viele Vertreter des Bauernverbandes. Der Strukturwandel gilt ihnen zwar als unwillkommener Verlust an Kultur und Erfahrung, eine »traurige Angelegenheit«, sagt Bernhard Krüsken, Generalsekretär des Deutschen Bauernverbands in Berlin. Aber er beschreibt das Problem meist vor allem als das Ergebnis eines scheiternden Generationswechsels. Die Nachkommen der Bauern zögen einen Job mit geregelten Bürozeiten und freien Wochenenden einer Existenz, die permanenten Einsatz verlangt, vor; außerdem sei der Konzentrationsprozess Folge einer unaufhaltsamen ökonomischen Entwicklung. So erklären auch Wissenschaftler wie Alfons Balmann, Direktor des Leibniz-Instituts für Agrarentwicklung in Transformationsökonomien (IAMO) in Halle, den Landwirten und dem Rest der Gesellschaft das Höfesterben. Niedrige Einkommen und der demografische Wandel, der die Zahl möglicher Nachfolger einschränkt, gäben den bäuerlichen Betrieben den Rest. Also solle man sie auch nicht länger politisch päppeln, sondern den Agrarsektor gesundschrumpfen. Von wegen »Familienbetriebe«. Balmann spricht Klartext: »Es gibt kein Recht darauf, Bauer zu sein.«[21] Aus dieser Sicht erscheinen Investoren eher als ein Segen. Als Kapitalanleger können sie weniger, aber kraftvolleren selbstständigen Betrieben aus Liquiditätsengpässen helfen und ihren finanziellen Spielraum vergrößern, sodass sie ihre Erzeugnisse besser vermarkten und in neue Technologien investieren können.

Außerdem könnten nicht nur kleine, sondern gerade auch große Betriebe besser nachhaltig wirtschaften. Mit ihrem leichteren Zugang zu Finanzmitteln und einem professionellen Management lohne es sich für sie eher, in arbeits- oder technologieintensive Methoden der Bodenschonung zu investieren. Auch das Risiko ökologischer Experimente werde sich eher leisten, wer mal auf ein paar von seinen vielen Hektaren kombinierte Acker-Forst-Systeme ausprobieren kann, als einer, der ohnehin im Hamsterrad kämpft. Und es gibt sie ja tatsächlich: die flächenstarken Ex-LPGs, die extensiv Weiderinder halten und am Moorschutz verdienen wollen. Das Ökodorf Brodowin ist mit 1450 Hektar der größte Demeter-Betrieb in Deutschland. Benedikt Bösel, ein Pionier für regenerative Landwirtschaft und Permakultur, bewirtschaftet 3000 Hektar Wald und Forst. Manche Familien, die nach der Wende ihre alten Güter im Osten wieder übernahmen, haben dort Inseln einer florierenden Regionalwirtschaft und Arbeitsplätze geschaffen.

Das sind positive Beispiele und trotzdem: Bislang sind Innovationen ähnlich wie in anderen Branchen eher von kleineren Betrieben ausgegangen; dafür steht nicht nur Sepp Braun, der Regenwurmtüftler aus Kapitel 2. Bisher ging Größe eher Verbindungen mit konformen Absatzmärkten ein. Und generell ist die Wahrscheinlichkeit höher, dass neue Besitzer, die ohne »Stallgeruch« in Wachstums-Höfen einsteigen, vor allem von Skalierungseffekten profitieren wollen und daher auf den einseitigen Anbau von Rohstoffen für ebenfalls größere Industrieabnehmer der Ernährungswirtschaft und der Bioökonomie setzen.

»Für viele Investoren haben die Förderung der Bodenbiodiversität und Fruchtbarkeit keine Priorität, da diese langfristigen Investitionen keine kurzfristigen Renditen versprechen«, urteilt das Bundesamt für Naturschutz (BfN) in seinem Bodenreport von 2021 unmissverständlich. Und weiter: »Auch kurze Pachtverträge und der damit gesetzte Fokus auf Maximalerträge fördern eine hoch intensive Landbewirtschaftung.«[22] Wer vor allem auf Wertsteigerung und schnelle Gewinne aus Grund und Boden spekuliert, der wird sich wenig dafür interessieren, großen Aufwand für langfristige Anbaustrategien wie das Pflanzen von Hecken und Bäumen zu treiben. Tatsächlich wachsen auf vielen Äckern, die von externen Anlegern betrieben werden, Mais- und Getreidewüsten für Futter und Biogasanlagen. Selbst wo ihre Geschäftsführer Fachleute sind, fehlt ihnen oft das lokale Wissen, das Bauern über viele Jahre hinweg gewonnen haben: Wann darf man auf diesem Feld mit dem Schlepper auf die Böden und wann besser nicht? An welchem Waldsaum gedeiht, was unten am Bach nichts wird? Solches Wissen wird digital noch lange nicht abgespeichert sein, und die Externen sammeln es so schnell auch nicht an, wenn sie von Filialbetrieb zu Filialbetrieb reisen und alle paar Jahre den Job wechseln.

»Die Auswirkungen unterschiedlicher landwirtschaftlicher Betriebsstrukturen auf sozioökonomische Faktoren wie Wirtschaftskraft, Arbeitsplätze, soziale Integration oder kulturelles Erbe sind nicht eindeutig«, resümiert zwar die Zukunftskommission Landwirtschaft (ZKL) in ihrem Abschlussbericht.[23] Zusammengesetzt mit Vertretern aus unterschiedlichen Interessengruppen, war sie noch von der Bundeskanzlerin Angela Merkel beauftragt worden, gemeinsame Analysen, Visionen und Lösungen für das konfliktreiche Feld zu erstreiten. Aber »nicht eindeutig« bedeutet auch, dass es Unterschiede gibt.

Nicolai Fuchs und Frieder Thomas haben in einem Aufsatz versucht, die »bäuerliche Ökonomie« zu beschreiben. Diese unterscheide sich »in Vielem vom derzeit gängigen Ökonomieverständnis«, so ihr Urteil im Kritischen Agrarbericht.[24] Darin listen sie Prinzipien einer solchen Ökonomie auf – unter anderem Lebensqualität, Sinn, Sparsamkeit, Vielfalt, Kooperation, Risikoreduzierung, lokale Einbindung, Ressourceneffizienz, Machtbalance –, die sie unter einer gemeinsamen Grundhaltung zusammenfassen: »Das Morgen im Heute mitdenken.« Mag sein, dass auch viele Familienbetriebe, gefangen in den Zwängen der Märkte, diesen Prinzipien kaum noch gerecht werden können. Doch sie bleiben Teil ihrer Identität und ihr Antrieb. Laut Fuchs und Thomas könnten sie sogar über ihre Branche hinausreichend eine »Inspiration für eine Nachhaltigkeitsökonomie« darstellen.

Angesichts der Dringlichkeit der Ressourcen- und Klimaprobleme sollte die Gesellschaft daher auf größtmögliche Pluralität der Agrarstruktur auch mit kleinen und mittelständischen Höfen setzen. In ihrer politischen Rhetorik – »Die Zukunft der Landwirtschaft ist vielfältig«, wie es die Zukunftskommission Landwirtschaft postuliert – ebenso wie in der Gesetzgebung – siehe Vorkaufsrecht – tut sie das auch. Die Wirklichkeit aber ist eine andere: Da sterben die Höfe weiter und das langfristige bäuerliche Denken mit ihnen. Da befördert die Konzentration eher den Schulterschluss mit einem ebenfalls hoch konzentrierten Agrobusiness, das Landwirte gerade mit einem Innovationsschub herausfordert. Zunehmend sollen satelliten- und sensorgesteuerte Präzisionsmaschinen und datenabhängige Anbau-»Pakete« für Saatgut und Betriebsmittel den Einsatz von Ackergiften verringern, die Produktion transparenter und messbarer machen. Doch nicht jeder Betrieb kann die dafür erforderlichen Investitionen in neue Landmaschinen und Software-Systeme aufbringen.

Dass die Ökosystem- und damit Gemeinwohlleistungen des Bodens als Kohlenstoff- und Wasserspeicher gestärkt werden müssen, und zwar jetzt, ist eine Überlebensfrage. Wie das geschieht und wie schnell, liegt weitgehend im Ermessen des Eigentümers. Der sei durch die Flächenknappheit zu »immer intensiverer, nicht standortangepasster Bewirtschaftung« gezwungen, moniert die Kommission Bodenschutz beim Umweltbundesamt. In der Folge würden »die Biodiversität und vielfältige Ökosystemleistungen gemindert«. Wenn dann auch noch Profit im Vordergrund steht, wird noch problematischer, dass es immer weniger, immer größere Betriebe gibt. Denn Größe verschafft auch Einfluss, in den Gemeinden, den Interessensverbänden, der politischen Öffentlichkeit. Damit kann man seine Vorstellungen von dem, was ökologisch als sinnvoll und machbar erscheint, leichter durchsetzen und das Tempo der Agrarwende bestimmen. Was, wenn die wenigen Großbetriebe, die dann übrig bleiben, irren? Wenn es dann kaum noch andere Erfahrungen und Optionen gibt? Auch die Fehlerfreundlichkeit einer vielfältigen Agrarstruktur spricht dafür, dass der Konzentration politisch etwas entgegengesetzt werden muss.

Und noch etwas: Schon seit Längerem hat das anhaltende Sterben lebendiger Hofstrukturen betrübliche Folgen für die ländlichen Räume. Wertschöpfung fließt anderswohin. Läden und Kneipen lohnen sich nicht mehr. Dörfer werden zu Schlafdörfern oder sie veröden. Man muss nicht den Verlust einer ländlichen Idylle beklagen, die gab es sowieso nie, aber mit dem Verschwinden der Bauern verschwinden häufig auch verlässliche soziale Strukturen. Wir sind in der Freiwilligen Feuerwehr aktiv, wir organisieren die Sommerfeste, wir helfen beim Kellerauspumpen, bei uns kann das Schulkind auf die pendelnde Mutter warten, wir bringen was zu essen vorbei, denn wir sind ja immer da: Solche Sätze hört man von Bauern landauf, landab. Sie sind oft nicht nur Ernährer, sondern auch Agenten des Zusammenhalts. An diesem dörflichen Beziehungsnetz haben anonyme Investoren meist keinen Anteil, im Gegenteil: Mit ihren Interessen können sie sogar Löcher hineinreißen. Michael Dreyer erzählt, dass seine Familie mit der Eigentümerin seiner 85 Hektar »über Jahrzehnte familiär und freundschaftlich verbunden« gewesen sei, doch infolge des geplanten Verkaufs sei das Verhältnis von Misstrauen untergraben worden: »Die Holding hat einen Riesenkeil in unser Miteinander getrieben.« Auch die Bauern in der Region seien nun gespalten in jene, die den Einfluss der neuen Bewirtschafter kritisch sehen, und die anderen, die ihr Land von der Holding gepachtet haben. Letztere stünden unter Druck, meint Michael Dreyer, »da sagt keiner mehr was«.

Solche Entwicklungen haben besonders in Niedersachsen, Schleswig-Holstein und im Osten der Republik einen zunächst diffusen Widerstand der Bauern geschürt, der sich, öffentlich sichtbar spätestens seit 2019, auch außerhalb des mächtigen Bauernverbands organisiert hat, zum Beispiel in der Gruppe »Land schafft Verbindung« und den »Freien Bauern«. Diese beiden und auch noch andere, radikalere Gruppierungen haben sich in Opposition zum etablierten Bauernverband zusammengetan und protestieren immer wieder lautstark auf der Straße. Vor den Auslieferungslagern der Supermarktketten oder in der Hauptstadt demonstrieren sie gegen die EU-Agrarpolitik und die Abhängigkeit von Molkereien, Fleischkonzernen und Lebensmittel-Einzelhändlern – aber auch dagegen, dass sie mit ihren Betrieben bei Landkauf und Pacht finanzstarken Konkurrenten von außen ausgeliefert seien. Trotz der »Trecker-Aufstände« ist nicht zu übersehen, dass sich Fatalismus, brodelnde Wut und Verzweiflung breitmachen. Sie kommt zum Ausdruck, wenn etwa der Biobauer und Blogger Björn Scherhorn über die Billigpreispolitik und die wirtschaftliche Klemme, in die sie ihn als Milchbauern treibt, schimpft: »Scheiße, ich kann das langsam nicht mehr bezahlen!« Auch sonst lässt er per Handy-Selfie seiner Enttäuschung darüber freien Lauf, dass Politiker und Konsumenten ihn mit seinen Problemen allein lassen, obwohl er so viel Zeit in Bodenschutz und Tierschutz investiert hat: »Bei euch piept's wohl …?« Bei anderen mündet solcher Frust in Demokratieverachtung. Sie wird von rechts geschürt und instrumentalisiert, aber auch von sogenannten »oppositionellen Publizisten«, wie Markus Krall sich selbst bezeichnet, der bei einem Treffen von Landwirten in Brandenburg gegen »Systemmedien«, »Irrungen und Wirrungen der Herrschenden«, deren »Krankheit der Köpfe« wettert und gegen einen Agrarminister, aus dessen Ministerium nur »Klimageschwurbel und Insektenfraß, Flächenstilllegung, Bürokratisierung, Kostenexplosion« komme, und so fort.

Hermann Onko Aeikens, der bis September 2019 als Staatssekretär im Bundesministerium für Ernährung und Landwirtschaft wirkte, erklärte wohl nicht zuletzt aus solchen Gründen der Fachzeitschrift *agrarheute*, dass es für die Zukunft der Landwirtschaft entscheidend sei, wie man sich zu außerlandwirtschaftlichen Investoren verhalte. Tue man nichts, werde man bald eine Agrarstruktur vorfinden, »von der ich nicht glaube, dass die dazu angetan ist, die Vitalität des ländlichen Raumes zu erhalten«, kritisierte Aeikens. Dringend notwendig sei allem voran eine Regelung, die den Erwerb an Betriebsanteilen erschwere.[25]

»Unvermehrbar und unentbehrlich ...«

Da sprach ein gebranntes Kind, denn Aeikens musste als Agrar- und Umweltminister in Sachsen-Anhalt erfahren, wie schwer es ist, die neue Landvermessung gesetzlich zu regulieren. Während seiner Amtszeit und danach noch zweimal scheiterten in Magdeburg Anläufe, ein neues Agrarstrukturgesetz durchzusetzen. Dabei sitzen seit der Föderalismusreform 2006 vor allem die Bundesländer am Hebel, wenn es um den Handel mit Grund und Boden geht. Sie haben die Zuständigkeit für das landwirtschaftliche Bodenrecht. Doch die meisten anderen Bundesländer versuchten erst gar nichts, sondern schauten dem Vormarsch privater Interessen auf deutschen Äckern lange passiv zu. »Sie sehen mich heute ungehalten«, so gab sich daher auch Aeickens' Vorgesetzte Julia Klöckner, die damalige Bundesagrarministerin, im Jahr 2021 vor versammelter Presse empört. Dass der Bodenmarkt neue Regeln brauche, sei schon lange bekannt, aber passiert sei wenig, um die Verdrängungsbewegungen aufzuhalten, schimpfte die Ministerin, allerdings auch medienwirksam inszeniert mit politischer Absicht, wie sich zeigen wird.[26]

Tatsächlich hatte sich eine Bund-Länder-Arbeitsgruppe »Bodenmarktpolitik«[27] bereits im Jahr 2015 darauf verständigt, den Anstieg der Bodenpreise zu stoppen, das Eigentum breiter zu streuen und jungen Landwirten leichter Zugang zu Flächen zu verschaffen. Um diese Agenda zu unterstützen und auf den Zusammenhang zwischen Eigentumsverhältnissen und dem Schutz der Böden aufmerksam zu machen, veranstaltete die Kommission Bodenschutz (KBU) beim Umweltbundesamt im Karl-Marx-Jahr 2018 eine Fachtagung mit dem Titel »Der Boden und das Kapital«. Karl Marx, der wirkmächtige Ökonom und Gesellschaftstheoretiker aus Trier, habe – beeinflusst von der Forschung Justus von Liebigs zur Pflanzenernährung – den Boden schon damals als erschöpflich und gefährdet gesehen und »die Verfolgung kurzfristiger Profitinteressen als Ursache für die Auslaugung«, schilderte auf dieser Tagung Stephan Bartke vom Helmholtz-Zentrum für Umweltforschung.[28] Damit sei Karl Marx heute so brandaktuell wie mit der Frage, was geschehe, wenn die »nicht bewusst beherrschte« Nutzung des Bodens »Wüsten« hinterlasse? Und ebenso brandaktuell ist die These des frühen Kapitalismuskritikers, dass zu viel Macht über diese existenzielle Ressource Boden zerstörerisch sei und sich bald historisch überholen werde: »Vom Standpunkt einer höheren ökonomischen Gesellschaftsformation aus wird das Privateigentum einzelner Individuen am Erdball ganz so abgeschmackt erscheinen [...] wie das Privateigentum eines Menschen an einem anderen Menschen«, schreibt Marx in einem seiner Briefe an Friedrich Engels. »Selbst die ganze Gesellschaft, eine Nation, ja alle gleichzeitigen Gesellschaften zusammen genommen, sind nicht Eigentümer der Erde. Sie sind nur ihre Besitzer, ihre Nutznießer und haben sie als boni patres familias (gute Familienväter) den nachfolgenden Generationen verbessert zu hinterlassen.«[29] Damit dürfte sich Marx mit den meist konservativen Bauern in seltener Einigkeit befinden.

Tatsächlich ist der Gedanke, dass die Verfügung über das Land sensiblen ökologischen und sozialen Einschränkungen unterliegen muss, seit Langem ein übergreifender, rechtlich verankerter Konsens. Im Grundgesetzartikel 14 wird das Recht auf Eigentum und Erbe unzweideutig mit der Pflicht verbunden, dass sein Gebrauch dem Wohle der Allgemeinheit unterliegen muss. 1967 buchstabierte das Bundesverfassungsgericht diese Beschränkung noch einmal aus: »Die Tatsache, dass der Grund und Boden unvermehrbar und unentbehrlich ist, verbietet es, seine Nutzung dem unübersehbaren Spiel der freien Kräfte und dem Belieben des Einzelnen vollständig zu überlassen; eine gerechte Rechts- und Gesellschaftsordnung zwingt vielmehr dazu, die Interessen der Allgemeinheit beim Boden in weit stärkerem Maße zur Geltung zu bringen als bei anderen Vermögensgütern. Grund und Boden ist weder volkswirtschaftlich noch in seiner sozialen Bedeutung mit anderen Vermögenswerten ohne weiteres gleichzustellen; er kann im Rechtsverkehr nicht wie eine mobile Ware behandelt werden.«[30] In ähnlicher Weise sieht der Europäische Gerichtshof Einschränkungen der Grundfreiheiten, in diesem Fall der Kapitalverkehrsfreiheit, in bestimmten Fällen als gerechtfertigt an. Dazu gehöre unter anderem die Entwicklung lebensfähiger Betriebe, die Pflege des Raumes und der Landschaft, die Förderung einer vernünftigen Nutzung der verfügbaren Flächen unter Bekämpfung des Drucks auf den Grundstücksmarkt oder die Verhinderung von Bodenspekulation.[31] Auf all diese Grundsätze können sich die Bundesländer also berufen, wenn sie mit Agrarstrukturgesetzen den Artenschutz für Lebewesen, Landschaften und Bauernhöfe zu verbessern suchen. Trotzdem stellte die KBU im Jahr 2019 nüchtern fest, dass sich »die Nutzung des Bodeneigentums gegenwärtig in der Agrarpolitik und im Planungsrecht zumeist nicht am Gemeinwohl orientiert.«[32]

Bislang hat erst Baden-Württemberg minimalinvasiv versucht, seine Agrarstruktur zu verbessern, indem Investitionen von außen rechtlich eingeschränkt wurden. Ein Hauptanlass war dort, dass immer mehr wohlhabende Bauern aus der Schweiz sich grenznahe Flächen sicherten. In Brandenburg und Thüringen sind nun ebenfalls Gesetze in der Diskussion. In Sachsen gibt es bereits einen Kabinettsbeschluss, er wurde im Sommer dem Parlament zur Beratung überwiesen. Dort ist am ehesten realistisch, dass der Vorstoß noch vor der Landtagswahl im September 2024 durchkommen könnte. Widerstände kommen aus den Grundbesitzerverbänden, aus der Finanzindustrie, aus den etablierten Bauernverbänden (siehe Kapitel 9).

Auch Mecklenburg-Vorpommern will sich »mit Nachdruck« dafür einsetzen, »rechtliche Möglichkeiten auszuloten, die den Erwerb von Gesellschaftsanteilen durch außerlandwirtschaftliche Kapitalanleger reglementieren«. Die »einseitige Verteilung« landwirtschaftlicher Flächen in den ostdeutschen Bundesländern hatte der dortige Minister für Klimaschutz, Landwirtschaft, ländliche Räume und Umwelt Till Backhaus bereits mehrfach als »Geburtsfehler der Deutschen Einheit« bezeichnet. Deren Konstrukteure hatten mit der Bodenverwertungs- und -verwaltungs GmbH (BVVG) ganz auf Privatisierung gesetzt. Viel Hoffnung, dass künftig neue, jüngere Landwirte leichter an Flächen kommen könnten, macht Backhaus sich und anderen nicht: »Das Ganze jetzt zu begrenzen und zurückzuholen, gleicht dem Versuch, Zahncreme zurück in die Tube drücken zu wollen.«

So war Julia Klöckners lautstarke Empörung auch der Ausdruck einer Strategie, den Schwarzen Peter den Bundesländern allein zuzuschieben. Dabei hätten sie und ihre Vorgänger seit Jahren durchaus Mittel und Wege gehabt, der zunehmenden Refeudalisierung auf dem Land etwas entgegenzusetzen. Ein wichtiger Hebel wäre zum Beispiel besagte Bodenverwertungs- und -verwaltungs GmbH gewesen. Sie hatte die Aufgabe, rund 1,5 Millionen Hektar land- und forstwirtschaftlicher Flächen in den ostdeutschen Bundesländern zu privatisieren und teils auch dem Naturschutz zuzuführen. Heute sind bereits 93 Prozent dieser Flächen privatisiert, auf der Positivseite haben von den Verkäufen, so urteilt Jobst Jungehülsing, größtenteils ortsansässige Landwirte profitiert, und die Eigentumsquote, die im Osten aus historischen Gründen extrem niedrig war, habe erhöht werden können. Aber es gebe auch negative Folgen, so der Experte aus dem damaligen Bundesministerium für Ernährung und Landwirtschaft: Ein Großteil des Landbesitzes sei zu billig und ohne eine Wiederverkaufssperre veräußert worden. Das löste eine unwiderstehliche Anziehungskraft auf Investoren von außerhalb und den Run auf den Osten aus. Jungehülsing schätzt die Spekulationsgewinne aus den Flächenverkäufen bis 2020 auf 6.762.000 Euro[33]. Die BVVG wurde zum großen Preistreiber.

Die Bundesminister hätten die Vergabe der BVVG-Flächen an Größenbegrenzungen oder eine nachhaltige Anbaupraxis binden können, haben sie aber nicht. Einen solchen Systemwechsel holt nun erst die aktuelle Regierung aus SPD, BÜNDNIS 90/DIE GRÜNEN und FDP nach. Nach einem Punktesystem sollen zum Beispiel Existenzgründer und besonders ökologische und nachhaltige Formen des Bewirtschaftens bevorzugt werden. Außerdem werden die früheren LPG-Flächen aus Bundeseigentum nicht mehr verkauft, sondern nur noch verpachtet. Allerdings betrifft das nur noch etwas mehr als 90.000 Hektar landwirtschaftlicher Flächen. Eine größere Reglementierung der Anteilskäufe liegt zu Teilen in der Zuständigkeit des Bundesministeriums der Finanzen (BMF), auch da hätte der Bund Einfluss. Das Erb- und das Steuerrecht böten ebenfalls Möglichkeiten (Kapitel 9), doch bisher hat die Regierung weder politischen Willen noch die Fantasie und den Mut gezeigt, sie zu nutzen.

Musste sie auch nicht, denn der Druck der Öffentlichkeit hält sich in Grenzen. Das Thema Eigentum ist ein heißes Eisen. Darüber redet man nicht gern in Deutschland, wie gesagt. Im Osten ist die brutale und folgenreiche Zwangskollektivierung historisch noch zu nah, deshalb werden neue Beschränkungen schnell mit ihr gleichgesetzt. Im Westen gelten Freiheit und Eigentum ohnehin als unverbrüchliche Einheit – und Grund und Boden haben sich trotz der Gemeinwohlbindung im politischen Konsens als handelbare Ware etabliert. »Sobald jemand daran rührt, werden Ängste von Einfamilienhausbesitzern geschürt«, kommentiert Annette Jensen im Deutschlandfunk. »Sie sind die beste Versicherung für die Superreichen, dass alles so bleibt, wie es ist.« Doch Boden dürfe keine Ware sein, fährt sie fort, genauso wenig wie Luft und Wasser. »Besitzen sollten ihn diejenigen, die darauf wirtschaften oder wohnen. Was obendrauf errichtet wird, kann Eigentum sein und auch vererbt werden. Doch der Boden selbst sollte niemandem gehören. Ansonsten werden Mieten und Pachtpreise die Gesellschaft immer weiter spalten.« Und das ist nicht nur auf dem Land ein Problem.

7
WEM GEHÖRT DIE STADT?

Wohnungsbau, Straßen, Grünflächen: dient der Raum den Bürgern oder den Investoren?

Nicht nur auf dem Land, sondern auch in Berlin und anderen großen Städten mündet die nüchterne Frage der Stadtplaner, wie urbane Flächen am besten genutzt werden sollen, in einen Machtkampf, bei dem ein Herzstück der deutschen Gesellschaftsordnung, das Recht auf Eigentum, infrage gestellt wird – zumindest wird seine Beschränkung erwogen. Während Extinction Rebellion und die Letzte Generation Straßen blockieren, also Flächen im öffentlichen Raum besetzen, um auf die Versäumnisse der Klimapolitik aufmerksam zu machen, arbeitet ein Bündnis von Mieterinnen und Mietern an der Kontrolle großer Wohnungsbaugenossenschaften. Sie beklagen ein schmerzliches Missverhältnis: »Die Mieten in Berlin haben sich in den letzten zehn Jahren verdoppelt. Die Löhne sind in der gleichen Zeit kaum gestiegen. Jetzt kommen explodierende Heiz- und Stromkosten dazu: Wir können uns Berlin nicht mehr leisten!«

Dieser Kampf hat unmittelbar mit Grund und Boden zu tun – und den Preisen dafür in der Stadt. Denn je teurer die knappen Grundstücke werden, desto höher steigen auch die Mieten, nicht nur in Berlin, sondern überall in Deutschland. Die Klima- und Biodiversitätskrise erhöht den Druck zusätzlich, weil die urbanen Betonwüsten Hitze aufsaugen und Wasser abweisen, also Extremwetterlagen und ihre Folgen verstärken. Deshalb geht das einfache Rezept gegen die Wohnungsnot – nachzuverdichten, indem man innerstädtische Flächen zubaut – nicht auf. Im Gegenteil: zusätzliche Grünflächen werden benötigt. Auch deshalb tauchen Begriffe aus den alten Zeiten des Klassenkampfs wieder auf, die lange verpönt waren: Enteignung und Vergesellschaftung.

2013 hatte die Stadt Berlin ihre kommunale Wohnungsgesellschaft privatisiert. Ihre mehr als 100.000 Wohnungen gehören seitdem der privaten Gesellschaft Deutsche Wohnen, einer Gründung der Deutschen Bank, die 2021 wiederum vom Marktführer Vonovia gekauft wurde. In dieser Konstellation prallen die Marktwirtschaft und die Bedürfnisse einer vulnerablen Stadtgesellschaft unmittelbar aufeinander: ein großes börsennotiertes Unternehmen, das mit dem Vermieten von Wohnungen Gewinn machen will, gegen eine große und selbstbewusste Gruppe von Mieterinnen und Mietern, die ihr Zuhause dieser Profitorientierung entziehen wollen. »Die Konzerne sind dazu verpflichtet, ihren Aktionär*innen die Profite zu maximieren«, konstatiert das Bündnis. »Unsere Mietsteigerung von heute ist ihre Gewinnausschüttung von morgen.«[1] Es bemängelt auch, dass private Immobilienunternehmen an der Instandhaltung sparen. Im Jahr 2021 brachte das Bündnis einen Volksentscheid auf den Weg, und es wurde deutlich: Auch wenn die Sache in vielen Ohren revolutionär klingt, ist sie durchaus mehrheitsfähig. Beinahe 60 Prozent der Berliner stimmten für die Enteignung der Wohnungsgesellschaften. Wohlgemerkt: Nur die ganz großen Immobilienunternehmen mit mehr als 3000 Wohnungen waren gemeint, nicht generell der Besitz von Wohnungseigentum, wie es Gegner des Volksentscheids gerne kolportierten. Von der überwältigenden Zustimmung waren die Initiatoren des Volksentscheids selbst überrascht. Ein halbes Jahr später richtete der Berliner Senat eine Expertenkommission ein, um zu prüfen, ob die Enteignung so großer Wohnungsbaugesellschaften rechtlich möglich wäre. Ein Jahr später kam sie zu dem positiven Schluss: ja, eine Vergesellschaftung wäre zulässig. In der Zwischenzeit aber gab es eine Neuwahl in Berlin. Seit April 2023 führt die CDU die schwarz-rote Regierung. Sie kann mit den Forderungen ihrer Bürgerinnen noch weniger anfangen als die rot-rot-grünen Vorgänger, spielt schweigend auf Zeit.

Eine Bewegung für Bodengerechtigkeit

Nach zwei Jahren, in denen das Bündnis vergeblich auf eine wirksame politische Umsetzung des Volksentscheids gewartet hat, strebt es nun ein zweites Plebiszit an, dieses Mal einen sogenannten Gesetzesvolksentscheid, bei dem nicht über einen Auftrag an den Berliner Senat entschieden wird, sondern direkt über ein Gesetz. Wenn die Berliner dafür stimmen, muss der Vorschlag tatsächlich geltendes Recht werden. Das Bündnis hat eine Kanzlei beauftragt, dieses »Berlin-Zuhause-Gesetz« auszuarbeiten. Die juristische Grundlage für die geforderte Enteignung ist ein Paragraf im Grundgesetz, der Enteignungen grundsätzlich möglich macht. Bislang wurde dieser Paragraf 14, Absatz 3 des Grundgesetzes als letztes Mittel bei den großen Infrastrukturprojekten der fossilen Wachstumswirtschaft, etwa beim Straßenbau und bei der Kohlegewinnung, angewendet, für die neuen dringenden Überlebensaufgaben Klima- und Biodiversitätsschutz und soziale Gerechtigkeit aber noch nicht. Im Grundgesetz steht: »Eine Enteignung ist nur zum Wohle der Allgemeinheit gültig.« Sie muss auf Grundlage eines Gesetzes erfolgen, und die Entschädigung muss unter gerechter Abwägung der Interessen der Allgemeinheit und jener der Beteiligten bestimmt werden. Das öffnet den Raum für viele Fragen zur Bodengerechtigkeit, die im Zeitalter der großen Krisen neue Antworten brauchen. Das Bündnis »Deutsche Wohnen enteignen« hat den Streit um die Flächen damit auf eine neue Ebene gehoben und die Debatte eröffnet: Wenn die etablierten Verfahren der Planung und der gesellschaftlichen Verständigung über die Flächennutzung nicht ausreichen, muss man neue, effektivere Wege gehen, um das Gemeinwohl zu verteidigen, das in erschwinglichen Mieten, langfristigen Plänen für die energetische Sanierung und einer ökologisch erblühten Stadt besteht, die Böden spart.

Die Forderungen, über die in dem Volksbegehren abgestimmt wurde, verbreiteten sich. Im Oktober 2022 lud ein Bündnis von Forschenden und AktivistInnen zur Vergesellschaftungs-Konferenz an die Technische Universität Berlin. Über tausend Menschen diskutierten dort drei Tage lang Strategien für eine »demokratische Wirtschaft, die am Gemeinwohl ausgerichtet ist«. Hier ging es darum, nicht nur Immobilienunternehmen, sondern auch Energie- und Krankenhauskonzerne in ihrem Gewinnstreben zu beschränken. Nur der Boden außerhalb der Städte war kein Thema. Im Publikum saß die junge Obstwirtin und Boden-Aktivistin Gesine Langlotz, eine Autorin des in Kapitel 6 erwähnten Papiers zur Bodenpolitik des Konzeptwerks Neue Ökonomie, und ärgerte sich über die einseitige Perspektive.[2] Sie sagt: »Es gibt zwei Bodenpolitik-Bewegungen: eine im Agrarbereich – das sind die Bäuerinnen und Bauern, die so viel Kraft haben und sich neben ihren heftigen Jobs noch mit politischen Instrumenten gegen den Ausverkauf der Landwirtschaft auseinandersetzen. Und dann gibt es die städtische Bodenpolitik-Bewegung. Beide müssten eigentlich zusammenarbeiten und gucken: Wo haben wir die gleichen Forderungen?«

Gesine Langlotz arbeitet daran, die beiden Bewegungen zusammenzubringen. Die Menschen in der Stadt, die sich für bezahlbares Wohnen einsetzen, könnten so manches von den Widerstandskämpfern auf dem Land lernen, meint Langlotz, vor allem von der zahlenmäßig kleinen Arbeitsgemeinschaft bäuerliche Landwirtschaft in Mitteldeutschland. Die habe es mit viel Hartnäckigkeit geschafft, einige Landesregierungen dazu zu bringen, dass sie – »ein zäher Kampf in den Institutionen« – Initiativen zur besseren Regulierung der Bodenmärkte ausarbeiten: jene dröge klingenden geplanten Agrarstrukturgesetze, die ein »revolutionäres Potenzial« hätten, den Vormarsch großer Investoren auf dem Land zu beschränken, womöglich gar zu stoppen, meint Langlotz. Und die LandwirtInnen wiederum könnten von den urbanen sozialen Bewegungen lernen, wie man effektiv Pressearbeit macht, um Leute außerhalb der Landwirtschaft für deren Nöte und Chancen zu gewinnen (Mehr dazu in Kapitel 9). Beide Bewegungen zusammen könnten dann vermitteln, dass Bodenpolitik viel mehr ist als ein marginales Spezialthema, wie es oft missverstanden wird, sondern dass im Boden der Ursprung aller Krisen wie ihrer Lösungen liegt. »Deshalb brauchen wir eine gemeinsame Bewegung für Bodengerechtigkeit«, sagt Gesine Langlotz. Sie würde ihrer Ansicht nach dafür sorgen, »dass wir kein Klimaproblem mehr haben, weil alle fossilen Stoffe hübsch im Boden blieben«. Und Langlotz hat schon ein Bild vor Augen: »Ich wünsche mir, dass bei einer großen Demo im Mietbündniskampf fünfzig ›Konvis‹ – also konventionelle Landwirte, nicht die kleinen Ökos, die so süß und niedlich sind, sondern die mit den fetten großen Betrieben – vorwegfahren und sagen: Keinen Bock auf den Ausverkauf der Landwirtschaft!« Es ist einigermaßen erstaunlich, dass sich eine junge Thüringerin, die sich auf das Beschneiden von Obstbäumen spezialisiert hat, Bodenpolitik als großes übergreifendes Thema zu etablieren versucht und an der Vernetzung der Akteure arbeitet, während die großen Parteien zu Boden und Fläche nur wenig zu sagen haben, obwohl der Wissenschaftliche Beirat das schon 2020 angemahnt hatte.

Dabei gibt es schon seit Längerem vereinzelte Keimzellen dieser neuen Bewegung für Bodengerechtigkeit, bottom up sozusagen. Überall in der Stadt setzen sich Menschen für eine gemeinwohlorientierte Bodenpolitik ein, ohne das so zu benennen: Seit Mitte der Neunzigerjahre besetzen meist linke Aktivisten öffentliche Räume für Techno-Partys, Konzerte oder Flashmobs. Reclaim the streets, holt euch die Straße zurück, lautet ihre Handlungsanweisung gegen die »um sich greifende Umwidmung von öffentlichem Raum in firmeneigene Konsumschutzreservate«, wie es der Autor und Aktivist Klaus Farin spöttisch bezeichnet.[3] Auch die Initiative »100 % Tempelhofer Feld« zählt dazu, die 2014 einen Volksentscheid gegen die Bebauung des ehemaligen Berliner Stadtflughafens gewonnen hat.[4] Die Fahrraddemos der Critical-Mass-Bewegung bringen viele Tausende TeilnehmerInnen in mehr als hundert deutschen Städten auf die Straße, sie fordern eine bessere Infrastruktur für Radfahrer. Die Urban Gardening Guerilla macht aus vernachlässigten öffentlichen Grünflächen Gemüsebeete und reißt dazu sogar mit der Hacke den Asphalt auf. Alle diese Gruppen besetzen öffentlichen Raum, um einen anderen, einen besseren, dem Überleben dienenden Umgang mit ebendiesem Raum einzufordern.

Kein Platz für Krankenpfleger, Polizistinnen, Erzieher

Doch auch wenn der Protest lauter wird: Noch gelten die alten Leitbilder, der Flächenfraß beschleunigt sich wieder, und noch immer gehen zu viele Quadratmeter für Straßen, Wohnungen, Gewerbe verloren, nein, Quadratkilometer: In den letzten dreißig Jahren wurden im Durchschnitt 168 km^2 pro Jahr versiegelt.[5] Man stelle sich ein Quadrat mit 13 Kilometern Seitenlänge vor, 56-mal so groß wie das Tempelhofer Feld in Berlin: Diese Fläche verschwindet jedes Jahr unter Beton und Asphalt.

Ein typisches Beispiel für die urbane Flächensorglosigkeit hat die Hamburger Journalistin Alexa Höber aufgedeckt: 2016 – während Olaf Scholz Erster Bürgermeister der Hansestadt war – kündigte die Stadt Hamburg dem alteingesessenen Landwirt Jan Heißmann einen Pachtvertrag für 27 Hektar streng geschützter Feuchtwiesen an einer Autobahnausfahrt. Der Paketdienst DHL wollte dort ein Logistikzentrum bauen, zog sich aber zurück, nachdem die Stadt die Wiesen für 22 Millionen Euro bereits erschlossen und den Moorboden mit einer dicken Sandschicht überschüttet hatte. Seitdem liegt die Fläche brach. Im Herbst 2023 suchte die Hamburger Projekt-Realisierungsgesellschaft ReGe noch immer nach Investoren, sie preist die Fläche »Projekt Neuland 23« als eines von 19 Klima-Modellprojekten an.[6] Dort sollte nachhaltig gebaut werden, Gründach statt Grünland, immerhin. Ebenfalls

2016 beauftragte der Senat die stadteigenen Projektentwickler auf einer anderen Fläche damit, einen komplett neuen Stadtteil zu entwerfen. In Oberbillwerder sollen bis zu 7000 Wohnungen und viele Tausend Arbeitsplätze entstehen – auf 124 Hektar Ackerland.

Der Wohnungsbau ist zweifellos wichtig, er berührt ein Grundrecht, aber dafür, dass alle Menschen ein Dach über dem Kopf haben, müssen nicht unbedingt neue Flächen versiegelt werden, das ist vielfach erwiesen. Der Oldenburger Wirtschaftswissenschaftler und Verleger Daniel Fuhrhop, der sich selbst als Wohnwende-Ökonom bezeichnet, hat das in seinem Buch »Verbietet das Bauen!« eindrucksvoll dargelegt. Eine gemeinsame Kampagne von Baugewerbe, Wohnungsgesellschaften, Gewerkschaften und dem Deutschen Mieterbund hatte 2012 den Bau von 825.000 neuen Mietwohnungen gefordert, und Fuhrhop hat das in Fläche übersetzt: »Wir sollten eine Stadt so groß wie München noch einmal neu bauen.«[7]

Doch es ist nicht so, dass nicht genügend Wohnraum vorhanden wäre. Der Bedarf nach Wohnraum steigt vor allem, weil Wohnraum extrem ungleich verteilt ist, weil Wohnungen, vor allem Luxusapartments, immer größer werden und die Flächenansprüche pro Person rasant gestiegen sind. 1990 standen jedem Bundesbürger noch knapp 35 Quadratmeter zur Verfügung, 2021 waren es fast 48 – das sind 37 Prozent mehr.[8] Fuhrhop schreibt 2015: »Genau wie vor zwanzig Jahren leben auch heute gut achtzig Millionen Menschen in Deutschland. Doch während dieser Zeit stieg die Zahl der Wohnungen von 35 auf 41 Millionen. Wir bauten genug neue Wohnungen, um darin sämtliche Niederländer unterzubringen, obwohl die Zahl der Einwohner hierzulande stagniert.«[9] Warum wird so viel gebaut? Ein Grund ist der Individualismus, der zu einer Single-Kultur geführt hat. Das ist eine soziologische Erklärung, aber es gibt auch die ökonomischen Gründe: Gebaut wird, weil Banken und Bausparkassen gut daran verdienen, weil man nachhilft, wenn die Wirtschaft schwächelt, weil Versorgungswerke und Pensionskassen in Immobilien investieren, analysiert Fuhrhop. Weil Neubauen besser gefördert wird als Umbauen oder Wohnungstausch. Und weil Leerstand weder sanktioniert noch kreativ genutzt wird. Kurz: Weil eine vorausschauende und gemeinwohlorientierte Bodenpolitik fehlt.

Und so gefährdet der Flächenfraß weiterhin Ackerland und seltene Arten, wie ein anderes Berliner Beispiel zeigt: Ein Naturschützer hatte vor vielen Jahren ein Erweckungserlebnis, als seine S-Bahn in Pankow außerplanmäßig zum Halten kam. Durch das weit geöffnete Fenster hörte er ein schnarrendes Concerto grosso. Kreuzkröten! Ausgerechnet hier? So viele? Tatsächlich stellte sich heraus, dass Hunderte dieser seltenen Amphibien auf dem brach liegenden Gelände eines früheren Güterbahnhofs lebten. In seinen großen Pfützen und Senken hatten die Kreuzkröten, die aus ihren natürlichen Lebensräumen vertrieben wurden, Zuflucht gefunden. Unter anderem, weil der Klimawandel Teiche und Feuchtgebiete austrocknet oder Äcker in die Auen vorgedrungen sind. Nun kommt die streng geschützte Krötenart auch am Pankower Tor in Bedrängnis. Ein Möbelmarkt soll gebaut werden, und den genehmigte die Stadt angesichts etwa 100.000 fehlender Wohnungen und der verzweifelten Situation vieler Mieter nur im Paket mit einer großen Wohnanlage für 2000 Haushalte. Wo sonst soll sie entstehen, wenn nicht am dünner besiedelten Rand der Stadt, in Pankow? Um den Schutzraum für die Kröten zu erhalten, klagte der Naturschutzbund Deutschland NABU gegen dieses Bauprojekt. Erst im Oktober 2023 zeigten die Bauherren Kompromissbereitschaft.

Wohin man schaut: Überall kollidiert der Anspruch, dass immerzu neue Fläche »entwickelt« werden müsse, mit den anderen Flächenansprüchen, die in der Klima- und Biodiversitätskrise immer dringender werden. Um hier zu einer Lösung zu kommen und die systemimmanente Bodenungerechtigkeit zu verändern, ist eine grundsätzlich andere Bodenpolitik nötig. Der Stadtplaner und Architekt Carsten Jonas hat das in einer Fachzeitschrift auf den Punkt gebracht: »Vor allem Stadtplaner sind zeit ihrer Berufstätigkeit damit konfrontiert, dass durch ihr Tun der (Verkehrs-)Wert davon berührter Grundstücke exorbitant ansteigt.«[10] Wenn Planer aus Acker oder Weide Bauland machen, zahlen die Städte und Kommunen für die Erschließung der Flächen. Die Eigentümer aber werden ohne eigenes Zutun reicher. Auch wenn es keine transparente Statistik darüber gibt, wer in Deutschland wie viel Fläche besitzt, geht Jonas davon aus, dass »höchstens 800.000 Bodeneigentümer« von diesen Wertsteigerungen profitieren. Das wären weniger als ein Prozent der Bevölkerung. »Eine verschwindend kleine Minderheit wurde und wird durch diese Entwicklung maßlos reich«, schreibt Jonas, »und es bedarf schon einer ziemlichen Gleichgültigkeit, dies als normal anzusehen.« Die Entwicklung der Bodenpreise und der Mieten werde deshalb »die soziale Frage des 21. Jahrhunderts«.

Auch der Städtebau-Professor Stefan Rettich macht sich Sorgen: »Die konkurrierende Nachfrage treibt den Preis unaufhörlich an [...] Und mit der Innenentwicklung wächst der Druck auf die innerstädtischen Grundstücke noch weiter. Wenn sich aber auf den Flächen immer nur diejenige Nutzung durchsetzt, die die höchste Rendite erzielt – oder schlimmer noch: gar keine Nutzung stattfindet, weil auf reinen Wertzuwachs spekuliert wird –, dann wird sich in absehbarer Zeit ein irreversibles Ungleichgewicht einstellen«, warnte Rettich im Jahr 2021[11], also genau zu der Zeit, als in Berlin Stimmen für den Volksentscheid »Deutsche Wohnen und Co enteignen« gesammelt wurden. Zwei Jahre später heißt es im Berliner *Tagesspiegel*: »Berlins explodierende Bodenpreise machen Wohnungsbau unbezahlbar«, 2008 kostete ein Quadratmeter 200 Euro, fünfzehn Jahre später 1733 Euro, mehr als acht Mal so viel.[12]

In der Hauptstadt hat der Senat diese Entwicklung zu seinem eigenen Schaden selbst mit angeheizt, indem er landeseigene Grundstücke immer nur an den Meistbietenden verkaufte, ohne Auflagen für die Bebauung. »Die Stadt als Beute« hat der Filmemacher Florian Opitz seine Doku-Serie »Wem gehört Berlin« für arte und den rbb deshalb betitelt. Darin zeigt er die Folgen des sorglosen Ausverkaufs der landeseigenen Flächen Berlins nach der Finanzkrise 2008. Die ausländischen Investoren konnten ihr Glück kaum fassen, wie günstig man im Vergleich zu anderen Städten in Europa, den USA oder Asien an Häuser, Wohnungen und Grundstücke in dieser hippen Stadt kommen konnte. Ob die Wohnungen radioaktiv verseucht seien oder warum die so billig seien, fragt einer der Investoren im Film. Die billigen Mieten und die Berliner Club-Szene hatten KünstlerInnen und Startups aus der ganzen Welt nach Berlin gezogen. Und in Folge dann auch Investoren. Viele Clubs und andere Kultureinrichtungen wurden verdrängt oder mussten schließen, von den Mietern ganz zu schweigen. Gentrifizierung wird dieser Prozess genannt, und er ist die logische Folge, wenn kommunale Entscheider kurzfristige Gewinne einer verantwortungsvollen Bodenpolitik vorziehen.

In vielen urbanen Zentren können sich die Menschen, die das Leben in den Städten erst ermöglichen – Krankenpfleger, Polizistinnen, Erzieher –, die Mieten nun nicht mehr leisten. Studierende campieren in Wohnwagen, weil sie kein bezahlbares Zimmer finden. Rentner werden aus ihren Wohnungen verdrängt und aus Stadtvierteln, die ihnen Heimat waren und sozialen Halt gegeben haben. Halt, der gerade im Alleinsein des Altseins so wichtig ist. Mittlerweile gibt es auch in Berlin und anderen deutschen Großstädten am Stadtrand Gettos, in denen sich die Verlierer des wirtschaftlichen Booms zusammendrängen, wie in Frankreich, England und den USA schon lange. Für den Zusammenhalt einer Gesellschaft ist das ruinös. Die Erfahrung, sein Zuhause zu verlieren, verunsichert existenziell. Sie lähmt oder radikalisiert viele Menschen, weil sie ihnen das Vertrauen entzieht, gut aufgehoben zu sein, dazuzugehören. Sie verlieren den Boden unter den Füßen.

Aus all diesen Gründen werden Stimmen in der Politik und in Expertenkreisen, die eine Besteuerung des Faktors Boden fordern, lauter. Einer dieser Experten ist Ottmar Edenhofer, Direktor und Chefökonom des Potsdam-Instituts für Klimafolgenforschung (PIK). Für ihn treibt der Boden die Ungleichheit in den Städten ebenso wie auf dem Land voran, und auch dort stelle er eine Herausforderung für das 21. Jahrhundert dar – als »der knappe Produktionsfaktor« (siehe Kapitel 9).

Die Schwammstadt

Das seit Jahrzehnten ungelöste Flächenproblem verschärft sich durch die multiplen Krisen, mit denen wir konfrontiert sind. Vor dem Hintergrund einer rasanten Klimaveränderung stellt sich nicht nur die Frage nach der Verteilungsgerechtigkeit, sondern auch diese: Wie müssen die Städte in Zukunft umgestaltet werden, um ein erträgliches Leben in kommenden Hitzesommern zu ermöglichen? Wie können noch mehr Hitzetote verhindert werden? Wie muss gebaut oder umgebaut, die Landnutzung verändert werden, damit die erwarteten Extremhochwasser nicht zu tödlichen Gefahren werden? Müssen sich die Städte auch um Ernährungspolitik kümmern, weil unsere aktuellen Ernährungsgewohnheiten nicht nur dem Klima schaden, sondern auch immer mehr Menschen krank machen? Wie bekommt man den Feinstaub aus der Luft? Reicht das Wasser? Können auch Städte dazu beitragen, das Aussterben von Arten zu verlangsamen? Ist Urban Gardening die Lösung?

Die Stadtverwaltungen überall in der Republik stehen – bei akutem Personalmangel – vor gewaltigen Anpassungsleistungen. Es gibt längst viele gute Vorschläge für klimaresiliente und gemeinwohlorientierte Städte der Zukunft, aber auch dieses Ziel beansprucht Fläche – für Kaltluftschneisen, neue Grünflächen, Wasserreservoire, urbane Gärten –, und es gibt bislang keinen Plan, woher diese Flächen kommen sollen.

Im Oktober 2023 hat der Leiter des Potsdam-Instituts für Klimafolgenforschung Johan Rockström Alarm geschlagen: Wovor Klimaforscher jahrelang gewarnt hätten – mehr Extremwetter, Starkregen, Hitze, Dürre – sei nun eingetreten, und zwar schneller und heftiger, als die Forscher erwartet hätten. 2023 seien weltweit Klimarekorde gebrochen worden. Was jetzt komme, sei Neuland für die gesamte Menschheit.[13] Wir verlieren unsere klimatische Heimat, warnt sein Kollege, der Klimaforscher Hans Joachim Schellnhuber. Das bedeutet: Wir haben unsere Städte für Klimazonen gebaut, die sich komplett verändern.

Die erste Gefahr ist die Hitze: Städte können an heißen Tagen bis zu zehn Grad wärmer werden als das Umland. Nachts kühlen sie nur wenig ab, weil die urbanen Materialien, Asphalt, Beton und Glas, die Hitze lange speichern.[14] Deshalb gibt es in unseren Städten drei Mal so viele Tropennächte, in denen es auch nachts wärmer als 20 Grad bleibt, wie auf dem Land. Wissenschaftler nennen das den urbanen Hitzeinsel-Effekt. Er verursacht gesundheitliche Probleme und verstärkt sich selbst. »Bei Hitze sterben acht bis zwölf Prozent mehr Menschen«, warnen Mediziner der Deutschen Allianz Klimawandel und Gesundheit, KLUG.[15] Doch die deutschen Städte seien darauf noch immer nicht vorbereitet, es brauche Aufklärung für Risikogruppen, Notfallpläne, wie viele französische Städte sie längst haben, und Gebäudeanpassungen. Je heißer es wird, desto mehr Menschen benutzen Klimaanlagen, die durch ihre Abwärme wiederum die Luft in den Städten noch heißer macht, laut Studien steigen die Temperaturen dadurch bis zu zwei Grad.[16] Die Internationale Energieagentur befürchtet, dass Klimaanlagen den Stromverbrauch – und damit die Emissionen – in den nächsten Jahrzehnten deutlich nach oben treiben werden.

Wenn Klimaanlagen die Hitze paradoxerweise noch verschlimmern, dann braucht man umso mehr biologischen Klimaschutz, also Grünflächen und vor allem Bäume, die im Sommer Wasser aus tiefen Bodenschichten aufsaugen und verdunsten und dabei die Luft kühlen. Aber Hitze, Wasserknappheit, Versiegelung und Verschmutzung machen den Bäumen in den Städten auch zu schaffen. Damit neu gepflanzte Bäume überleben, brauchen sie gute Bewässerung oder – besser – offenen, unversiegelten Boden, und der ist in den meisten Straßen knapp, wenn es ihn denn überhaupt gibt.

Wasser ist die andere große Herausforderung, mit dem Boden unmittelbar verbunden. Wolkenbrüche werden in Zukunft häufiger und heftiger werden, die Städte müssen sich auf Regenfälle in nie gekanntem Ausmaß einstellen und kaum eine Kanalisation ist darauf vorbereitet. Auch hier schlagen Städteplaner eine Lösung vor, die Fläche fordert: die sogenannte Schwammstadt. Hier wird das Regenwasser nicht in Gullys geleitet, man lässt es an möglichst vielen Stellen dezentral in großen Mulden und Niederungen versickern. Das lässt sich mit unterirdischen Wasserspeichern, den sogenannten Rigolen, kombinieren. Sie nehmen bei starkem Regen schnell Wasser auf und geben es langsam weiter. Längst gibt es gute Beispiele für so eine klimaangepasste Stadtplanung, etwa das Quartier Rummelsburger Bucht in Ostberlin. Dort wurden Gebäude mit begrünten Dächern und lang gezogenen grünen Mulden zwischen den Häusern so kombiniert, dass der gesamte Niederschlag im Boden verschwindet und das Quartier ohne die üblichen Regenwasserrohre auskommt. Das Konzept funktioniert: Regen versickert und verdunstet nach und nach und kühlt dabei die Umgebungsluft. In der Rummelsburger Bucht ist es an heißen Tagen kühler als in anderen Vierteln, in denen die Stadt die Hitze aufsaugt und das Wasser abweist. Es ist natürlich leichter, solche Maßnahmen in einer neu gebauten Siedlung zu nutzen als dort, wo die Straßenschluchten schon lange dicht zugebaut sind. Das Prinzip Schwammstadt als doppelter Schutz gegen Hitze und Überschwemmung ist eine zwingende Klimaanpassung – doch ihre Umsetzung scheitert, wenn man nicht auf die Flächen zugreifen kann. Auch für Wind- und Klimaschneisen müssten Böden wo immer möglich entsiegelt werden.

In Zukunft sollen Kommunalpolitiker und -beamte bei ihren Planungen deshalb angehalten werden, den Rückbau von versiegelten Flächen in Erwägung zu ziehen: So steht es im Entwurf für ein Klimaanpassungsgesetz[17], das die Bundesregierung im Juli 2023 zur Diskussion gestellt hat und das im Oktober im Bundestag beraten wurde. Doch die konkreten Formulierungen sind noch immer wachsweich. Da »sollen« die »Träger öffentlicher Aufgaben« nur »darauf hinwirken«, dass »bereits genutzte Böden, deren Versiegelung dauerhaft nicht mehr für die Nutzung der Böden notwendig ist«, wiederhergestellt werden, »soweit dies erforderlich und zumutbar ist«. Politischer Veränderungswille sieht anders aus. Und das liegt auch daran, dass die einzelnen sozialen Bewegungen, seien es jene für bezahlbare Mieten oder für mehr Naturschutz in der Stadt, noch nicht erkannt haben, dass ihre Forderungen einen gemeinsamen Grund haben: den Boden. Unter dem Pflaster liegt der Strand, so lautete ein Sponti-Spruch in den Siebzigerjahren. Heute müsste es umso mehr heißen: Unter dem Pflaster liegt der Boden. Bodenschützerinnen und Raumplaner haben beim 5. Bodenschutzsymposium des Berliner Umweltsenats gefordert[18], endlich die Kühlleistung des Bodens zu nutzen, um die urbanen Hitzeinseln, die besonders stark versiegelten Teile der Stadt, zu kühlen und dafür Flächen zu entsiegeln. Das Gute: Das funktioniert schon auf kleinen Flächen. Und es hat einen doppelten Nutzen, denn entsiegelte Böden können Humus aufbauen und Kohlenstoff speichern. Ein Potenzial, das noch längst nicht ausgeschöpft ist.

In der Stadt ist der Boden unter der Versiegelung vielmehr auch noch geschunden und belastet: Das Berliner Wasserwerk Tegel hat Ende 2019 auffallend hohe Werte der gefährlichen per- und polyfluorierten Chemikalien (PFAS) gemessen, die sich in der Umwelt quasi nicht abbauen und deshalb als Ewigkeits-Chemikalien bezeichnet werden. Sie finden sich in beschichteten Pfannen, in Kosmetik, wasserabweisenden Textilien – und im Löschschaum der Feuerwehr. Auf der Suche nach der Quelle des Gifts im Trinkwasser nahmen die Wasserwerker Proben rund um den ehemaligen Flughafen Tegel im Nordwesten Berlins und rekonstruierten, dass die Flughafenfeuerwehr Löschübungen auf einem unversiegelten Boden am Waldrand veranstaltet hatte. Gut für die Sicherheit, aber schlecht für das Grundwasser. Vom ehemaligen Standort des Übungs-Löschflugzeugs aus sickern die PFAS-Gifte langsam nach Westen – auf eine Reihe von Wasserbrunnen zu, die sogenannte Galerie West. Das Wasser aus den am höchsten belasteten Brunnen wird nun in eine Reinigungsanlage geleitet, wo Sand, Eisen, Mangan und Aktivkohlefilter helfen, die Gifte aus dem Wasser zu filtern. Das gereinigte Brunnenwasser wird anschließend nicht als Trinkwasser genutzt, sondern versickert wieder im Boden.

Das ist nur ein Beispiel für die teuren Folgen eines sorglosen Umgangs mit dem Boden. Außer den PFAS-Spuren in den Wasserbrunnen rund um Tegel gibt es in den Böden der Hauptstadt und auch in denen im Rest der Republik jede Menge andere Altlasten, zum Beispiel unter aufgelassenen Gewerbe- und Fabrikgeländen, aber auch unter Häusern, in denen chemische Reinigungen betrieben wurden. Obwohl das Land Berlin in den letzten Jahren mit viel Aufwand die größten dieser vergifteten Böden saniert hat, den Ernst-Thälmann-Park am Prenzlauer Berg etwa oder die ehemalige Chemiefabrik Kanne in der Nähe des Wasserwerks Johannisthal, stehen noch immer mehr als 11.000 Flächen allein in der Hauptstadt unter Altlasten-Verdacht.[19] Unter dem Pflaster, so scheint es, liegt nicht nur der Strand oder der Boden, sondern eine unsichtbare Gefahr, die niemand ahnt, wenn er durch die schick sanierten Viertel geht. Die gefährlichen Stoffe bewegen sich mit den unsichtbaren Grundwasserströmen und hinterlassen den kommenden Generationen das kostspielige Erbe, Brunnenwasser auf Tausende verschiedene Gefahrenstoffe testen zu müssen.

2023 haben die Experten der Berliner Senatsverwaltung für Umwelt eine neue Bodenschutzkonzeption für das Land Berlin erarbeitet, in der die Altlastenbearbeitung forciert und der Bodenschutz in Bildung und Öffentlichkeitsarbeit verankert werden soll. Wertvolle Böden sollen vor Versiegelung geschützt und die Neuversiegelung begrenzt werden. Das ist eine Verschiebung der Perspektive in die richtige Richtung. Viele Jahre haben sich die Bodenschutzabteilungen der Verwaltungen auf die Sanierung von Altlasten konzentriert. Sie haben gefährliche Stoffe nach Schadstoffklassen geordnet wie PAK, polyzyklische aromatische Kohlenwasserstoffe, oder BTEX, leichtflüchtige aromatische Kohlenwasserstoffe wie Benzol, sie haben studiert, wie sie sich im Boden und Grundwasser verhalten, und sich deutschlandweit darüber ausgetauscht, wie den Gefahren am besten begegnet werden kann. Inzwischen blickt man immer öfter über den Bodenrand hinaus und fordert mehr Vorsorge. Das Referat Bodenschutz, in der Senatsverwaltung für Mobilität, Verkehr, Klimaschutz und Umwelt angesiedelt, stellt jetzt in einer Datenbank Flächen zusammen, auf denen Asphalt und Beton aufgerissen werden könnten. Daraus, so die Idee, sollte ein Entsiegelungsprogramm für die Hauptstadt werden. Das Ziel: mit einer Flächenkreislaufwirtschaft auf netto null zu kommen. Es wird spannend, wie darüber im Abgeordnetenhaus entschieden wird, dessen Mehrheit am Ausbau der Autobahn und am Vorrang des Autoverkehrs noch festhält. Dass der Umgang mit Böden und Flächen neu ausgehandelt werden muss – auch in den Städten –, erscheint immer dringlicher. Wohnungen bauen und Grünflächen erhalten: beides muss zusammengedacht werden im Interesse von Gerechtigkeit und Klimaschutz. Und zwar schnell, bevor alles, was man dafür braucht, immer teurer wird.

8
GLOBALE LANDNAHMEN

Agrarland, Wasser und Bodenschätze sind begrenzt. Weltweit werden die Konkurrenzkämpfe härter

Im Januar 2022 treffen sich 68 Agrarminister aus aller Welt in Berlin. Am Rande der Grünen Woche findet wie alle Jahre das Global Forum for Agriculture (GFFA) statt. Thema ist diesmal der Boden, dazu geben die Regierungen eine Erklärung ab: »Wir betonen, dass gesunde Böden für die Bewältigung der globalen Herausforderungen unserer Zeit von zentraler Bedeutung sind«, so heißt es in dem Communiqué. Es folgt ein »Aufruf zum Handeln«, in dem ein Bodenmanagement, das Klimaschutz, Klimaanpassung, Wasserkreisläufe, Biodiversität und einen fairen Zugang zu Land in den Blick nimmt, gefordert wird.

Es ist ein weiteres Beispiel für ein frappierendes Missverhältnis, das auch international allgegenwärtig ist: Auf der einen Seite gibt es das politische Bekenntnis zum Schutz der existenziellen Ressource Boden, in Deutschland, in Europa, den Vereinten Nationen. Auf der anderen Seite befördern die meisten der Unterzeichnerstaaten die Zerstörung ebendieser Ressource, indem sie andere politische und wirtschaftliche Prioritäten setzen.

Und das obwohl rund 800 Millionen Menschen akut Hunger leiden. Obwohl diese Zahl seit sieben Jahren steigt, im krassen Widerspruch zu dem verhandelten Nachhaltigkeitsziel der UN, nach dem sie sinken sollte. Obwohl zwei Milliarden Menschen zu wenig zu essen haben oder sich so einseitig ernähren, dass Kinder sich nicht gut entwickeln können und Erwachsene unter chronischen Mangelkrankheiten leiden. Das heißt: einem Viertel der Weltbevölkerung fehlt es an ihrer wichtigsten Lebensgrundlage – nicht nur, aber auch, weil der Boden falsch bewirtschaftet wird, vertrocknet oder erodiert ist, nicht mehr genug hergibt, weiter versiegelt wird und ungerecht verteilt ist.

Offenbar müsse man die Not des Hungerns selbst erlebt oder vor Augen haben, um den Wert des Bodens und anderer natürlicher Ressourcen ernsthaft schätzen zu können, so wie die Bauern in ärmeren Ländern, meinte Hubert Weiger, langjähriger Präsident des Bundes für Umwelt und Naturschutz, mit einiger Bitterkeit bei einer Veranstaltung 2023 in Berlin. Der 77-jährige Forstwissenschaftler aus Bayern ist in der Nachkriegszeit aufgewachsen, als die Erfahrung, nicht genug zu essen zu haben, noch allgegenwärtig war, zumindest in den Erzählungen der Eltern.

Heute ist die Sorge größer, dick zu werden, heute gilt Überfluss als normal. Eine übersättigte Gesellschaft verschwendet ein Drittel ihrer Lebensmittel auf dem Weg vom Feld zum Teller[1] und wirft auch zu Hause viel zu viel in die Tonne. Allein in Deutschland hat jeder Bundesbürger im Jahr 2020 durchschnittlich 78 Kilo Brot, Gemüse und Nudeln pro Jahr weggeschmissen[2]. Die Obstwirtin und Bodenpolitik-Aktivistin Gesine Langlotz, obwohl zwei Generationen jünger, sieht das Problem ähnlich wie Hubert Weiger: Das Desinteresse am Boden rühre daher, »dass wir in einer absoluten Wohlstandsgesellschaft leben«, sagt sie. »Und natürlich ist es ein Desaster, wenn sich auch in diesem reichen Land nicht alle bis zum Ende des Monats Essen leisten können – aber insgesamt sind hier die Regale immer voll seit Jahrzehnten, und das ist Normalität geworden.« In anderen Teilen der Welt hingegen, »da sind die krassesten sozialen Bewegungen solche zu Landwirtschaft und den Rechten von LandarbeiterInnen und Landlosen«, sagt Langlotz. »Und wenn ich darüber lese, dann frage ich mich immer: Muss es wirklich erst scheppern, so richtig doll, bis den Leuten auch in Mitteleuropa klar wird: Wir sollten uns mal um

Landwirtschaft und die Böden kümmern?«[3] Und nicht nur um sie, sondern auch um den Grund, um die Fläche.

Denn alle bisher geschilderten Bedrängnisse gelten weltweit. Auch wenn wir uns in diesem Buch auf Deutschland konzentrieren: Über Böden und Flächenkonflikte hierzulande kann man nicht schreiben, ohne Flächenkonflikte und Böden anderswo mitzudenken. Die Weltgesellschaft ist über Naturkreisläufe, Märkte und Medien komplex vernetzt. Sie hat sich auf gemeinsame Nachhaltigkeitsziele verpflichtet. Und wenn diese erreicht werden sollen, dann müssen sich besonders die Industrienationen, die für die globalen Ungleichgewichte verantwortlich sind, dringend verändern.

Denn in vielen anderen Weltregionen »scheppert es« bereits. Im globalen Süden werden Kriege um Land geführt, Menschen vertrieben. In Asien, Südamerika und Afrika sind aufgrund der klimatischen Bedingungen artenreiche Wälder entstanden, die für den Anbau agrarischer Rohstoffe, die dort schnell wachsen, wie Baumwolle, Mais, Soja, Zuckerrohr oder Palmöl, gerodet werden. Zugleich liegt im Boden dieser Kontinente ein großer Teil der mineralischen Bodenschätze. Bäume werden auch gefällt, um Gold, Diamanten, Erdöl, Coltan oder Lithium abzubauen zu können. In Brasilien ließ Jair Bolsonaro, der 2022 abgewählte Präsident, die eigentlich illegale Rodung des Regenwalds sogar noch staatlich befeuern – gegen Kleinbauern, die ihr Ackerland verteidigen, gegen Indigene, deren Lebensgrundlage die Flüsse und Wälder bedeuten. Zahlreiche Studien belegen, dass die einheimischen Gruppen natürliche Ressourcen und die Artenvielfalt nach ihren Gesetzen und Regeln am besten schützen. Doch überall im globalen Süden kämpfen Indigene um Zugang zu ihrem Land, sie ziehen gegen Agrar- oder Minenkonzerne vor Gericht, oft unter Einsatz ihres Lebens. Im Jahr 2022 wurde jeden zweiten Tag ein Aktivist von einem Polizisten, von Paramilitärs oder Kriminellen ermordet oder fahrlässig bei Streitigkeiten getötet. Seit 2012 starben insgesamt 1910 Menschen in Umweltkonflikten, 88 Prozent davon in Lateinamerika, die meisten in Kolumbien und Brasilien.[4] Und das sind nur die

»Fälle«, die von Global Witness recherchiert und dokumentiert wurden. »Das Essen auf unserem Teller, der Ring an unserem Finger und das Holz, aus dem unsere Möbel sind«, mahnt diese Recherche-Organisation, »allzu oft steht hinter den Dingen, die wir jeden Tag benutzen, eine Realität der Gewalt.«[5]

Auch Europas Konsumenten sind – meist ohne dass es ihnen bewusst ist – Treiber dieser Konflikte. »Das Essen auf unserem Teller«: Es wächst zu zwei Dritteln auf anderen Kontinenten. Importiert werden Bananen und Ananas, aber auch Gemüse, damit es das ganze Jahr über in den Regalen liegt; es wird oft auf Kosten der Wasserressourcen in Afrika oder Südamerika erzeugt. Auch Futtermittel, vor allem Mais und Soja, werden zum Großteil importiert. Dadurch gehen nicht nur Wälder verloren und Kleinbauern werden verdrängt, die Böden erodieren auch durch hohen Einsatz von Agrarchemikalien. Rund 80 Prozent der weltweiten Entwaldung sind auf die Expansion der Landwirtschaft zurückzuführen. Und auch wenn mit den Produkten vor allem amerikanische und asiatische Märkte beliefert werden, gehen immerhin rund zehn Prozent in die EU.[6] »Importierte Zerstörung«[7], so nennt das der Kritische Agrarbericht.

Importe für Biosprit sind in Europa immerhin beschränkt worden, und die E-Mobilität wird diese meist nur vermeintlich klimaschonende Treibstoff-Alternative noch stärker verdrängen. Doch Elektrofahrzeuge üben wie die neuen Infrastrukturen der Digitalisierung und auch der Energiewende, wie Computer und Handys weiteren Druck auf die Böden und Flächen aus. Ihre Herstellung ist auf Metalle, seltene Erden und mineralische Rohstoffe angewiesen, die ebenfalls vor allem aus den Böden des Südens kommen. Und auch wenn es mittlerweile Nachhaltigkeitsvorschriften gibt und Gesetze, die Menschenrechtsverletzungen und Umweltzerstörung in der Lieferkette ahnden: bis diese umgesetzt sind, wird noch viel Zeit vergehen. Zeit, in der weiter um Land gestritten wird. Virgilio Arana aus dem Amazonasgebiet Venezuelas ist ein Opfer solcher Konflikte. Er wurde erschossen, weil er das Territorium seines Volkes, der Uwottüja, gegen illegale Minen und das Agrobusiness verteidigen wollte. Laut Global Witness bekundete Arana eine Wahrheit, die Indigene unmittelbar erleben, die aber für uns alle gilt: »Ohne Land verschwinden wir.« Genauer gesagt: ohne Boden.

Die globale Ausbeutung hat eine lange Geschichte. Seit 500 Jahren und bis weit ins 20. Jahrhundert hinein dienten koloniale Unterdrückung und Kriege dazu, die Gebiete der Nationalstaaten auszuweiten. Hitler hat das mit seinem Wahn vom »Volk ohne Raum« auf die Spitze getrieben. Nach dem Krieg ist man der Knappheit an Land mit der Entwicklung neuer Technologien begegnet. Die Grüne Revolution etwa, die mit neuen Saatgutzüchtungen, Dünge- und Spritzmitteln auf Grundlage billiger fossiler Energien die Erträge landwirtschaftlicher Rohstoffe steigerte, sollte eine wachsende Bevölkerung auf Flächen ernähren, die nicht mitwuchsen. Seit den 1980er-, spätestens 90er-Jahren relativierten dann die politisch erzwungenen Marktöffnungen und die Liberalisierung des Agrarhandels das Problem nationaler Engpässe von Land auf (scheinbar) friedliche Weise. Knappheiten »begannen zu verschwimmen«, heißt es im Bodenatlas der Heinrich Böll Stiftung, »denn es schlug die Stunde der großen Agrar-Handelsunternehmen«.[8] Nur vier von ihnen beherrschen den Weltmarkt – Bunge, Cargill, Louis Dreyfus und ADM. Mit ihren weltweiten Niederlassungen und einer Transportlogistik, die viele Millionen Tonnen Fracht bewegt, bringen sie vor allem landwirtschaftliche Rohstoffe aus den Ursprungsländern in die Zentren der Verarbeitung und des Konsums, die meist im globalen Norden liegen. Die reichen Länder dort können somit Agrarflächen außerhalb ihrer Staatsgebiete nutzen. »Land, eigentlich immobil, ist zum flexiblen Produktionsfaktor geworden«, analysieren die Autoren des Bodenatlas. In Gegenrichtung fließen immer mehr verarbeitete Produkte aus dem Norden in die Herkunftsländer der Rohstoffe.

Der Ausgriff der Megacities

Diese Globalisierung, die den Verbrauch vom Boden weitgehend entkoppelt hat, schuf mit ihren Produkten zugleich eine uniforme Vorstellung von Wohlstand nach westlichem Bild. Auch das hat vielfältige Folgen für Land und Böden. Die Verheißungen der globalisierten Konsumkultur erreichen jeden über das Handy und locken die Menschen in die Städte, eine magische Anziehungskraft geht von ihnen aus. Sie macht es für junge Leute vom Land, deren Lebensumstände jahrzehntelang politisch vernachlässigt wurden, noch attraktiver, ihre Dörfer zu verlassen. »Stadtluft macht frei«: Das ist nach wie vor ein Motiv für Landflucht, ebenso der Arbeitsmarkt in der Stadt. Aber es ist auch die Hoffnung auf Laptops, Autos, angesagte Jeans, obwohl sie sich für die meisten Slumbewohner nie erfüllen wird.

So ist der Trend zur Urbanisierung ungebrochen: Seit 2008 leben weltweit mehr Menschen in Städten als auf dem Land. Bis zum Jahr 2030 werden nach einer Schätzung der Vereinten Nationen über fünf Milliarden Menschen und damit rund 60 Prozent der Weltbevölkerung in Städten leben.[9] Das Wachsen und die Ausbreitung der Metropolen im Süden ist seit vielen Jahren nicht nur eine Folge der Zuwanderung, sondern auch des Bevölkerungswachstums in den Städten selbst. Istanbul ist dafür ein eindrucksvolles Beispiel: Seit den 1980er-Jahren, also innerhalb von nur vier Jahrzehnten, ist die Zahl der Einwohner am Bosporus von rund 2,7 Millionen Menschen auf über 16 Millionen im Jahr 2023 angestiegen. Diese Entwicklung ging einher mit einer Neuausrichtung der türkischen Politik zu einer weitgehenden Öffnung der Märkte, die Immobilien auch für internationale Anleger immer attraktiver machte. Die Grundstückspreise stiegen enorm und mit ihnen wurden die Mieten für viele unerschwinglich. Einnahmen aus dem Besitz von Häusern gehören in der Metropole zu den renditeträchtigsten Verdienstquellen für Anleger, seien es wohlhabende Türken oder Investoren aus dem Ausland. Eine ähnliche Entwicklung zeigt sich in allen anderen Megacities. Wie in Istanbul, so in Delhi, Kairo, Chongqing, Manila, São Paolo, Lagos, und so fort.

Auch wenn in den Zentren dieser urbanen Gebilde eine neue Hochhaus-Moderne in den Himmel wächst: Sie greifen immer mehr Raum. Die informellen Siedlungen der Ärmsten wachsen oft ungesteuert ins Umland. Zugleich ziehen die besser gestellten Schichten aus den verdichteten, smog- und verkehrsgeplagten Zentren ebenfalls raus, in Vororte, wo die Luft besser ist und es mehr Platz für Grünflächen gibt. Agrarland wird asphaltiert zu Siedlungsland, Bauland, Straßenland, Industrieland. Während Städte heute nur ein bis zwei Prozent der Erdoberfläche in Anspruch nehmen, werden sie 2050 etwa vier bis fünf Prozent belegen. Das entspricht einer Steigerung von 250 Millionen Hektar auf 420 Millionen Hektar. Land, sehr viel Land.

Und die Grundstückspreise und Mieten steigen weiter, die soziale Spaltung verstärkt sich: Auf der einen Seite die Viertel der Reichen, die mit Straßen für private Fahrzeuge, Schulen, ausreichend Wasseranschlüssen und mit Einkaufs- und Amüsierzentren nach US-amerikanischem Vorbild bestens versorgt sind. Auf der anderen Seite breiten sich, manchmal unmittelbar nebenan, Armen- und Elendsviertel aus, in denen die Menschen oft kein fließendes (Trink-)Wasser und keinen Strom haben, weder sanitäre Anlagen noch Kanalisation. Busse und Müllentsorgungsfahrzeuge kommen selten vorbei.

Armensiedlungen liegen oft auf Hügeln, an Hängen oder nahe der Küste, also an Standorten, die zum Beispiel bei Starkregen in besonderem Maße gefährdet sind. So trifft der Klimawandel die Schwächsten besonders heftig. Darüber hinaus schüren Städte auch ursächlich die Klima-Ungerechtigkeit. Der hohe Bedarf an Wasser, Energie und Rohstoffen, den Häuser, Industrien und Gewerbe mit sich bringen, steigert überproportional die Kohlendioxidemissionen, von deren Folgen die Ärmsten am meisten betroffen sind. Zudem beanspruchen Städte für ihre Ausbreitung nicht nur direkt Flächen, sondern auch indirekt, um die Versorgung der Bevölkerung mit Nahrungsmitteln, Industriegütern, Konsumwaren und Baustoffen zu gewährleisten. Beispiel Bauen: Indien, das bevölkerungsreichste Land der Welt, bräuchte in den nächsten dreißig Jahren Häuser für 400 Millionen Menschen. Auch andere asiatische Länder und allen voran China mit seinen Megacities sind bei einem Bauboom dabei, dessen architektonischer Einheitsstil schnell und billig Unterkünfte und Entwicklung ermöglichen soll. Das erfordert Baumaterial, das wiederum Flächen für seine Herstellung erfordert – auch da sind schlaue und nachhaltige Lösungen gefragt.

Die Turbo-Verstädterung fordert mehr Flächen

Ein weiterer Faktor, wie die globale »Turbo-Verstädterung«[10] die Landnutzung beeinflusst, ist die Veränderung der nationalen und lokalen Esskulturen und ihre Anpassung an die westliche Ernährungsweise, die wesentlich flächenintensiver ist: 1,3 Hektar beansprucht ein durchschnittlicher Europäer jedes Jahr für die Erzeugung der Lebensmittel, die er konsumiert, sechs Mal mehr als eine Person in Bangladesch. Zugleich fordern industriell hergestellte, gleichförmige Lebensmittelprodukte große Mengen an Rohstoffen und das befördert großflächige, intensiv bewirtschaftete Agrarstrukturen.

Das geht auf Kosten der Kleinbauern, die vor allem in Afrika noch immer ein, oft zwei Drittel der Bevölkerung ausmachen. Über Afrikas Zukunft werde zwar immer gesagt, sie sei eine Zukunft der Kleinbauern, erklärte im Februar 2023 Akinwumi Adesina, Präsident der Afrikanischen Entwicklungsbank (AfDB), auf einer Tagung im Senegal, die private Investoren auf den Kontinent locken sollte.[11] Aber diese Kleinbauern verfügten eben nicht über »die effizientesten Unternehmen«. Sie hätten kein gutes Standing bei Verhandlungen und nicht genug Geld, das sie in Infrastruktur, Technologien und die Erschließung von Märkten investieren könnten. »Deshalb brauchen wir größere Unternehmen«, sagte Adesina, »bei denen können wir Kapital besser einsetzen, und sie sind auch für privates Kapital attraktiver.«

Was Adesina nicht sagt, ist, wovon die vermeintlich überflüssig gewordenen, verdrängten Kleinbauern in Zukunft sonst leben sollen.

Auch viele Entwicklungsökonomen fordern Investitionen in die Landwirtschaft der Entwicklungsländer – zu Recht. Aber die zentrale Frage ist: In welche Landwirtschaft? Die bislang weltweit propagierte Agroindustrialisierung mit Dünge- und Spritzmitteln nach dem alten Vorbild der Grünen Revolution hat, gelinde gesagt, auf dem afrikanischen Kontinent wenig Erfolge zu verzeichnen. Die Alliance for a Green Revolution in Africa, AGRA, die 2006 von der Bill and Melinda Gates Stiftung und der Rockefeller Stiftung gegründet und von Regierungen und Agrarkonzernen unterstützt wurde, gestand sogar selbst ein, ihre damals selbstbewusst vorgebrachten Ziele – bessere Ernten, mehr Wohlstand für die Bauern – nur bedingt erreicht zu haben.[12] Laut einer Studie der Tuft Universität in den USA stiegen die Erträge nur bei Mais, dafür sanken sie aber bei Sorghum und anderen Pflanzen, die regional viel besser angepasst waren. Trotzdem setzen Entwicklungsfinanziers, von Stiftern wie Bill Gates bis zu den Entwicklungsbanken, weiter auf Agrarstrukturen, die denen der Industrieländer ähneln. Dabei scheint die Ernährungssicherheit der Bevölkerung im jeweiligen Entwicklungsland weniger eine Rolle zu spielen, als dass weiter Rohstoffe für den Export angebaut werden. Dafür spricht zumindest Adesinas Plädoyer: »Landwirtschaft muss Afrikas neues Öl werden.«

Dazu kommt: Für große Investitionen in die Landwirtschaft braucht man eben viel Land. In der Vorstellung der Investoren ist es in den ungenutzten Weiten Afrikas vorhanden, doch damit erliegen sie vielerorts einer Illusion. Es gibt wenig Land, das wirklich nicht genutzt wird. »Oft führen solche Investitionen dann zu Konflikten mit lokalen Gemeinschaften«, urteilt die Nichtregierungsorganisation GRAIN. Die Afrikanische Entwicklungsbank sei selbst in mindestens 14 Streitigkeiten wegen sozialer und ökologischer Probleme verwickelt.[13]

Misereor hat die Folgen großer Investitionen in Agrarland weltweit untersucht, und die beauftragten Autorinnen notieren viele bedenkliche Erkenntnisse[14]. Regina Neudert vom Institut für Dauerhaft Umweltgerechte Entwicklung von Naturräumen der Erde (DUENE) am Institut für Botanik und Landschaftsökologie in Greifswald und Lieske Voget-Kleschien, Klimaethikerin an der Christian-Albrechts-Universität Kiel, warnen, dass ein Großteil der untersuchten Flächen in Afrika für Energie- oder Rohstoffpflanzen genutzt worden seien, auf Kosten der Ernährung. Lokale Bauern und Hirten hätten nicht nur ihr Ackerland oder ihre Weiden verloren, sondern auch den Zugang zu Holz, Wasser oder Heilpflanzen, deren Herkunftsorte umzäunt und nicht mehr öffentlich zugänglich waren. Es gebe zwar in vielen Ländern mittlerweile gesetzliche Vorschriften, die Bauern und Hirten schützen und ihnen Rechte einräumen, aber diese seien »tendenziell ineffektiv, weil die praktische Umsetzung und Durchsetzung des Rechts häufig mangelhaft war«. Investitionsprojekte seien zum Beispiel immer wieder beschlossen worden, ohne die Zustimmung der Betroffenen einzuholen. Auch Allmenden oder Land, das gewohnheitsmäßig bewirtschaftet wurde, hätten Landarbeiterinnen, Hirten und indigene Gemeinschaften auf Dauer verloren.

Außerdem werden Geschäfte mit Land, die per Handschlag abgeschlossen werden und auf dem Versprechen basieren, die Ernährung zu sichern und den Bauern ein besseres Einkommen zu verschaffen, häufig nicht verwirklicht. Laut der Misereor-Studie von Neudert und Voget-Kleschien aus dem Jahr 2022 trifft das auf etwa die Hälfte der 399 untersuchten Fälle zu, und nur elf Prozent wurden tatsächlich landwirtschaftlich bewirtschaftet. Das hat unterschiedliche Gründe: Bei rund der Hälfte der gescheiterten Projekte stellte sich heraus, dass die Produktivität des Landes geringer war als erwartet. Bei anderen werden Sicherheitsprobleme, bürokratische und politische Hemmnisse oder ungewisse Märkte als Erklärung angeführt. Doch das Phänomen des Liegenlassens führen die beiden Autorinnen auch auf Spekulation zurück. Wenn Wasser- und Landknappheit sich verschlechtern, dann steigt auch der Wert von nutzbarem Grund und Boden. Darauf kann man wetten. Oder auch darauf, dass die eine Anlage im Vergleich zur anderen mehr bringt. Das verführt laut der Menschenrechtsorganisation FIAN viele, die über hohe Kontostände verfügen.[15] Pensionskassen beispielsweise legen weltweit Milliardensummen an, um Renditen für ihre Beitragszahler zu erwirtschaften. Sie wollen ihre Portfolios diversifizieren, suchen nach attraktiven, risikoarmen Anlagemöglichkeiten, und da gilt Land als sicheres Asset.

Die »nächste Frontier für Landnutzungskonflikte«

Landnahmen von außen, physisch oder finanziell, spiegeln aber in der heutigen multipolaren Welt nicht mehr nur die Machtverhältnisse zwischen Nord und Süd. Schwellenländer, reiche Öl- und andere Wüstenstaaten wollen ebenfalls mit Flächen anderswo ihren Wohlstand absichern – ja, ihre Existenz. Wegen der Bedrohungen von Krieg und Klimawandel schauen sich heute auch Interessenten aus Saudi-Arabien, aus Israel, der Türkei oder aus Indien auf anderen Kontinenten um: »Wandel wachsen lassen« (Cultivating change), so überschreibt der *Financial Express* in Indien seinen Bericht über die geplante Reise einer Delegation von Agrarexperten und solchen der Lebensmittelindustrie nach Paraguay. Ihr Plan sei »getrieben von der Aussicht darauf, Land zu kaufen und Agrarunternehmen zu starten.«[16] Hintergrund solcher Verhandlungen sind laut dem *Financial Express* die sinkenden Grundwasserspiegel und erratischen Monsunregenfälle in Nordindien, »dem Herz der nationalen Agrarproduktion«. Diese Klimaveränderungen verringern schon jetzt die Getreideproduktion, und sie werfen »einen Schatten auf die nationale Ernährungssicherheit«. Deshalb richteten die Verbände, die den ganzen Weg von der Agrarproduktion bis zum Ende der Verarbeitungskette repräsentieren, nun anscheinend ihren Blick auf Südamerika und sein »enormes landwirtschaftliches Potenzial«.

Dabei könnte erneut übersehen werden, dass das Land bereits genutzt wird. Und dabei kennt Indien Landkonflikte aus eigener Erfahrung. Streit um Ackerland, Bauland und Minen beschäftigen den Nationalen Obersten Gerichtshof in Neu Delhi in einem Viertel all seiner Fälle. Wie in Deutschland und aller Welt liegt nun ihre »nächste Frontier«[17], so die indische Zeitschrift *Mint*, entlang der Linie von Erzeugungsanlagen für erneuerbare Energien. Der Subkontinent hat von Gujarat bis Tamil Nadu schon viele Wind- und Solarparks errichtet, die Pläne für weitere zeigen noch deutlich mehr Ehrgeiz. Aus Sicht des Klimaschutzes ist das eine sehr gute Nachricht, denn es bedeutet, dass 1,4 Milliarden Menschen zukünftig weniger von Gas und Kohle abhängen werden. Aus der Perspektive der Bodenschützer und auch aus Sicht der bisherigen Landnutzerinnen sind Sonnen- und Windkraftwerke hingegen eine Bedrohung. Gegen einen Solarpark in Rajasthan von beinahe 1000 Hektar setzten sich die betroffenen Dorfgemeinschaften jetzt zur Wehr. »Orans«, so nennen sie das Gemeindeland, das sie für Viehzucht und Pflanzenbau nutzen. Es ist ihre Lebensgrundlage. Verbriefte Rechte haben sie meist nicht dafür, offiziell gehört solches Land meist dem Staat. Der hat es aber als Ödland eingestuft und den Solarpark genehmigt. Kompensation? Wäre das Land in Privatbesitz, dann hätten die vorherigen Nutzer Recht und Anspruch darauf. Doch bei Regierungsland ist die Lage unklar. Kein Landtitel, keine Ausgleichszahlungen. Dagegen klagten 2023 einige Bauern vor dem Gerichtshof Rajasthans. Das Projekt wurde erst mal gestoppt, um weitere Verhandlungen abzuwarten. Meist können es sich lokale Gemeinschaften sonst gar nicht leisten, vor Gericht zu gehen.

Dass solche Fälle in Indien nicht selten sind, erkennt man schon daran, dass Anlagenbauer davor gewarnt werden. Die Investmentgesellschaft abrdn etwa, eine Tochter der britischen Versicherungsgruppe Standard Life und nach eigenen Angaben »einer der größten aktiven Asset Manager der Welt mit mehr als 30 Standorten rund um den Globus«, empfiehlt Anlegern, die ihr Geld in indische Solar- und Windkraftwerke stecken wollen, ein »umfassendes Risikomanagement«: »Bei dem Bestreben, den Ausbau der erneuerbaren Energien zu beschleunigen, ist die Frage der Landrechte eine Herausforderung, die von vielen Investoren möglicherweise übersehen wird«, heißt es in einem Recherchepapier der Vermögensverwalter. Bei unklaren Rechtslagen würden Konflikte außerdem oft durch informelle Verhandlungen und Bestechungsgelder gelöst. Und wer will schon mit Korruptionsvorwürfen in Verbindung gebracht werden: »Reputationsschäden, negative Medienberichterstattung und Projektverzögerungen sind allesamt Risiken, die sich aus diesen Landkonflikten ergeben können.«[18]

Ähnliche Konflikte drohen für Solar- und Wasserstoffanlagen in Afrika, die Energie nach Europa liefern sollen. Sie bahnen sich außerdem an einer weiteren »next frontier« im globalen Süden an, bei der es noch härtere Zielkonflikte als in Europa geben wird: beim Naturschutz.[19] Das Montreal-Abkommen, das 30 Prozent der Land- und Meeresflächen für den Naturschutz vorsieht, wird zusätzliche Flächen benötigen, in denen sich die Biodiversität ungestört entfalten soll. Aber auch in diesen Gebieten leben meist Menschen, die Gegenden sind keineswegs unberührt.

Ein Beispiel sind die Regionen Loliondo und Ngorongoro im Norden Tansanias, sie grenzen an den berühmten Nationalpark. Dort will die Regierung Tausende von Massai aus ihren angestammten Weidegründen vertreiben. Die Rinderherden der Pastoralisten konkurrierten mit den wilden Gazellen, Zebras und Elefanten im Ngorongoro-Park um Tränken. Diese wilden Tiere sind aber auch Hauptdarsteller beim Fotoshooting der Touristen.[20] Die Umsiedlung geschieht nicht nur im Namen des Biodiversitätsschutzes, sondern auch des Naturtourismus. Wahrscheinlich steckt außerdem das Interesse von Großwildjägern aus Saudi-Arabien und anderen Staaten dahinter, die dafür gut zahlen. In diesem schon lange schwelenden Konflikt haben paramilitärische Banden Massai-Gruppen überfallen, bei Zusammenstößen zwischen Demonstranten und Polizisten gab es Tote auf beiden Seiten. Eine Delegation der Hirten reiste im Sommer auf Einladung mehrerer Nichtregierungsorganisationen durch Europa und ermahnte die Bundesregierung, bei Entwicklungsgeldern für den Naturschutz künftig genauer hinzuschauen. »Wenn Sie nicht garantieren können, dass Ihr Geld keine Menschenrechtsverletzungen unterstützt, dann behalten Sie es.«[21]

Und noch eine »nächste Frontier« bahnt sich an: die »naturbasierten Lösungen«, die über kluges Management Kohlenstoff in den Böden speichern und so Klimaschutz vorantreiben sollen. Das ist ein wertvoller Ansatz. Wenn die Gesellschaft die Arbeit an der CO_2-Sequestrierung als »Ökosystemdienstleistung« der Natur künftig bezahlt und sich dadurch Moore, Wälder, Auen- und Graslandschaften erholen, ja erneuern, dann stecken in den *nature based solutions* potenziell »Dreifachgewinne für Menschen, Klima und Natur«[22], wie ein Bericht des Bundesumweltministeriums und der Gesellschaft für Internationale Zusammenarbeit (GIZ) über das »Ökosystem Boden« zusammenfasst. Es ist auch gut, privates Geld in diese Aufgabe zu lenken, sei es über Emissionshandelssysteme oder auf andere Weise. Doch ob diese Landnutzungsmaßnahmen wirksam und glaubwürdig sind, hängt davon ab, wie man es anpackt. Schnell wachsende Holzplantagen können zwar CO_2 speichern, aber wenn es Monokulturen sind, können sie dem Artenschutz schaden. Die Kohlenstoffspeicherung und -sequestrierung in Böden und Wäldern kann bisher auch nur geschätzt, nicht minutiös berechnet werden. Zu große Hoffnungen sollte man darauf nicht setzen.

Diesem Problem sind einige globale Nichtregierungsorganisationen, das Waldforschungsinstitut CIFOR und Wissenschaftler mehrerer Hochschulen, unter anderem in Melbourne, Lund, Kopenhagen und Michigan, nachgegangen und haben 2022 den Land Gap Report (Bericht über Lücken bei den Landressourcen)[23] vorgelegt. Sie überprüften die nationalen Versprechen der Unterzeichnerstaaten im Rahmen des internationalen Klimaschutzabkommens auf die Frage: Wie viel Fläche würde benötigt, um all die Emissionsminderungen zu erreichen, die über biologische Kohlenstoffentnahmen erzielt werden sollen? Ergebnis: Es wären 1,2 Milliarden Hektar Land. Zum Vergleich: Die gesamte Ackerfläche weltweit beträgt rund 1,5 Milliarden Hekar. Eine derart hohe Zahl zeige, »dass die Klimaversprechen der Länder sich auf unrealistische Mengen für die landbasierte Kohlenstoffentnahme verlassen«, resümieren die Autoren, »zumindest könnten diese nicht ohne erhebliche negative Auswirkungen auf Lebensräume, Landrechte, Nahrungsmittelerzeugung und Ökosysteme erreicht werden«.

Hier bahnt sich also noch ein Flächenkonflikt an: Klimaschutz versus Nachhaltigkeit. Als Empfehlung mahnen die Autoren, dass die Länder statt eines überzogenen Sequestrierungsehrgeizes lieber mehr Kraft bei sicher berechenbaren Emissionsminderungen in anderen Sektoren wie Mobilität, Kühlung, Wärme und Stromerzeugung investieren sollten. Für die naturbasierten Lösungen sollten sie erst einmal deutlich machen, welche Prämissen ihren Angaben zugrunde liegen; ob sie zum Beispiel die Auswirkungen auf Eigentumsrechte überprüft hätten. Außerdem sollten sie Systemlösungen wie eine multifunktionale Landwirtschaft und den Schutz von Primärwäldern vor der Anlage von Plantagen Vorrang geben. Zu diesem Ergebnis kommen auch australische Autoren in der Fachzeitschrift *PLOS ONE*: Holzprodukte seien zwar während ihrer Lebenszeit Kohlenstoffspeicher, »aber ihr Beitrag zur Emissionsminderung ist klein und weniger effektiv, als intakte Wälder zu erhalten«.[24]

Michael Fakhri, derzeit UN-Sonderberichterstatter für das Menschenrecht auf Nahrung, bringt die Kritik auf den Punkt: »Landbasierte Vorschläge, der Atmosphäre Kohlenstoff zu entziehen, übersehen, dass es auf diesem Land auch Menschen und ihre Rechte gibt.« Wenn Politiker diese ignorierten, »dann fallen sie nicht nur hinter ihre Menschenrechtsverpflichtungen zurück, sondern sie verringern die Resilienz lokaler Gemeinschaften und indigener Völker gegenüber dem Klimawandel. Schadet man diesen Menschen, schadet man dem Land.« Statt Landgrab voranzutreiben, »um den Planeten zu retten«, sollten Politiker lieber »die Kraft der Menschenrechte nutzen, um Landrechte zu schützen«.[25] Auskunft darüber, wie das praktisch ginge, geben die Freiwilligen Leitlinien für die verantwortungsvolle Verwaltung von Nutzungsrechten an Land, Fischgründen und Wäldern

(VGGT), die vor zehn Jahren verabschiedet worden sind. Der Vorsitzende des Komitees für Nahrungsmittelsicherheit der UN, Gabriel Ferrero de Loma-Osorio, wirbt immer wieder dafür, dass die Regierungen und alle Akteure diesen globalen Rahmen nutzen. Denn auch hier gilt wieder: Die Umsetzung lässt auf sich warten. Es gibt nur wenige Beispiele wie jenes, das von dem kenianischen Landkreis Kakagema ausging: Dort haben die Bürger, unterstützt vom deutschen Thinktank TMG, gemeinschaftlich in einem geduldigen Prozess Richtlinien für die Verpachtung von Land erarbeitet, die »land lease guidelines«. Sie helfen vor allem Frauen und jungen Menschen, die mit ihren Feldern rechtlich auf unsicherem Boden leben, und sind ein Anreiz dafür, diesen besser zu schützen. Mittlerweile haben sich schon sieben Landkreise solche Regeln gegeben.

Als zweiten Lösungsweg für internationale Kooperationen fordert Michael Fakhri mehr Engagement für Agroökologie. Was darunter zu verstehen ist, zeigt ein Projekt in Indien. Es ist dank seiner Dimensionen und seines durchdachten Ansatzes weit über die Grenzen des Subkontinents hinaus bekannt und bedeutsam. Aber nicht nur deshalb erzählen wir ausführlicher über einen Besuch im Bundesstaat Andhra Pradesh, sondern auch, weil hier das konkret passiert, was Michael Fakhri ebenso fordert wie der Wissenschaftliche Beirat Globale Umweltfragen der Bundesregierung: eine Mehrgewinnstrategie. Klimaschutz, Biodiversität, Agrarwende, ökologische und soziale Widerstandsfähigkeit und die Gesundheit der Menschen werden vom Boden ausgehend zusammengedacht. Es ist eine Geschichte des Gelingens, die Hoffnung macht, und zudem ein Beispiel dafür, dass der Norden auch vom Süden lernen kann.

Lebensmittel ernten statt Unkraut jäten

Von Weitem könnte man das große braune Rechteck, das auf dem Boden auf einer weißen Plane arrangiert ist, für einen riesigen Kuchen halten, oben cremig und mit bunten Gewürzen umrandet. Doch aus der Nähe erkennen Besucher des indischen Bezirks Ananthapuramu in der Mitte einen riesigen Kuhfladen, um ihn herum Häufchen von Linsenpulver, Lehm, Kalk, Asche, Melasse und Saatkörnern auf dunkelgrünen Bananenblättern, daneben Flaschen mit Zitronensaft, Wasser und Rinderharn. Es sind Zutaten für Elixiere, die trockene, ausgelaugte Felder im Bundesstaat Andhra Pradesh wiederbeleben sollen und mit dieser Regeneration des Bodens zugleich Wasserquellen erneuern, für gesunde Lebensmittel sorgen und für mehr Wohlstand.

»ATM«: So nennt Laxmi Devi, die mit anderen Bäuerinnen in blauen, rosa und türkisfarbenen Saris rund um den Fladenberg hockt, die chemiefreie Bodenbehandlung und spielt auf die indische Abkürzung für Geldautomaten an, *any time money*. Geld alle Tage. Wie geht das? Die Antwort in Kurzform: Dank Hunderttausender bestens organisierter Landfrauen, dank eines dicht gewebten Agrarberatungsnetzes und einer besonderen Vorstellung von Innovation machen im Südosten Indiens immer mehr Farmer aus Scheiße Gold.

Das Projekt, in dem Laxmi Devi mitwirkt, trägt den ziemlich sperrigen Namen »Andhra Pradesh Community Managed Natural Farming« (etwa: gemeinschaftlich betriebene natürliche Landwirtschaft, APCNF). In seinem Zentrum stehen zwei praktische Ansätze, beide sollen den Ertrag steigern und zugleich den Boden verbessern. Für den ersten Ansatz braucht man jene biologischen Elixiere. Die Bäuerinnen müssen sie nicht teuer kaufen wie synthetischen Dünger und Pestizide, sie stellen sie selbst her aus Zutaten, die sie in ihrer Umgebung finden. Den Zutaten auf der weißen Plane, unterschiedlich verarbeitet, gemixt, vergoren oder pulverisiert. Das fermentierte *Ghanajeevamrutham* zum Beispiel enthält winzige Bakterien und Pilze. Sie aktivieren das unterirdische Leben und machen den Boden poröser, sodass das Wasser leichter und tiefer versickern und es Grundwasser aufbauen kann. Der Boden wird dadurch feuchter – und fruchtbarer, denn auch Kohlenstoff nimmt er dank der Arbeit der Mikroben besser auf. Getrocknet hält der Dünger monatelang und wird bei der Aussaat als Pulver in die Furche gestreut.

Der zweite Ansatz besteht darin, dass verschiedene Pflanzen gleichzeitig nebeneinander und übereinander auf dem Acker gesät und gepflanzt werden statt nur einer Kultur wie Reis, Erdnüsse oder Chili. Seit die Bäuerinnen die beiden Ansätze kombinieren, können sie das ganze Jahr über etwas ernten und verkaufen: Früchte oder Blumen, ein Gemüse, Gewürz oder Futtermittel. Und das bringt dann *any time money*. Geld für bessere Häuser, für die Schule der Kinder. Ein solche Agrarkultur ist sicherer, als alles auf ein, zwei Marktfrucht-Karten zu setzen. Und diese Resilienz wird immer wichtiger, denn das Risiko für Missernten wächst auch als Folge des Klimawandels mit seinen Unwettern, den Fluten, den Dürren.

»In Indien schreitet die Wüstenbildung sogar schneller voran als im Rest der Welt«, sagt Vijay Kumar. »Unsere Bauern sind Klimakrieger an vorderster Front.« Der energiegeladene 68-Jährige mit weißem Schnauzbart ist der Kopf bei APCNF und Manager des kühnen Unterfangens, die sechs Millionen Bauern eines ganzen Bundesstaates mit 50 Millionen Einwohnern auf biologische, chemiefreie Bewirtschaftung umzustellen. Es ist laut dem früheren FAO-Mitarbeiter und Geschäftsführer des Thinktanks TMG, Alexander Müller, »der weltweit größte agrarökologische Feldversuch«.

Im Bezirk Ananthapuramu haben es die »Klimakrieger« besonders schwer. Der Monsun ist so gut wie ausgeblieben, schon in den Vorjahren war er unzuverlässig, der Niederschlag unzureichend. Zwischen schroffen Hügeln liegen viele Felder brach. Aus rotem Staub wachsen nur ein paar trockene Grasbüschel. Doch wenn man genau hinschaut, dann lugen hier und da grüne Blätter aus der knochentrockenen Erde, immer dort, wo die Bäuerin Om Karamha Saubohnen, Büschelbohnen und Perlhirse ausgesät hat. Nicht erst mit Beginn des Monsunregens, sondern schon lange bevor man mit ihm rechnen konnte, hat die Inderin vorsichtig Mulde für Mulde in den Boden gegraben. Sie hat die Körner hineingelegt und zugedeckt, um sie vor Hitze zu schützen. So waren sie schon da, als die ersten Tropfen kamen, und konnten gleich keimen. Die Saatkörner sind außerdem zuvor in einem Kuhfladen-Elixier und danach in Asche gewälzt worden. Dadurch sind, wenn die Pellets keimen, Wurzeln, Boden und Blätter sofort mit Mikroben und Nährstoffen versorgt. Die Erde wird schneller feucht, durchlässiger, dunkler.

»Pre Monsoon Dry Planting« ist einer der jüngsten Fortschritte bei APCNF. Ein weiterer: Das Projekt breitet sich aus. Bei einem ersten Besuch 2020 machten 523.000 Bauern in rund einem Viertel der 3730 Dörfer mit. Heute trauen sich rund 850.000 Männer und Frauen zu, umzusteigen, obwohl das bei dem meist nur 1,2 Hektar großen Grund riskant ist. Der Mut wachse mit dem Erfolg, den man bei den Kollegen sehe, sagen die Mitarbeiter.

Anfangs waren die meisten Bauern erst mal bei ihren üblichen Marktfrüchten von chemischen Hilfsmitteln auf organische umgestiegen. Jetzt sieht man schon viel öfter Felder mit Mischfruchtanbau. Man erkennt sie an der Unordnung. Blätter in allen Größen, grün in allen Schattierungen, Blüten und Früchte in leuchtendem Gelb, Orange, Lila, Knallrot. Meist waren es erst drei, vier Pflanzen, die kombiniert wurden, dann immer mehr. Ravi Kumar zieht aus seinem Acker Rettich, Rote Bete und Karotte. Darüber hat er neben- und übereinander Ringelblumen, Erbsen- und Bohnensorten, Chili, Okra, Gurken, Aubergine und Tomaten gepflanzt. Sie kriechen so dicht über das Feld, wachsen in so unterschiedlichen Höhen, dass ungeliebte Konkurrenten kaum hochkommen können. »Wir ernten Lebensmittel, statt Unkraut zu jäten«, sagen die Bauern. Die unterschiedlich tief reichenden Wurzeln lockern zudem den Boden, die Pflanzen helfen einander mit Schatten und Stickstoff und gegen Ungeziefer. Über dem Acker wimmelt es von Schmetterlingen, Libellen, Vögeln.

Andere Bauern bei APCNF haben mit Mango-, Papaya- und prall gefüllten Granatapfelbäumen sogar noch mehr Etagen auf ihren Feldern stehen, noch mehr Hülsenfrüchte, Hirsearten, Amarant, Senf und Blattgewürze, Spinat, dazu Hecken aus Moringa oder Rizinus als essbare Windschutzwände. Sie berichten, mit ihren Ackergärten seien sie auch besser als ihre konventionellen Kollegen durch die Jahre der Pandemie gekommen. »Von Lieferproblemen für Dünge- und Spritzmittel während der Lockdowns waren wir ja nicht betroffen.« Resilienz, also eine erhöhte Widerstandsfähigkeit bei Problemen, fördert das Bodenverbesserungsprojekt also nicht nur gegen den Klimawandel. Die Ernährung wird ebenfalls besser. So lernen jetzt auch Landarbeiterinnen, die keine eigenen Felder haben, in kleinen Küchengärten gesundes Gemüse anzubauen. Und es gibt Beraterinnen, die mit den Bauersfrauen Gerichte aus der neuen Vielfalt zubereiten.

Seit einiger Zeit hat das Projekt sogar eine eigene Akademie für Agrarökologie, die wissenschaftlich ausgebildete Experten mit den Praktikern zusammenbringt. 10.000 Bauern und Bäuerinnen sollen in Kursblöcken über vier Jahre landwirtschaftliches Grundwissen studieren, traditionelles wie modernes, teils in der Akademiezentrale in Andhra Pradeshs Hauptstadt Amaravati, teils online in ihren Dörfern. Gemeinsam mit Hochschulabgängern, »Bezirkswissenschaftlern« und Mentoren experimentieren die »Farmer Scientists« (Bauernforscher) zugleich mit neuen Ideen, wie der Ökolandbau schwankenden Klimabedingungen immer wieder neu angepasst werden kann.

Sie probieren Neues aus, obwohl der Ökolandbau bei APCNF schon neun »universelle« Regeln festgeschrieben hat. Knapp zusammengefasst sind es folgende: Den Boden 365 Tage im Jahr bedecken. Ihn so wenig wie möglich stören. Kühe halten, für den Dung. Das unterirdische Leben mit Biostimulanzien anregen. Ab und zu mit Ernteresten mulchen, damit neuer Humus entsteht. Darin viele Produkte zugleich anbauen. Einheimisches Saatgut nutzen. Ungeziefer nur mit Neemextrakt oder Chili-Kräuter-Mischungen bekämpfen, nicht mit Chemie. Aber welche Substanz in welchen Dosen zu welchem Zeitpunkt angewandt soll, welches Saatgut am besten miteinander kombiniert wird, mit welchen Pflanzen und biologischen Symbiosen man diese geradezu paradiesischen Zustände noch steigern kann: solche und viele andere Entscheidungen unterliegen lokalen Besonderheiten, Experimenten und Innovationen. Eine Bäuerin berichtet zum Beispiel, wie sie jetzt auch Reis nach der Pre-Monsoon-Methode anbaut. Eine andere hat nicht mehr zwanzig, sondern schon dreißig Feldfrüchte gleichzeitig aufs Feld gebracht. *Farmer Scientists*: Der Stolz auf so einen Titel steht diesen Frauen ins Gesicht geschrieben.

Das dezentral verwurzelte Fortbildungs- und Forschungs-Web der Akademie soll sich international ausdehnen. Es gab schon Workshops mit Bauern aus dem Senegal, Ruanda, Sambia, Tunesien. Diese Länder haben ebenfalls stark mit Dürren zu kämpfen. Die Zai-Methode im Sahel beispielsweise ähnelt dem Pre-Monsoon-Planting. Vielleicht können die Inder von den afrikanischen Erfahrungen lernen – oder umgekehrt. Für die »Indisch-Deutsche Globale Akademie für agrarökologische Forschung und Lehre« gibt das Berliner Entwicklungsministerium 20 Millionen Euro als Zuschuss, der Bundesstaat Andhra Pradesh stellt 15 Millionen Euro und den Campus. Überhaupt beweist Deutschland hier entwicklungspolitischen Mut: Mit der Kreditanstalt für Wiederaufbau (KfW) ist ein zinsgünstiger Kredit von 225 Millionen Euro verabredet, die erste Tranche von 90 Millionen über fünf Jahre läuft 2025 aus. Den Rest geben der Staat Andhra Pradesh und die Nationalregierung. Die Projektbetreiber hoffen, dass die Unterstützung bei der zweiten Projektphase fortgesetzt wird.

4,5 Prozent der sechs Millionen Farmer Andrah Pradeshs praktizieren mittlerweile die agrarökologischen Methoden konsequent auf ihrer ganzen Fläche. Darüber hinaus hat APCNF 2023 in 81 Prozent der Dörfer Gruppen aufgebaut und 17 Prozent der Landwirte mobilisiert. Nach gerade mal sieben Jahren Aufbauarbeit, die von der COVID-Pandemie zumindest zeitweilig eingeschränkt war, ist das ein eindrucksvolles Ergebnis. Zum Vergleich: In Deutschland sind erst 14 Prozent der Landwirte auf nur elf Prozent der Fläche auf bio umgestiegen, obwohl schon vor 22 Jahren ein 20-Prozent-Ziel ausgerufen wurde und die finanziellen Möglichkeiten viel größer wären. Hierzulande und anderswo könnte man von der zielstrebigen staatlichen Mobilisierung in Indien durchaus lernen.

Man könnte auch lernen, dass dafür »Sozialkapital« notwendig ist: Im Falle Andhra Pradeshs gab es 140.000 Frauenselbsthilfegruppen mit 90 Millionen Mitgliedern, ein Netzwerk, das Vijay Kumar schon während früherer Jahre im Agrarministerium Delhi aufgebaut hat. Diese Frauen kennen jeden im Dorf, werben neue Kandidaten für APCNF, bemühen sich um die Ärmsten, machen gemeinsam Anbaupläne. Lernen kann man zudem, dass eine schlagkräftige staatliche Institution so große, umfassende Ziele wie dieses agrarökologische Projekt vorantreiben muss. Die Non-Profit-Organisation Rythu Sadhikara Samstha (RySS), die Vijay Kumar leitet, hat klare Ziele, Ausbilder, Trainingsmaterialien und -strukturen. Da gibt es Kader in jedem beteiligten Dorf, Informationsstützpunkte, Wettbewerbe mit Auszeichnungen zum »Champion Farmer« und Absolventen von Agrarhochschulen als Ausbilder in den Bezirken. Alles langfristig angelegt.

Natürlich gibt es auch Probleme. Die meisten Großbauern haben Vorbehalte und zögern, weil die Märkte für die kleineren Mengen der neuen regionalen Produktvielfalt sich erst noch entwickeln müssen. Und es fehlen auch noch wissenschaftliche Untersuchungen zu den Erfolgen der neuen Anbaumethoden. Immerhin: In ersten Studien haben Wissenschaftler aus Indien, Europa, den USA und dem internationalen Agrarforschungsinstitut CIFOR-ICRAF ermutigende Hinweise auf die verbesserte Bodengesundheit gefunden, auf niedrigeren Wasserverbrauch, die geringere Anfälligkeit für Schädlingsangriffe, und sie loben die vielseitigere Ernährung. Am umfassendsten ist ein Bericht des globalen Thinktanks TEEB (The Economics of Ecosystems and Biodiversity). Sein Team fand »klare Belege« dafür, dass APCNF »eine bessere Alternative« zu anderen, auch konventionellen Anbauformen biete, ökologisch, wirtschaftlich und sozial. Beispielsweise seien die Bauern seltener krank. Durchschnittlich verdienten sie 49 Prozent mehr als ihre Kollegen bei 21 Prozent mehr Arbeitsaufwand. Außerdem seien die Ernten bei wichtigen Feldfrüchten wie Reis, Mais, Hirse, Sorghum und Straucherbse im Schnitt elf Prozent höher. Dabei ist noch nicht mitgerechnet, dass dank der neuen Bodenbearbeitung zusätzlich ja noch Wurzeln, Obst und Gemüse auf den Reformfeldern wachsen. So ist es ein weltweit bedeutendes Beispiel dafür, dass man vieldimensionale Lösungen auch im großen Stil vorantreiben kann, wenn sich die richtigen Leute mit langem Atem, politischer und finanzieller Rückendeckung engagieren.

Und noch etwas könnte dem Boden langfristig helfen: die weltweite Bewegung für die Rechte der Natur, die sich dafür einsetzt, dass sich unsere Rechtssysteme weiterentwickeln und nicht nur menschliche und Individuen und Unternehmen vor Gericht ziehen können, sondern dass auch Tiere, Pflanzen und ganze Ökosysteme Klagerechte erhalten sollen. In Ecuador stehen die Rechte der Natur seit 2008 in der Verfassung, der Regenwald Los Cedros hat sich darauf berufen und erfolgreich gegen ein Bergbau-Projekt gewehrt, auch der neuseeländische Fluss Whanganui ist als »juristische Person« anerkannt und deshalb besonders geschützt. Nun, wo wissenschaftlich bestätigt ist, dass Boden nicht nur Substrat, sondern ein lebendiges Ökosystem ist, könnten zukünftige Klagen gefährdeter Böden vor Gericht ebenso Erfolg haben.[26]

In den folgenden Kapiteln kehren wir zurück nach Deutschland, um auch dort nach Projekten, Hebeln und Gesetzesvorschlägen zu suchen, die den Flächenkonflikten entgegenwirken können.

9
LAND IN SICHT

Agroforstwirtschaft und Schwammstädte, Entsiegelungsprämien und Bodensteuern: Lösungen, die Hoffnung machen

Wie könnte unser Land aussehen, wenn Flächenkonflikte in Zukunft gemeinwohlorientiert gelöst würden? Und mehr noch: wenn der gesamte Raum in Stadt und Land so umgestaltet würde, dass wir darin auch in Zukunft gut leben können? Wenn wir uns, mit Robin Wall Kimmerer formuliert, als gute Vorfahren erweisen wollten, die allen, die nach uns kommen, guten Boden bereiten?

Der Hamburger Künstler Jan Kamensky kann die Vorstellungskraft aktivieren. In seinen visuellen Utopien veranschaulicht er, wie Städte aussehen könnten, wenn der motorisierte Individualverkehr sie nicht mehr überall beherrschen würde. Kamensky zeigt ganz gewöhnliche Straßen in europäischen Städten, auf denen unvermittelt die Verkehrsschilder und Ampeln zu wackeln beginnen und in den Himmel davonfliegen. Von dort oben – wie aus dem Ideenhimmel der urbanen Utopien – schweben ebenso unvermittelt Bänke, Hochbeete, Grünstreifen und Pflanzen herunter. Es ist wunderschön anzusehen, wie die Autos würdevoll und langsam wie Luftballons in die Luft aufsteigen und Bäume vom Himmel regnen. Wie Radfahrerinnen, Rollstuhlfahrer, Skater, Kinder, Passanten die Plätze füllen, sich auf Bänken um Hochbeete niederlassen. Man kann förmlich riechen, wie sich die Luftqualität verbessert hat, und sieht die vertrauten Orte plötzlich in einem ganz neuen Licht. Aus den Gefahrenzonen, die schnell überwunden werden müssen, sind Plätze geworden, auf denen man sich gerne aufhält und über die man gerne radelt. Man stelle sich eine der Hamburger Elbbrücken als grüne, dicht bewachsene Brücke mit Radweg vor! Sähen so unsere Städte aus, ihre Unwirtlichkeit wäre überwunden.

Dabei wäre das gar nichts Neues, wenn sich die Menschen den urbanen Raum zurückerobern würden, den sie seit den fortschrittsgläubigen Sechziger- und Siebzigerjahren den Autos überlassen haben. Es wäre schlicht die Rückkehr des Marktplatzes, der Agora, als zentralem Ort der Kommunikation und des Austausches, der das menschliche Zusammenleben über viele Jahrhunderte geprägt hat und nebenbei die Geburtsstätte der Demokratie gewesen ist.

Deutschlandtempo für eine ökologische Verkehrswende

Wir haben uns so sehr an die Stadt für Autos gewöhnt, dass uns gar nicht mehr auffällt, wie seltsam es eigentlich ist, dass wir so viel Fläche einer nicht nachhaltigen, ungerechten und obendrein gefährlichen Verkehrsform geopfert haben. Man stelle sich alle Straßen als tiefe Gräben vor, dann wird es für Passanten eng. Der schwedische Künstler Karl Jilg hat eine solche Szene mit marginalisierten Fußgängern gezeichnet – von wegen: Bürgersteig – und diese Zeichnung wird in sozialen Medien wieder und wieder geteilt.

Natürlich, im wirklichen Leben werden Autos und Motorräder nicht einfach in den Himmel aufsteigen, aber ein wiederkehrendes Motiv in Jan Kamenskys Videos ist dennoch hilfreich: Die Transformation der Städte beginnt langsam, mit winzigen Details, die man kaum bemerkt, dann wird es immer schneller. Zunächst ist alles statisch, dann wackelt ein einzelnes Schild, bevor es losfliegt, dem folgt ein zweites und ein drittes ... Vielleicht ist das eine Einladung des Künstlers an alle, die nicht an Veränderungen glauben: Sie beginnt im Kleinen, kann dann aber ganz schnell gehen. Es gibt eine kritische Masse, einen Kipppunkt auch ins Positive.

Alexander Czeh, Experte für nachhaltige Mobilität am Deutschen Zentrum für Luft- und Raumfahrt, hat für seine Dissertation ausgerechnet, wie viel Fläche fürs Wohnen durch eine Verkehrswende gewonnen werden könnte. Dafür hat er die sogenannte sekundäre Autoverkehrsinfrastruktur der Stadt Berlin berechnet, also alle Flächen addiert, die Autos jenseits der Straßen belegen: Parkplätze, Garagen, Autohäuser, Werkstätten, Autovermietungen. Das Ergebnis ist eine Fläche so groß wie Friedrichshain-Kreuzberg, auf der Parks und Wohnungen entstehen könnten. Czeh folgert: »Die Verkehrswende kann helfen, die Wohnungskrise zu lösen.«

Träumen wir also weiter: Viele Straßen werden zu Radwegen im Grünen, die meisten Parkplätze und die übrigen Flächen, die bislang von Autos belegt sind, zu autofreien Quartieren mit großen Grünflächen umgebaut. Es gibt einen bequemen und sicheren öffentlichen Nahverkehr, barrierefrei und eng getaktet. Eine Autospur ist reserviert für Transporte, Notärzte, Feuerwehr, Bedürftige, Gemeinschaftstaxen. Wer unbedingt weiter mit seinem privaten Pkw auf diesen Spuren fahren möchte, kann das auch tun, er muss sich nur an den Kosten dafür beteiligen, vom Straßenbau bis zu den Umweltschäden.

In den autofreien Stadtvierteln gäbe es einen Gemeinschaftsraum. Dort würden auch die Lastenräder des Quartiers und andere Leihgeräte lagern, Leitern, Bohrmaschinen und Geräte, die man nur selten braucht. Eine Reparaturwerkstatt wäre für alle da. Local public social media organisieren den Verleih dieser Geräte und ganz generell das Zusammenleben, sie helfen mit Apps, die Nachbarschaftshilfe organisieren. Alle Häuser haben Solardächer, die Gebäudefassaden sind begrünt. Die ganze Stadt ist Schwammstadt, sie speichert Regenwasser, und in den Quartieren ist genug Fläche entsiegelt, die Starkregen aufnehmen kann. Rasen gibt es nur dort, wo Kinder spielen und Sportler trainieren. Die übrigen Flächen sind Blühwiesen, Streuobstwiesen und halb offene Parklandschaften, deren Raum sich Tiere, Pflanzen und Menschen teilen. In manchen Quartieren kümmern sich die Bewohner selbst um ihre Bienen und Schafe, in andere kommt die kommunale Schafsherde zum Weiden und die Stadtimkerin kümmert sich um die Bienen. Gemüse wächst im Gemeinschaftsgarten.

Die autofreien Quartiere wären keine reinen Ansammlungen von Mietshäusern. Die Aufsplittung der Stadt in Zonen zum Einkaufen, zum Wohnen, für Gewerbe und Produktion ist ja erst mit der Auto-Euphorie der Fünfziger- und Sechzigerjahre entstanden. Jetzt, wo private Fahrzeuge wieder aus der Stadt verschwinden, ist das neue Leitbild die 15-Minuten-Stadt, in der alle Bewohnerinnen und Bewohner alle ihre Bedürfnisse – Gesundheit, Versorgung, Bildung, Freizeit – möglichst nah bei ihrem Wohnort erfüllen könnten. So, wie es heute in den attraktivsten Vierteln schon der Fall ist. Neue Flächen werden nicht mehr versiegelt. Die Netto-Null wäre verbindlich in diesen Städten.

Hier ein Busch, dort ein kleines Erlenwäldchen

Und auf dem Land? Die Vision einer nachhaltigen Nutzung des Bodens lässt sich in der Klostermersch schon am realen Beispiel erzählen, an einem Ort in der Nähe von Soest, östlich des Ruhrgebiets. Dort haben die Biologin Margret Bunzel-Drüke und ihre Kollegen gezeigt, wie Nature Restoration, also die Wiederherstellung der Natur, gelingt. Der kleine Fluss Lippe, der sich bis dahin tief in den Boden gegraben hatte, wurde um ein Vielfaches verbreitert, sodass er sich wieder dynamisch durch die Landschaft schlängelt, Sandbänke bildet, Inseln und Nebenarme. Auf beiden Seiten des Ufers weidet eine kleine Herde von Taurusrindern. Sie ähneln dem ausgestorbenen Auerochsen, der vor Tausenden von Jahren hier die Landschaft geprägt hat. Ohne die Rinder würden die Ufer in wenigen Jahren erst von Brennnesseln und Brombeeren überwuchert, danach kämen die Birken und schließlich würde ein Wald daraus. Damit wäre der Lebensraum für viele gefährdete Arten verloren. Die Rinder leisten nun, was kein Mähgerät schafft: Sie gestalten allein durch ihre Anwesenheit, durch Fressen,

Herumziehen, Sichwälzen und Ruhen die Landschaft um sie herum, ohne dass die Menschen weiter eingreifen müssten. Sie bringen Unordnung in die Landschaft, und genau diese Unordnung schafft Biodiversität. Hier ein Busch, dort ein kleines Erlenwäldchen, hier ein stark abgegrastes Stück, dort eine Furt in die Lippe und hier eine offene Stelle, wo sich die Tiere gewälzt oder Wildschweine gewühlt haben. Diese Vielfalt schafft die Voraussetzungen für eine Rückkehr der gefährdeten Arten. Der Neuntöter, der kleine Vogel mit seiner schnittigen schwarzen Augenbinde, ist ein Beispiel. »Ein kleiner Singvogel, der an die intensive Beweidung angepasst ist«, sagt Margret Bunzel-Drüke. »Er braucht dichte, sonnige Büsche, wo er sein Nest anlegen kann. Er braucht Warten, also kahle Äste oder Hochstauden, wo er sitzen kann, um die Beute zu beobachten, und er braucht kurzrasige Ecken, wo er sein Futter, große Insekten wie Heuschrecken oder Laufkäfer, fangen kann.« Wenn es gelingen würde, zehn Prozent unserer Fläche in solche Ganzjahresweiden mit wenigen großen Tieren zu verwandeln – also so viel wie der ursprüngliche Entwurf der EU-Kommission für ein Gesetz zur Wiederherstellung der Natur an naturnaher Fläche vorgesehen hat –, dann gäbe es eine Chance, den Biodiversitätsverlust zu stoppen. Die Rinder auf den Wilden Weiden würden quasi die alten mitteleuropäischen Kulturlandschaften mit ihren großflächigen Allmendeweiden wiederherstellen, die über Jahrhunderte Orte einer großen Artenvielfalt gewesen sind, ein buntes Mosaik aus Wald und Lichtungen, Weiden, Äckern, Gärten, Hecken, Säumen. Solche weiten, vielfältigen Weidelandschaften gibt es heute nur noch auf dem Balkan und in Rumänien, und Insektenforscher pilgern dorthin, um die Biodiversität zu bestaunen, die sich dort erhalten hat. Aber sie wäre auch in Deutschland möglich. Wilde Weiden wären ein Hybrid zwischen Wildnis und Kulturlandschaft: Während sich die Natur entwickeln kann, werden gleichzeitig Lebensmittel produziert. Das Fleisch der Tiere lässt sich als »Naturschutzfleisch« vermarkten, und an den Rändern der Weiden könnten Streuobstwiesen oder Nuss- und Beerenhecken gedeihen.

Und wie wäre es, viele solcher Weiden miteinander und mit den anderen schon existierenden Naturschutzgebieten zu verbinden? Damit hielte sich Deutschland nicht nur an das Abkommen von Montreal und die europäische Biodiversitätsstrategie, sondern auch an die EU-Wasserrahmenrichtlinie, die fordert, alle Gewässer bis 2027 in einen guten Zustand zu bringen. Und das lässt sich nur erreichen, wenn die Auen der Flüsse nicht intensiv bewirtschaftet werden. In der Zukunft einer geerdeten Gesellschaft mit hohem Bodenbewusstsein wären all diese Schutzanforderungen so miteinander kombiniert worden, dass daraus ein wichtiger Teil jener »grünen Infrastruktur«, wie die Naturschutzverbände sie fordern, entstanden wäre. Man stelle sie sich als grünes Band vor, das sich vom Hochgebirgs-Nationalpark Berchtesgaden die Flussauen und Mittelgebirge entlang durch die wiedervernässten Moore der Norddeutschen Tiefebene zieht, bis hoch an die Küsten zu den Nationalparks Wattenmeer und Ostsee. Sie würde die bestehenden Nationalparks, die FFH- und Vogelschutzgebiete und auch weite Teile der Biosphärenreservate und Naturparks verbinden. Überall gäbe es Grünbrücken über Straßen und Schienen. Entlang dieser grünen Bänder könnten Tiere und Pflanzen ziehen, sich wieder ausbreiten, fragmentierte Restpopulationen könnten zusammenfinden, durch die Klimakrise verdrängte Arten könnten neue Lebensräume besiedeln.

Verbunden mit dieser Landschaft – wir sind immer noch in Utopia – gibt es viele verschiedene Formen der Land- und Forstwirtschaft, große und kleine Höfe, Einzelinhaberinnen, Genossenschaften, Aktiengesellschaften, kommunale Domänen, aber es gibt vor allem ausreichend Unterstützung, damit die bedrängten Familienbetriebe wieder mehr Raum bekommen und gemeinschaftliche Unternehmen junger, engagierter Landwirte neu entstehen können. Um den Druck auf die landwirtschaftlichen Flächen zu entlasten, hätte sich endlich eine Agrarwende durchgesetzt, die diesen Namen verdient. Sie würde die Landwirtschaft und Ernährung auf die Anforderungen des Bodens einstellen und sich am Zielbild der sogenannten planetaren Gesundheitsernährung orientieren, der *planetary health diet*. Ernährungsmedizinerinnen und Ressourcenforscher haben sie gemeinsam entwickelt, in der sogenannten EAT Lancet Commission on Food, Planet and Health – als Antwort auf die Frage, wie sich zehn Milliarden Menschen auf der Welt gesund ernähren könnten, ohne die Ressourcen des Planeten zu plündern. Ihr wichtigstes Ergebnis: Gesunde Ernährung für alle auf einer gesunden Erde ist möglich. Etwas vereinfacht lautet das Rezept der planetaren Gesundheitsernährung: wenig Fleisch und tierische Produkte, viel Obst und Gemüse, Hülsenfrüchte und Nüsse. Überhaupt: Vielfalt, im Boden, auf dem Acker, auf dem Teller. Viel Frisches, wenig hoch Verarbeitetes. Diese Ernährungsumstellung belebt nicht nur den Boden, sie ist auch der wichtigste Hebel, Flächen zu sparen. Wie gesagt: Wenn nicht mehr so viele Futtermittel für die Tierzucht angebaut werden, ist genügend Platz für die gesunden Lebensmittel da, außerdem für PV- und Windkraftanlagen und pflanzliche Rohstoffe, die einen Teil der fossilen Chemie ersetzen können.

Damit jede Fläche so genutzt wird, dass es den lokalen natürlichen Voraussetzungen wie dem Klima und der Beschaffenheit des Bodens entspricht, dass sie möglichst viele Funktionen bedient und für alle, die von ihr leben, am sinnvollsten ist, sind regionale Foren neu geschaffen worden, in denen alle Verantwortlichen und Interessierten zusammenkommen und über die Flächen beraten und beschließen. Das heißt, nicht nur die Landnutzerinnen und Besitzer selbst, also Landwirtinnen, Gärtner und Schäfer, sondern auch Naturschützer, Medizinerinnen, Lehrer, Imkerinnen, Lebensmittelverarbeiter, Kantinenbetreiber, Gastronominnen, alle, auch aus den nahe gelegenen Städten, dazu Wasserwerker und Verwaltungsexperten, setzen sich gemeinsam an einen Tisch, um regionale Klimaschutz-, Ernährungs- und Biodiversitätspläne zu entwerfen: Welche Flächen wären als Teil der grünen Infrastruktur geeignet? Wie gelingt die Transformation zur *planetary health diet*? Was ließe sich regional so anbauen, dass es den maximalen Nutzen für Biodiversität, gesunde Ernährung und regionale Wertschöpfung bringt und für die langfristige Erneuerung und Stabilisierung der Böden? Wo und wie bilden Anbauflächen und Naturschutzflächen gemeinsame Korridore? Kümmerer wie Regionalmanagerinnen und Ehrenamtliche gemeinsam mit den Experten in den Verwaltungen halten alle Fäden in der Hand, vernetzen die richtigen Leute miteinander und räumen bürokratische Hürden aus dem Weg. Auch die Ämter für Wirtschaftsförderung sind dabei. Sie bauen mit Vorrang starke regionale Wertschöpfungsketten auf, statt vor allem Logistikzentren für den Welthandel zu fördern. Die Flurbereinigungsämter, die in den vergangenen Jahrzehnten Felder zu größeren Feldern zusammengelegt haben, damit die Landwirtschaft möglichst effizient werde, sind jetzt zu Flurbereinungs-Bereinigungs-Ämtern geworden. Sie füllen die Landschaft neu mit Vielfalt. Starke Landgesellschaften kaufen Flächen, bevorraten sie und bevorzugen beim Verkauf nicht nur regionale Landwirtinnen und Landwirte, sondern vor allem jene, denen die klügsten Mehrgewinnstrategien einfallen.

Dass auch die kleinen Gemeinden auf dem Land zukünftig keine Neubaugebiete für Einfamilienhäuser mehr ausweisen, versteht sich aus Loyalität zum großen Versiegelungs-Tabu von selbst. Stattdessen bieten sie Prämien für den Umbau alter Gebäude, helfen dabei, dass neue Wohnformen für die vielen alten Leute entstehen, die allein in viel zu großen Häusern zurückgeblieben sind. Agenturen vermitteln wohnungssuchende Familien aus der Stadt in die schrumpfenden Dörfer. Das Homeoffice hat sich noch fester etabliert, das bietet neue Chancen für das Arbeiten auf dem Dorf und ein neues Zusammenwachsen von Stadt und Land. Und natürlich, eine Verkehrswende braucht es auch auf dem Land: mehr öffentlichen Nahverkehr, Sammeltaxis, kombiniert mit Dorf-Apps, in denen Mobilität für alle organisiert wird.

Kein Zweifel, im Land der gemeinwohlorientierten Bodenpolitik lässt es sich gut leben, als Mensch und als Luchs, Eisvogel, Rittersporn, Regenwurm oder Tausendfüßler. Doch die Vorstellung, dass diese revitalisierten Lebenswelten einmal verwirklicht werden könnten, erscheint angesichts der Hiobsbotschaften und Tragödien der letzten Jahre und Monate eher unrealistisch. Die klimaresiliente, gerechte, essbare 15-Minuten-Stadt der kurzen Wege mit zirkulärer Wirtschaft und hoher Biodiversität: das klingt vor dem Hintergrund der aktuellen Krisen wie Fantasterei.

Die katastrophale Entwicklung des Klimawandels ist zwar längst spürbar und sichtbar, doch die Reaktionen darauf sind widersprüchlich. Einerseits wissen die meisten Bürger und Bürgerinnen schon lange, dass sich etwas ändern muss. Umfragen und Studien bestätigen seit Jahren, ja seit Jahrzehnten konstant, dass es weit über die grüne Partei hinaus in Deutschland eine Mehrheit für Ökologie gibt, die eine nachhaltigere Welt und mehr Ressourcenverantwortung befürwortet. Die Naturbewusstseinsstudie des Bundesamtes für Naturschutz[1] oder das Soziale Nachhaltigkeitsbarometer[2] sind nur die bekanntesten Beispiele. Doch schier unüberwindbar erscheinen die Beharrungskräfte der fossilen Wachstumswirtschaft im Land der Autos, Chemie- und Fleischindustrien. Zu groß erscheint der gesellschaftliche Widerstand, der sich in Veränderungs- und Abstiegsängsten ausdrückt, in Dauerempörung und Wohlstands-Trägheit. Angesichts zu vieler äußerer Bedrohungen sehnen sich zu viele Menschen nach alten Gewissheiten und ziehen sich möglichst weit ins Private zurück. Die Kluft zwischen Haltung und Praxis, zwischen Vision und Wirklichkeit bleibt tief.

Bei den politischen Vorhaben, die unmittelbar Grund und Boden betreffen, gäbe es angesichts vieler Misserfolge auch reichlich Anlass zur Resignation. Um nur ein paar zu nennen: Die EU-Kommission verlängert die Genehmigung für Glyphosat um zehn Jahre. Die Sustainable Use Regulation (SUR), die den Einsatz von Pflanzenschutzmitteln auf Europas Feldern halbieren sollte, ist im November an einer Mehrheit der Rechten und der Konservativen im EU-Parlament gescheitert. Die droht auch eine ökologisch fundierte europäische Agrarreform zu blockieren. In Deutschland lässt der Entwurf für ein Waldgesetz Schlupflöcher für Kahlschläge und Bodenzerstörung zu, eine wirkungsvolle Flächenversiegelungsbremse ist nicht in Sicht, Gelder für den Klima- und Naturschutz könnten gekürzt werden.

Wo die Vision schon Realität ist

Man könnte aber auch den Blick auf das richten, was gelungen ist und weiter gelingen könnte – sowohl in der Politik als auch in der Gesellschaft. Denn immerhin ist jetzt im Klimaschutzabkommen der Ausstieg aus den fossilen Energiequellen ausdrücklich gefordert, immerhin gibt es ein internationales Plastikabkommen, das europäische Gesetz zur Wiederherstellung der Natur (Nature Restoration Law) ist nach hitzigem Ringen letztlich doch durchgekommen, die erneuerbaren Energien haben den Rückenwind, den sie brauchen. Und überall in Europa haben engagierte Menschen nicht nur neue Wilde Weiden schon verwirklicht, sondern auch viele einzelne Aspekte der beschriebenen Vision. Wie sozialer Wohnungsbau geht, kann man zum Beispiel in Wien oder eine beginnende Verkehrswende in Kopenhagen, Paris und Barcelona studieren. Auch hierzulande gibt es ermutigende Lichtblicke. Gerade in den letzten Jahren sind viele neue Initiativen entstanden, die Land und Landwirtschaft, Grund und Boden in den Mittelpunkt ihrer Arbeit stellen. Es wächst womöglich eine regelrechte soziale Bewegung, die für eine neu geerdete Gesellschaft streitet. Wir folgen einigen ihrer Spuren.

Am auffälligsten sind sie in den Städten, erkennbar als grüne Inseln im asphaltierten Gelände. Die findet man, wo der Verein »Acker« Lehrer und ihre Klassen dabei berät, wie man einen Schulgarten anlegt. Mehr als 1500 Kitas und Schulen buddeln, pflanzen und ernten mit, meldet der Verein. Eine andere bereits verwirklichte Utopie sind die 19 Gemeinschaftsgärten der Frankfurter Gemüseheldinnen, in denen große Teams gemeinsam Kräuter, Möhren und Kohlköpfe anbauen. Ackerhelden bieten, ursprünglich ausgehend vom Ruhrgebiet, inzwischen in 14 Städten biozertifizierte Gartenparzellen an, die man mieten kann. Solche urbanen Felder gibt es mittlerweile fast in jeder Stadt, vom Prinzessinnengarten in Berlin bis zum interkulturellen Gemeinschaftsgarten Tausendschön in Minden.[3] Auch die zu Unrecht belächelten Schrebergärten verstehen ihre kleinen Paradiese als kommunale Fraktion der »grünen Infrastruktur«; so jedenfalls formulieren es die Deutschen Gartenfreunde, ein Dachverband für 900.000 Kleingärten, neuerdings. Die Mieter dieser Parzellen haben sich verjüngt, sind ökologisch bewusst und viel politischer. Die »Mikrolandwirtschaft« wird zudem immer öfter von der Kommune gefördert, so wie es »Essbare Stadt«-Projekte wie in Andernach vorgemacht haben. Da wurden Obstbäume und Gemüse auf öffentlichen Flächen angepflanzt: »Pflücken erlaubt statt Betreten verboten.«[4] In Düsseldorf können sich Initiativen, die Urban-Gardening-Projekte planen, von einer eigenen Anlaufstelle in der städtischen Bürokratie unterstützen lassen. Und es gibt »Weltäcker«, erdacht von der Zukunftsstiftung Landwirtschaft: Der erste liegt in Berlin, mittlerweile haben sieben weitere deutsche und 13 internationale Städte von Innsbruck in Österreich über Heinigou in China bis nach Gilgil in Kenia nachgezogen. Alle Weltäcker sind mit 2000 Quadratmetern genauso groß wie die Fläche, die rechnerisch jedem Menschen auf der Erde zur Verfügung steht: »Darauf muss alles wachsen, was wir verbrauchen«, so die Zukunftsstiftung Landwirtschaft. Als WeltbürgerInnen können BesucherInnen das sinnlich erleben. Sie können diskutieren, wie die globalen Märkte zusammenhängen, aber auch praktisch erfahren und üben, wie man Feldfrüchte gut kombiniert, gut kocht und guten Boden aufbaut. »Diese 2000 m² große Fläche ernährt zudem ein paar Billiarden Kleinstlebewesen, ohne die der Ackerboden gar nicht fruchtbar wäre«, heißt es auf der Webseite, »sowie allerlei Würmer, Insekten, Vögel und Mäuse und wer weiß wen noch.«

Gärten sind eine klassische Mehrgewinnstrategie. Insekten und Vögel finden Lebensräume, Bäume setzen der planetarischen Erhitzung ihre kleinklimatische Kühlung entgegen. Kinder und ihre Eltern lernen Menschen aus anderen Milieus kennen, sie erfahren Natur und ihre Gefährdung, sammeln Wissen über Pflanzen- und Tierarten, Bodenleben und gesunde Ernährung. Können experimentieren, lernen Lebensmittel wertzuschätzen, Respekt für die unumstößlichen Eigengesetze und Grenzen der Natur, für Tod und keimendes Leben, für Kreisläufe. Gut für den Boden, auch auf lange Sicht: »Wer als Kind mit der Natur in Berührung kommt, schützt sie als Erwachsener mit einer höheren Wahrscheinlichkeit«, davon ist Christoph Schmitz, der Gründer von »Acker«, überzeugt.

Ein weiteres Beispiel für urbane Bodenhaftung: Ernährungsräte. Sie organisieren in sechzig Städten Bündnisse für Ernährungs-Bildung, planetare Gesundheit, Kooperationen zwischen städtischen Nutzern und ErzeugerInnen auf dem Land. Teils sind sie als Vereine organisiert, teils arbeiten sie eng abgestimmt mit der Verwaltung. Die sorgt auch in immer mehr Städten schon für ein neues Erblühen. Düsseldorf beispielsweise hat einen eigenen Artenschutzbeauftragten ernannt. Hamburg ist Pionier mit einem »Vertrag für Hamburgs Stadtgrün«. Er verpflichtet Behörden, Bezirke und öffentliche Unternehmen darauf, trotz Bauboom und Bevölkerungswachstum Grünflächen und Parks in Zukunft nicht mehr anzurühren. Ein Versiegelungsverbot gibt es zwar nicht, aber dafür 12,5 Millionen Euro, um neue Leute in die Verwaltungen zu holen, Bürger zu mobilisieren, die Vervielfältigung der Biodiversität zu messen, auf die Einlösung des Versprechens zu achten und Grünflächen und Parks zu schützen. Der Volksinitative »Rettet Hamburgs Grün – Klimaschutz jetzt« geht das nicht weit genug. Sie will auch landwirtschaftliche Flächen und Kleingärten schützen und hat dazu ein Volksbegehren gestartet. Das Hamburgische Verfassungsgericht berät darüber, ob so eine Bürgerabstimmung zulässig ist.

Auch die Flächenkreislaufwirtschaft aus der Zukunftsvision wird von Architekten, Stadtplanerinnen und Nachhaltigkeitsforschern als Mehrgewinnstrategie konkret vorangetrieben. Die Ziele »Vermeiden – Verwerten – Ausgleichen« erforderten zuallererst, altes Denken zu durchbrechen, meint die Braunschweiger Professorin für Architekturtheorie Tatjana Schneider: »Wir müssen das Umbauen, das Umnutzen, das Reparieren von Stadtstrukturen und Gebäuden üben, es lernen.« Schneider schlägt zum Beispiel vor, die leer stehenden großen Kaufhäuser in den Innenstädten, Opfer des Onlineshoppings, zu öffentlichen Orten zu machen: »Gegen Leerstände helfen öffentliche Nutzungen. Aus dem Warenhaus wird ein Andershaus.« In einem ehemaligen Sportkaufhaus direkt am Hamburger Hauptbahnhof ist ein solcher öffentlicher Ort schon realisiert – leider nur als Zwischennutzung. Das »Jupiter« wirbt damit, »das einzige Kaufhaus zu sein, das dich reicher macht«. Es bietet Raum für Künstler und Kreative, eine ganze Etage ist für Kinder reserviert. Auch das Projekt BlueGreenStreets übt sich im flächenschonenden Zusammendenken: Ein interdisziplinäres Team erforscht, wie die Planer von Grünflächen und Verkehr gemeinsam mit den Experten der Wasser- und Abwasserwirtschaft Straßen zu »Multitalenten der Stadtquartiere« umgestalten können. In einem der Pilotprojekte im Berliner Bezirk Friedrichshain-Kreuzberg soll jeder zehnte Parkplatz in eine Grünfläche umgewandelt werden Das Projekt hat gezeigt: An vielen Straßen wäre Platz für eine neue Baumreihe oder einen sicheren Radweg. So bringen BlueGreenStreets – Blau für mehr Wasser, Grün für mehr Pflanzen – das Konzept der Schwammstadt mit der Verkehrswende zusammen.

Daniel Fuhrhop, der bereits erwähnte Autor der Streitschrift »Verbietet das Bauen!«, sieht in der Flächenkreislaufwirtschaft überdies einen »Ausweg aus der Dreifachkrise von Wohnungsmangel, Klimakrise und Einsamkeit«. Während die einen verzweifelt nach Wohnungen suchen, bleiben die anderen, vor allem ältere Menschen nach dem Auszug der Kinder, in viel zu vielen leeren Zimmern zurück. Fuhrhop nennt diesen Überfluss den unsichtbaren Wohnraum oder »Baugebiet ohne Baugebiet«. Einige Agenturen, etwa STATTBAU in Berlin, bemühen sich schon darum, Mieter, die so viel Platz haben, mit Wohnungssuchenden zusammenbringen und außerdem Umbauten, Umzüge und gemeinschaftliches Wohnen zu fördern. Die Wohnraumagentur der Stadt Göttingen berät Hausbesitzer, wie sie Wohnraum effizienter nutzen können. Karlsruhe fördert die Mobilisierung ungenutzten Wohnraums. Das Bremer Wohnungsunternehmen GEWOBA vermietet ein ganzes Haus mit unterschiedlichen Wohnungsgrößen: »Jeder für sich und doch gemeinsam.«

Wasserwerke helfen bei der Erneuerung der Böden und Moore

Auch auf dem Land gibt es längst Pioniere eines verantwortungsvollen Umgangs mit dem Boden. Viele Wasserwerke, die ja ebenfalls ein Gemeingut verwalten, haben aus Sorge um die Qualität des Trinkwassers angefangen, sich auch um Böden zu kümmern. Weil zu viel Mikroplastik, Nitrat oder Pestizide aus der intensiven Landwirtschaft im Grundwasser gelandet waren, hat zum Beispiel der Oldenburgisch Ostfriesische Wasserverband OOWV den eigenen Biohof mitten in einem Wasserschutzgebiet aufgebaut. Er demonstriert, dass Wasserschutz auch möglich ist, wo man Lebensmittel produziert. Unter dem Boden des »Bakenhus« bildet sich tatsächlich Grundwasser in bester Qualität. Der Hof liegt in einem Gebiet der höchsten Dichte von Schweinen, Milchkühen und Geflügel in ganz Deutschland, die ganze Gegend lebt von der industriellen Fleischindustrie. Bio und Öko ist für viele Menschen dort eher ein Feindbild als eine Zukunftsvision. Weil sie in so vielen Zwängen stecken, strahlte das Positivbeispiel nicht so schnell aus. Der OOWV hat deshalb Wertschöpfungsketten-Entwicklerinnen eingestellt, die gemeinsam mit Landwirten, Lebensmittelhandwerkern und Kantinen Vermarktungswege für regionale Biolebensmittel aufbauen. Ähnlich arbeitet das Wassergut Canitz im Muldetal, und auch die Stadtwerke München fördern Biolandwirte im Mangfalltal in den Voralpen, am Ursprung ihres Trinkwassers.

Das kleine Städtchen Malchin nahe dem Kummerower See tief in der Mecklenburger Provinz macht vor, wie Wasserwerke noch mehr bewirken können: Dort hat der örtliche Versorger, der WasserZweck-

Verband Malchin Stavenhagen, sein 120 Jahre altes, denkmalgeschütztes Backstein-Wasserwerk zu einem »Ort der Bildung, der Zukunft und des Engagements« ausgebaut. In diesem »Wasserwerk der Zukunft« soll erarbeitet werden, wie die globalen Nachhaltigkeitsziele in der Region und die Vision des Zukunftsrats Mecklenburg-Vorpommern verwirklicht werden könnten. Der WasserZweckVerband kooperiert schon länger mit dem örtlichen Bauernverband und dem Wasser- und Bodenverband Obere Peene, der sich um 1500 Kilometer Bäche und Flüsse, 24 Kilometer Deiche und vier Schöpfwerke in der Region kümmert. Und hier geht es über die gute Wasserqualität hinaus auch um ein Jahrhundertprojekt.

Wie alle Wasser- und Bodenverbände im feuchten und flachen Norden Deutschlands hatte auch jener an der Oberen Peene jahrzehntelang die Aufgabe, das nasse Element überall aus der Landschaft herauszupumpen, damit Äcker und Weiden nicht versumpfen. Nun stellt er sich der fundamentalen Umkehr: Die Moore müssen wieder vernässt werden, damit die enormen Treibhausgasemissionen der trockenen Moorböden gestoppt werden. Damit steht die Existenz der vielen landwirtschaftlichen Betriebe, die im trockengelegten Moor liegen, auf dem Spiel. Sie haben viele Millionen Euro in Ställe und Maschinen investiert, die wertlos würden, wenn aus ihren Äckern und Wiesen wieder feuchte Moorwiesen werden, auf denen kein Getreide und auch kein Gras mehr wachsen kann, sondern nur Binsen, Rohrkolben und Seggen. Was also tun? Der WasserZweckVerband Malchin lädt alle Akteure zu gemeinsamen Landschaftsspaziergängen ein, um das herauszufinden. Landwirte, Forstwirte, Wissenschaftler, Wasserversorger, die Zuständigen aus der Politik und der Verwaltung und auch interessierte Bürgerinnen und Bürger. Bei diesen Spaziergängen zu Entwässerungsgräben, Feldern und Höfen sollen alle die verschiedenen Perspektiven kennenlernen und nach Lösungen suchen. Der Leitsatz: »Wir verstehen Landschaft als komplexes System, das keiner alleine versteht, das geht nur noch gemeinsam.« Ein Landschaftsrat soll praktische Schritte in neue Moorlandschaften finden. Dieses Modell könnte zukunftsweisend sein, weil es den Boden und die Menschen, die darauf leben, gleichermaßen in den Blick nimmt. Es hat schon erste Ergebnisse gebracht: vernässte Moorflächen, Landwirte, die ernten, was darauf wächst, und es ins Biomasse-Heizwerk Malchin bringen. Dort wird dann Energie daraus erzeugt.

An mehreren Orten in Norddeutschland und Bayern ist genau dieses Problemfeld der Moorvernässung schon in Arbeit: Wie kann man Moorpflanzen nutzen und zu Geld machen? Aus Rohrkolben, die im Moor wachsen, lassen sich Pappen, Dämm- oder Baumaterialien herstellen, das würde den Bauern eine neue Einnahmequelle eröffnen. Diese und andere Stoffe aus Paludikulturen schützen das Klima gleich doppelt: einmal, weil die wieder vernässten Moore keine Klimagase mehr entweichen lassen, ein weiteres Mal, weil die Werkstoffe aus den Moorpflanzen Plastik oder Zement ersetzen könnten. Noch sind solche Produkte zu teuer, und viele Landwirte sehen sich in einer Zwickmühle. Zum einen gibt es für die Kolben noch keine Kunden, zum anderen investiert kein Unternehmen in die Produktentwicklung, solange nicht ausreichend Rohstoff zur Verfügung steht. Um einen Ausweg zu weisen, trommelt die Umweltstiftung Michael Otto gerade eine »Nachfrage-Allianz« interessierter Firmen zusammen. Ihre Mitglieder sollen sich auf die Abnahme von Rohstoffen aus dem Moor verpflichten und so den Bauern Absatzmärkte in Aussicht stellen. Das Greifswalder Moor Centrum arbeitet an diesen neuen Wertschöpfungsketten mit Rohstoffen aus dem Moor für »toMOORow« mit. Auch die Klimafarm in Schleswig-Holstein und einige bayerische Projekte widmen sich dieser Herausforderung.

Die ganze Wirtschaft vom Boden her denken

Einen regelrechten Boom erfährt die »regenerative Landwirtschaft« mit ihrem Ansatz, den Boden nicht nur zu schonen, also von chemischem Dünger und Pestiziden zu befreien, sondern ihn von Grund auf zu erneuern. Das kann zum Beispiel durch den Anbau möglichst vieler Kulturen geschehen, die nicht nur als Fruchtfolge hintereinander wachsen, sondern gemischt auf demselben Feld. Und es geschieht durch die Konzentration auf Humus-, Grundwasser- und Wurzelbildung. Inzwischen ist der Begriff »regenerativ« wegen seiner optimistischen Wiederauferstehungs-Perspektive so beliebt geworden, dass er schon fast von Beliebigkeit bedroht ist. Das liegt an den vielen verschiedenen Akteuren, die aus unterschiedlichen Motiven auf regenerative Landwirtschaft setzen. Große Chemiekonzerne wie Bayer etwa wissen, dass ihre fossilen Agrarprodukte unter Beschuss geraten sind und noch stärker geraten werden. Daher kümmern sie sich nun auch um »Biologika«, die das Wurzelwachstum fördern, um die Züchtung stickstoffbindender Pflanzen und einer größeren Vielfalt von Feldfrüchten als nur Weizen, Mais oder Raps. Aber auch wenn das in die richtige Richtung geht: Bei einem flächendeckenden, hochumstrittenen Glyphosat-Großeinsatz als vermeintlich unabdingbarer Voraussetzung für pfluglose Bodenbearbeitung raufen sich Vordenker der regenerativen Landwirtschaft wohl eher die Haare. Institutionelle Investoren finanzieren regenerative Methoden vor allem, um die Speicherung von Kohlenstoff im Namen des Klimaschutzes zu befördern; nicht alle schauen genau hin, ob dann Vor- oder Nachteile für die Biodiversität entstehen. Große Lebensmittelproduzenten wiederum steigen oft schon aus eigenem Überlebensinteresse in regenerative Anbauweisen ein. Wenn man zum Beispiel in einer heißeren, trockeneren Zukunft noch weiter hoch anfällige Kartoffeln anbauen will wie das Weltunternehmen McCain, dann muss man sehr viel mehr als bisher für den Boden tun. Es wird spannend, ob solche Unternehmen dann auch zu mehr Produktvielfalt für neue Märkte finden. Die Pioniere des regenerativen Ansatzes experimentieren auch mit Permakulturen und »syntropischer« Landwirtschaft. Damit sind Anbausysteme gemeint, die ähnlich wie in tropischen Wäldern auch unter anderen Klimabedingungen Feldfrüchte, Büsche und Bäume in Etagen wachsen lassen, so wie wir es an dem Beispiel in Indien beschrieben haben (siehe S 178). Um Erfahrungen dabei auszutauschen und laufend weiterzuentwickeln, aber auch, um Definitionsschärfe zu gewinnen, hat sich jüngst ein europäisches Netzwerk gegründet: die Europäische Allianz für Regenerative Landwirtschaft. Darin wollen vor allem bäuerliche Praktiker und Naturschützer gemeinsam »den gordischen Knoten zwischen der Wiederherstellung der Ökosysteme und der Ernährungssicherheit zerschlagen« und »das Bodenleben als wichtigstes gesellschaftliches Produktionsmittel« etablieren, so formuliert es Simon Krämer, Experte für Ernährungssystem- und Bodenpolitik beim Naturschutzbund Deutschland.

Schließlich geht es um ein neues landwirtschaftliches Paradigma, an dessen Verwirklichung in vielen ebenfalls neuen Zusammenhängen gearbeitet wird. Das »Regenerate Forum« etwa will ausdrücklich Koalitionen für einen neuen Umgang mit den natürlichen Ressourcen schmieden, die – »connect the unexpected« – über die üblichen Verdächtigen aus den einschlägigen Ökoszenen hinausreichen. Es ist eine Initiative des Venture Capital Investors und Mitbegründers von Acton Capital Jan-Gisbert Schultze. Vor fünf Jahren gründete er den Verein für regenerative Landwirtschaft Soil Alliance, inspiriert und fasziniert vom amerikanischen Gras-Farmer Joel Salatin und dem Schweizer Vordenker einer syntropischen Landwirtschaft Ernst Götsch. Gemeinsam mit Landwirtschafts- und Forstbetrieben rund um das Klosterinternat Salem, mit Unternehmern, LebensmittelhandwerkerInnen, Köchen, Künstlern, Kirchenvertretern und WissenschaftlerInnen versucht Schultze nun in grenzüberschreitenden Landschaften am Bodensee die gesamte Ökonomie »vom Boden her« zu denken. Und dieses Denken dann in der Region auch schrittweise in Handeln umzusetzen: Bauern aus der Gegend treffen sich bereits regelmäßig, um regenerative Methoden zu erweitern. Netzwerke zwischen Produzenten, Handwerkern und Verarbeitern sollen geknüpft werden, oder auch zwischen Bodenkennern und Unternehmen, die Flächen renaturieren und regenerieren wollen. Im Team von Regenerate wirken unter anderem der Biolandwirtschaftspionier Sepp Braun, der Permakultur-

Designer Stefan Schwarzer und Sebastiaan Huisman mit, regenerativer Demeter-Landwirt und Berater, der ein ganzes Dorf in Polen dabei unterstützt hat, sich als soziale Gemeinschaft neu zu erfinden.

Die Bodenkrise wird inzwischen in allen gesellschaftlichen Milieus ernst genommen. So will die »Stiftung Kunst und Natur« in Nantesbuch am östlichen Alpenrand ebenfalls Aufmerksamkeit für das Thema wecken. Die Gründerin, die Quandt-Erbin und Investorin Susanne Klatten, mag als Teilhaberin und Aufsichtsrätin bei BMW nicht auf den ersten Blick als prädestiniert für ökologische Vorreiterschaft wirken. Doch im oberbayerischen Landkreis Bad Tölz-Wolfratshausen hat ihre Stiftung Land erworben und mit einem auf Jahrzehnte angelegten regenerativen Umbau der Agrarlandschaft begonnen. Dort werden die Wälder jetzt teilweise der Natur überlassen, Weiden nur noch extensiv genutzt und teils verwildert. Drainierte Hoch- und Übergangsmoore sollen wieder vernässt werden. Seit einiger Zeit bringt Susanne Klatten darüber hinaus ein bundesweites »Boden-Kompetenznetzwerk« aus Wissenschaftlern, Politikern, Unternehmern, Landwirten, Naturschützern, Entwicklungsexperten, Künstlern und Kulturmanagern zusammen. Das Spektrum reicht von Urgesteinen des Naturschutzes, NGO-Vertretern und Aktivistinnen bis zu Vertretern von Saatgutkonzernen und Banken. Diese »Plattform für den evidenzbasierten und ergebnisoffenen Austausch zum Thema Boden auf regionaler, nationaler und internationaler Ebene« soll den Stellenwert des Bodens, der »lebenswichtigen Ressource der Menschheit«, im politischen Diskurs erhöhen, für Innovationen werben und auch für »Ökologiepflichtigkeit«. Im Herbst 2024 ist eine erste große Konferenz geplant.

Mehrgewinnstrategien brauchen Mehrgewinnforschung

»Evidenzbasiert«: Auch in der Forschung ist eine Menge in Bewegung, um die Bodenwende zu unterstützen. Die Bodenwissenschaften bewegen sich rasant von einer chemisch-physikalischen Perspektive hin zu einem biologisch-holistischen Ansatz, der lebende Systeme in den Blick nimmt, von der unbekannten unterirdischen Welt bis über die Baumwipfel hinaus in die Atmosphäre. Und die WissenschaftlerInnen arbeiten immer öfter auch »missionsorientiert«. Sogar ein großer Teil der staatlichen Forschungsförderung ist so überschrieben, was zeigt, dass sich das Wissenschaftssystem stärker als früher in der Verantwortung für die Gestaltung der Zukunft sieht.

Die interdisziplinäre Zusammenarbeit zwischen Naturwissenschaftlern, Sozialwissenschaftlern und Praktikern wurde intensiviert. One Health ist ein Beispiel dafür: Agrar- und Ernährungswissenschaftler kooperieren mit Klimaforschern, mit MedizinerInnen unterschiedlicher Fachrichtungen, mit Entwicklungsorganisationen, LandwirtInnen, Köchen. Universitäten und Unternehmen entwickeln gemeinsam technische Innovationen für die neuen Herausforderungen. Beispielsweise werden ganz neue Landmaschinen gebaut: Die einen bewahren leicht und wendig den Boden vor zu starkem Druck, die anderen dienen dem Mischfruchtanbau, etwa indem sie mit Sensoren unterschiedliche Pflanzen erkennen und selektiv nur ernten, was schon reif ist. Ein anderes Beispiel für Innovationen mit Flächeneffekt: Lebensmittelfakultäten und Lebensmittel-Start-ups entwickeln Fleischersatzprodukte. Fermentiertes, aus Hülsenfrüchten oder Pilzen erzeugtes Eiweiß mag zwar als Einheitsstrategie zur ultimativen Abschaffung der Landwirtschaft wie bei George Monbiot über das Ziel hinausschießen; als ein Ansatz von vielen, der den Boden entlastet, macht das aber Sinn. In ähnlicher Weise ist die Erforschung einer »Vertikalen Landwirtschaft« in Glas- oder Fabrikgebäuden, die mit ausgeklügelten Beleuchtungssystemen einen Teil der Lebensmittelproduktion auf der Basis von Nährlösungen in die Städte verlagert, zwar keine Patentlösung, aber ein Baustein. Die Qualität der Pflanzen mag an jene, die im Boden erzeugt werden, nicht heranreichen, und daher ist es womöglich nicht sinnvoll, sich ausschließlich aus solchen Hightechanlagen zu ernähren. Diese brauchen außerdem sehr viel Strom. Aber wo es den reichlich gibt und alte Industriegebäude umgenutzt werden können, könnten Stadtfarmen ein Beitrag zur Flächenentlastung sein.

Auch die geforderten Mehrgewinnstrategien rücken in den Blickpunkt einer transdisziplinären Forschung. Ein Beispiel ist die Agroforst-Wirtschaft, bei der sich Bäume und Ackerpflanzen mit vielfältigem Nutzen ergänzen. Ein anderes ist die Agriphotovoltaik: Wo Solaranlagen auf freien Flächen gebaut werden, geht das oft auf Kosten von Naturbrachen, Äckern oder Weiden. Experimentierfreudige Landwirte und Wissenschaftler, etwa vom Fraunhofer-Institut für Solare Energiesysteme in Freiburg, arbeiten deshalb an Systemen, wie unter den Paneelen statt öder Rasenflächen auch Lebensmittel angebaut werden können. PV-Anlagen über Beerenkulturen, womöglich auch Kartoffeln und Gemüsen, über Biodiversitätsweiden, auf denen Schafe grasen, und auch auf wieder vernässten Mooren. Diese Doppelnutzung würde den Flächendruck deutlich verringern. »Die multifunktionale Flächennutzung kommt«, darauf setzt die Co-Vorsitzende des Wissenschaftlichen Beirates Globale Umweltfragen (WBGU), Sabine Schlacke, »in der Forschung und auch in der Politik ist das angekommen«. Noch sind zwar viele Fragen offen, an denen jetzt mit Hochdruck geforscht wird: Wie rechnet sich das Ganze auch für die Bauern? Welche Moorpflanzen profitieren womöglich von Verschattung, welche muss man vor ihr bewahren? Wie verändert sich der Wasserhaushalt, welche Folgen haben die Anlagen langfristig für die Böden? Wie kann man sie so aufstellen, dass es zu den Bedürfnissen der Pflanzen passt? Aber wenn es möglichst bald überall Vorschriften für den PV-Wildwuchs gäbe, dann könnte Agriphotovoltaik zum Standard erhoben werden.

Wie man Landbesitzer für mehr Gemeinwohlarbeit gewinnt

Flächen sparen, Boden schonen, seine Nutzung optimieren: an all dem wird gearbeitet, und mehr noch: Bei einer gerechteren und ökologisch verantwortlichen Verwaltung von Grund und Boden sind in den letzten Jahren ebenfalls viele Initiativen vorangekommen. Vor allem Mitglieder der Arbeitsgemeinschaft bäuerliche Landwirtschaft (AbL) in Mitteldeutschland sind da vorgeprescht. Sie haben Kriterien für eine gemeinwohlorientierte Verpachtung ausgearbeitet und versuchen nun, Landbesitzer davon zu überzeugen, ihre Pächter entsprechend auszuwählen.[5] Zu ihren Adressaten gehören beispielsweise die Kirchen mit ihrem großen Flächenbesitz. »Der Auftrag der Schöpfungsbewahrung wird seit Jahrzehnten verfehlt«, monierten kritische Bauern von der AbL zuletzt beim Evangelischen Kirchentag in Nürnberg im Sommer 2023. Eine Resolution sollte Landeskirchen und Gemeinden, die Land zu verpachten haben, auf ihre ökologische und soziale Verantwortung einschwören. Solche Forderungen stoßen nicht bei allen auf Gegenliebe, weder in der evangelischen noch in der katholischen Konfession. Auch Bauern und Grundbesitzer sind unter den Mitgliedern, auch sie sitzen in den Gemeinderäten, und viele von ihnen wollen sich nicht in ihre unternehmerische Freiheit, wie sie ihre Felder bestellen wollen, hineinreden lassen. Beim Evangelischen Kirchentag aber wurde die AbL-Resolution zur Gemeinwohlverpachtung mit großer Mehrheit verabschiedet. Sie wird zwar nicht aus »Raffzähnen« gleich »Samariter« machen, wie die Fachzeitschrift *agrarheute* polemisierte, sie kann aber Entscheidungen in eine Richtung bestärken, die zum Beispiel die evangelische Kirche in Mitteldeutschland (EKM) schon gegangen ist. Als erste Landeskirche hat die EKM ihre Kriterien für die Auswahl ihrer Pächter offengelegt. Demnach kann ein Bewerber nicht mehr nur mit der Höhe des Pachtpreisangebotes, einer ordnungsgemäßen Bewirtschaftung und Kirchenzugehörigkeit punkten, sondern auch mit seiner regionalen Herkunft. Einen zusätzlichen Bonus gibt es, wenn er oder sie sich sozial engagiert, etwa indem viele Ausbildungs- und Arbeitsplätze geschaffen werden. Möglich wären außerdem Pachtauflagen, die auf eine Erweiterung der Fruchtfolgen zielen, den Umbruch von Dauergrünland ausschließen oder Ökobauern und jungen Absolventen einer landwirtschaftlichen

Ausbildung auf Hofsuche Vorrang geben. Auch die Stiftung des Naturschutzverbands NABU berät Landbesitzende, wie sie ihre Flächen »fairpachten« und mehr Einsatz für Biodiversität einfordern können.

Ein weiter reichender Ansatz, der darauf zielt, das Eigentum an Grund und Boden kollektiv zu verwalten und dem freien Markt zu entziehen – und das in Stadt und Land –, steckt noch in den Anfängen. Seit der Jahrtausendwende sind neben den bekannten Agrar- oder Wohngenossenschaften auch Syndikate entstanden, also Zusammenschlüsse selbstständiger Unternehmen, die sich gegenseitig unterstützen. Im bundesweit organisierten »Mietshäuser Syndikat« sind das bislang 190 Wohnhaus-Gemeinschaften und 21 Projektinitiativen. Boden darf keine Ware sein: das ist die Überzeugung, die sie eint. Erfahrene Mitglieder aus Altprojekten beraten jene, die neu entstehen, und unterstützen sie teils auch finanziell beim Häuserkauf. Das Syndikat erwirbt jeweils einen Anteil und wacht mit dieser Sperrminorität darüber, dass die Objekte nicht mehr auf dem freien Markt gehandelt werden. Damit sind sie jener Spekulation und Preistreiberei entzogen, die nicht zuletzt einer schnelleren Verbreitung solcher Modelle im Wege steht.

Aus dieser urbanen Initiative ging im November 2020 das Ackersyndikat hervor, hier wird das gleiche Prinzip auf landwirtschaftliche Flächen angewandt. Als »dezentraler Solidarverbund von selbstorganisierten Höfen« will das Syndikat Landwirtschaftsbetriebe in unverkäuflichen Gemeinschaftsbesitz bringen, damit das Land denen gehört, die es bestellen. Etwa zwanzig Höfe aus ganz Deutschland haben Interesse angemeldet: solidarische Landwirtschaften, die auf Pachtland ackern und das für ihre Gemeinschaft sichern möchten, junge Landwirtinnen auf der Suche nach Land, aber auch Familienbetriebe ohne Hofnachfolger, die ihr landwirtschaftliches Lebenswerk sichern wollen. Für sie alle arbeiten etwa ein Dutzend Aktive aus dem Ackersyndikat ehrenamtlich zurzeit an juristischen Details, wie diese Form von Gemeinschaftsbesitz möglichst praktikabel gestaltet werden könnte.

Einen etwas anderen Weg gemeinschaftlichen Wirtschaftens schlägt die BioBoden Genossenschaft ein. Sie hilft Bauernhöfen, Land zu gewinnen, indem sie Geld aus den Städten mobilisiert: »Ackerland in Bürgerhand«. Fast 7000 Personen und Unternehmen haben in den letzten acht Jahren Anteile an der Genossenschaft gekauft, damit sie Flächen für Biohöfe sichern kann. Schnell geht auch das nicht voran angesichts der Konkurrenz um Grund und Boden, aber immerhin gibt es mittlerweile dreißig Partnerbetriebe. Entstanden ist die Idee, als 2007 ostdeutsche Biolandwirte ihr Land an Investoren zu verlieren drohten. Sie wandten sich an ihren Finanzier, die GLS Bank in Bochum. Diese »Gemeinschaftsbank für Leihen und Schenken« sammelte daraufhin bei ihren Anlegern Geld zur Rettung der Biohöfe ein. Ursprünglich war das als reine Geldanlage gedacht, doch daraus entstand eine bodenpolitische Bewegung. Sie lädt ihre Mitglieder ein, Verantwortung für regionale Biolebensmittel zu übernehmen, und bringt die landwirtschaftsfernen Genossen mit ihren Höfen in Kontakt. Ganz ähnlich arbeitet die Kulturlandgenossenschaft. Ihre Anteilszeichner helfen Höfen, die sich über den ökologischen Landbau hinaus besonders für ihre Region einsetzen, indem sie etwa alte Pflanzensorten anbauen.

In Brandenburg gibt es noch die Ökonauten, und vergleichbar gehen auch die »Regionalwert AGs« vor: Da können Bürgerinnen und Bürger Aktien einer nicht börsennotierten AG erwerben. Deren Job ist es dann, regionale Netzwerke von Landwirtschaftsbetrieben, die ökologisch wirtschaften oder wirtschaften wollen, Lebensmittel-Handwerkern, Restaurantbetreibern, Kantinenwirten und Läden aufzubauen und zu stärken. Wer einzahlt, bekommt vielleicht auf sehr lange Sicht auch mal eine Rendite, aber vor allem kann er oder sie sich schon jetzt als TeilhaberIn eines Aufbruchsprojektes fühlen: »Agrarwende selber machen«. Die Idee stammt vom findigen Gärtnermeister Christian Hiß aus Freiburg. Von dort hat sie sich über ganz Deutschland ausgebreitet. Fast 20 Millionen Euro haben Bürgerinnen und Bürger in neun AGs bereits als Grundkapital zusammengelegt, um

230 Partnerbetriebe zu unterstützen. Auch im wachsenden Netzwerk der solidarischen Landwirtschaften übernehmen KonsumentInnen und GärtnerInnen gemeinsam die Verantwortung für den Boden. All diese Ansätze zielen darauf, dass BürgerInnen mit ihrem Geld helfen, die Lücke zu schließen, die zwischen den Verdienstmöglichkeiten in der ökologischen Landwirtschaft und den unbezahlbar teuren Bodenpreisen klafft. Sie sind schon eine Weile erprobt, erfahren aber immer mehr Aufmerksamkeit, je mehr sich die Zielkonflikte um das Land und seinen abgehobenen Wertzuwachs zuspitzen.

Ganz neu ist aber, dass Gesine Langlotz' Hoffnung Gestalt annimmt: ein Schulterschluss zwischen bodenpolitischen Initiativen in Stadt und Land. Im November luden der Förderverein der Arbeitsgemeinschaft bäuerliche Landwirtschaft (AbL), das Netzwerk Flächensicherung und das Hamburger New Institute zu einer ersten Tuchfühlung ein, und etwa vierzig Vertreter verschiedenster Organisationen aus ganz Deutschland folgten ihrem Ruf in die Hansestadt: Architekten und Stadtplaner, JuristInnen, Klima-, Agrar- und WirtschaftswissenschaftlerInnen, Nachhaltigkeitsforscher, Commonstheoretiker, Aktive aus dem Bündnis Bodenwende, dem Netzwerk Steuergerechtigkeit, dem Netzwerk »Immovielien«, das Stadtplanung und Wohngemeinschaften »von Vielen für Viele« vorantreiben will. Zwei Tage lang sammelten sie Ideen und Wünsche ein, etwa in Form einer fantasierten Rückschau aus dem Jahr 2033: »Was ist in den letzten zehn Jahren in Deutschland zu Bodengerechtigkeit bewegt worden?« Spontane Antworten: Transparenzregister über den Bodenbesitz und regionale Bodenräte wurden eingeführt, ebenso Community Land Trusts, starke Landgesellschaften, und viele neue Gruppen der solidarischen Landwirtschaft haben sich gegründet. Land- und Immobilienbesitz sind begrenzt worden, Junglandwirte haben Vortritt bei Kauf und Pacht bekommen, Versiegelung ist gestoppt, es gibt Quotierungen für Vermietungen, Erbpacht verschafft Bauern langfristige Perspektiven und, und, und ... Dann diskutierten Arbeitsgruppen über Agrar- und Wohngenossenschaften und vor allem die Frage, wo es gemeinsame politische Interessen und Anliegen gibt. Zum Beispiel: Pachtpreisbremse und Mietpreisbremse. Ähnliche Instrumente, ähnliches Ziel. Auf der Landseite sollen die Pachtpreise nicht so hochschießen, dass Bauern und Bäuerinnen den Boden nicht mehr bezahlen können, auf dem sie unser Essen produzieren – auf der Stadtseite sollten Mieterinnen bezahlbar wohnen können, »um dann vielleicht auch das gute Essen, das wir Bäuerinnen produzieren, bezahlen zu können«, sagt Gesine Langlotz.

Auch wenn diese mögliche neue Koalition erst in den Anfängen steckt: in Hamburg herrschte Aufbruchstimmung. Man wird virtuell weiterarbeiten, wird sich wieder treffen. Möglich, dass da tatsächlich eine »Untergrund«-Bewegung entsteht. Vielleicht wird sie dazu beitragen, dass das Bodenleben besser geschützt und genutzt wird, dass Zielkonflikte konstruktiv gelöst und Boden-Werte gerechter verteilt werden. Gut möglich jedenfalls, dass sie schon bald die bodenpolitische Perspektive in den öffentlichen Debatten stärken und lauter als bisher ihre Stimme im Namen einer stärkeren Gemeinwohlnutzung erheben wird.

Regeln für faire Bodenmärkte

Auch wenn viele BürgerInnen, die sich zivilgesellschaftlich engagieren, leider wenig auf die repräsentative Demokratie setzen, die Teilnehmer des Hamburger »Stadt-Land-Boden«-Workshops waren sich weitgehend einig: Es führt kein Weg daran vorbei, für politische Regeln zu streiten. Und es gibt gerade politisch so viele Weichen zu stellen, die den Boden betreffen: Das EU-Gesetz zur Wiederherstellung der Natur muss in Deutschland umgesetzt werden, trotz Haushaltskürzungen wird es für Renaturierung und natürlichen Klimaschutz eine Menge Geld geben. Der Einsatz von Pestiziden und Glyphosat in Brüssel ist zwar nicht beschränkt worden, aber auf nationaler Ebene kann man noch Grenzen setzen. Die Debatte über die Wohnungs-,

Verkehrs- und Stadtpolitik schwillt an und auch jene über die EU-Agrarsubventionen. 2024 wird ein hochpolitisches Jahr: Im Frühjahr könnten Natur und Landwirtschaft ein Thema im Europawahlkampf werden, am Ende des Sommers plant der UN-Generalsekretär einen Zukunftsgipfel, im Herbst ist Landtagswahl in drei deutschen Bundesländern. Und just dort, in Thüringen, Brandenburg und Sachsen-Anhalt, wurden oder werden gerade Agrarstrukturgesetze vorbereitet, die mit Einschränkungen für Investoren mehr Fairness auf den Bodenmärkten schaffen sollen.

Solche Reformen wären enorm wichtig, um einen landwirtschaftlichen Mittelstand zu erhalten und die Refeudalisierung auf dem Land einzudämmen. Doch sie sind juristisch alles andere als einfach, denn sie berühren neben Grundrechten wie der Wirtschafts- und Eigentumsfreiheit auch das Handelsrecht, das Zivilrecht, das EU- und Grunderwerbsrecht; es geht also um eine »umfangreiche und komplexe Materie«, so das Justiziministerium in Erfurt. Überdies treten mögliche Eigentums-Beschränkungen vielen einflussreichen Interessengruppen auf die Füße, die an mehr und mehr Landbesitz mehrfach verdienen wollen: an der Produktion, an den EU-Subventionen und der laufenden Wertsteigerung der Böden und Flächen. Öffentlich will sich da kaum jemand äußern, hinter den Kulissen erzählt man sich aber, dass große Investoren, finanzstarke Anteilseigner und ihre Rechtsberater, außerdem wohlhabende Landwirte und ihre Verbandsvertreter politisch Einfluss nehmen, um neue Regeln für Landkäufe zu verhindern. Schon mehrere Anläufe, etwa in Niedersachsen und Sachsen-Anhalt, sind entweder an solchem Widerstand oder am fehlenden juristischen Schliff der Gesetzentwürfe gescheitert; oder aber als Folge von beidem daran, dass das politische Projekt so oft aufgeschoben wurde, bis die Zeit in der Legislaturperiode nicht mehr reichte. Auch in Thüringen sieht es Stand Dezember 2023 so aus, als würde ein unausgegorener Gesetzesentwurf das notwendige parlamentarische Reifestadium nicht rechtzeitig für eine Entscheidung vor der Landtagswahl erreichen. In Brandenburg wurde ebenfalls an einem

Gesetzestext gearbeitet, auch dort ist eher (Ende 2023) ein Scheitern in der aktuellen Legislaturperiode wahrscheinlich. Sachsen aber ist schon weit. Ein Entwurf der Koalition aus FDP, SPD und CDU liegt dem Parlament zur Beratung vor.

Bislang hat erst Baden-Württemberg seine Agrarstrukturregeln verändert, allerdings wurde dort im Wesentlichen nur das Vorkaufsrecht erweitert. Die Landgesellschaft kann Grundstücke jetzt auch dann erwerben, wenn sich noch kein aufstockungsberechtigter Landwirt dafür interessiert. Der so entstehende Flächenvorrat muss innerhalb einer Frist von zehn Jahren wieder zum Nutzen einer vielgestaltigen Landwirtschaft verkauft werden. Ähnliches ist auch für die gemeinnützige Sächsische Landsiedlung GmbH geplant. In Sachsen stehe zwar »die große Welle, das ganz große Anklopfen der Investoren erst noch bevor«, sagt Wolfram Günther, grüner Minister für Energie, Klimaschutz, Umwelt und Landwirtschaft. Aber er und die vom CDU-Ministerpräsidenten Michael Kretschmer geführte Regierung will dem zuvorkommen und den Zugriff kapitalstarker Akteure auf Grund und Boden beschränken.

So soll es – Stand Dezember 2023 – eine Preisobergrenze geben, die auf Grundlage des geltenden Marktwertes zuzüglich eines Aufschlags von 30 Prozent berechnet wird, aber erschweren soll, dass lokal verwurzelte Landwirte durch Höchstgebote ausgestochen werden. Gekappt werden sollen auch die Pachtpreise. Alle Grundstücksverkäufe müssen angezeigt und genehmigt werden. Für einen einzelnen Betrieb würde eine Flächenkonzentrationsgrenze für Eigentums- und Pachtflächen in Höhe von 2500 Hektar eingezogen. Share Deals wären somit zwar nicht verboten, schon weil aufgrund der DDR-Geschichte ein Großteil der Betriebe als Personengesellschaft betrieben wird und eine Nachfolge nur über Anteilsübertragungen geregelt werden kann. Es gibt auch einen Bestandsschutz für größere Unternehmen, wenn öffentliche Belange ihnen nicht entgegenstehen. Aber zukünftig könnte niemand über die 2500-Hektar-Grenze hinweg Region und Markt beherrschen.

Auch gegen diese vorgesehenen Einschränkungen gibt es Gegenwind, unter anderem von vielen Landwirten in Sachsen. Der Deutsche Bauernverband (DBV), der größte Verband der Landwirte, positioniert sich auf Bundesebene zwar in vielen Äußerungen gegen Share Deals und außerlandwirtschaftliche Investoren. Wenn es aber zum Schwur kommt, scheint die Skepsis zu überwiegen. Der Generalsekretär des DBV in Berlin, Bernhard Krüsken, ruft dann jedenfalls als konkretes Beispiel für Branchenfremde eher den Zahnarzt auf, der eine Pferdeweide kauft, oder die Naturschutzorganisation, die mit öffentlichem Geld ein Stückchen Land kaufen und der Landwirtschaft entziehen will, als den milliardenschweren Industriellen, der im Osten großflächig Mais produziert. Insgesamt ist die Bauernschaft gespalten, und das gilt auch für Sachsen: Einige Landwirte sehen in den neuen Regeln mehr Sicherheit für ihr Überleben, andere wollen sich zukünftige lukrative Landgeschäfte nicht verbauen.

So wird es spannend, ob sich das Agrarstrukturgesetz durchsetzt. Unter Experten gilt der sächsische Entwurf als kluger Kompromiss. Die Regierung hat ihn im Vorfeld sorgfältig mit Juristen und allen Betroffenengruppen beraten und immer wieder überarbeitet, das Kabinett hat ihn zweimal behandelt und durchgewinkt. Geplant ist eine Abstimmung im Landtag Ende März 2024. Bei Erscheinen dieses Buches könnte die Entscheidung also schon weitgehend gefallen sein, ob Sachsen ein neues Gesetz bekommt, das der Konzentration auf dem Land vorbeugt – oder doch nur ein Thema im Landtagswahlkampf.

Neue Steuern braucht das Land

Es gibt auch andere bodenpolitische Instrumente. Ein zentraler Schlüssel für mehr Bodengerechtigkeit wäre die – dann eher politisch als rechtlich strittige – Steuerpolitik. Um dem Gemeinwohl mehr Raum zu verschaffen, müssten »die Grundsteuer, die Grunderwerbssteuer (auch für Share Deals), die Abschöpfung leistungsloser Zugewinne bei der Baulandentwicklung, eine Spekulationssteuer und die steuerliche Behandlung der Wohnraumvermietung aufeinander abgestimmt neu geordnet werden«, fordert etwa das Bündnis Bodenwende, ein überparteilicher Zusammenschluss von Akademien, Kammern, Verbänden und Stiftungen aus den Bereichen Architektur und Raumplanung. Die Arbeitsgemeinschaft bäuerliche Landwirtschaft hat konkret vorgeschlagen, bei der Grunderwerbssteuer Freibeträge für ortsansässige Familienbetriebe einzuführen und auf der anderen Seite eine Progression: je mehr Land einer schon besitzt, desto mehr soll er bezahlen. Auch bei der Erbschaftssteuer könnte der Staat stärker zugreifen, um Mittel für all die geforderten Wenden zu gewinnen.

Einen Mehrgewinnvorschlag macht das Potsdam-Institut für Klimafolgenforschung (PIK). Sein Direktor und Chefökonom Ottmar Edenhofer hat gemeinsam mit Max Franks, einem Wissenschaftler am selben Institut, im Jahr 2023 einen Aufsatz veröffentlicht, der übersetzte Titel: »Optimale Reichtumsbesteuerung, wenn Reichtum mehr ist als nur Kapital«[6]. Die Autoren stellen fest, dass »der Faktor Land in der Erforschung einer optimalen Umverteilungsbesteuerung weitgehend abwesend« sei, und prüfen, welche Auswirkungen die Besteuerung des Wertzuwachses von Land und der Bodenrenten haben würde. Wer Land bebaut, der soll von seiner Leistung profitieren; wer es aber nur besitzt und ohne sein Zutun immer reicher wird? »Warum soll jemand laufend höhere Renten kassieren«, fragt Edenhofer, »nur weil sein Grundstück an einem besonders günstigen Standort liegt, wo der Wert seines Landes steigt?«

Der Gedanke einer solchen Besteuerung des Bodenwertes ist nicht neu, beispielsweise wurde er schon von dem britischen Nationalökonomen David Ricardo nahegelegt oder von dem US-amerikanischen Boden- und Sozialreformer Henry George. In der politischen Diskussion in Deutschland sind die steigenden Bodenpreise seit mehr als fünfzig Jahren ein politisches Thema, das mal mehr und mal weniger Konjunktur hat. So forderte schon der Städtebaubericht der Bundesregierung aus dem Jahr 1970, die »Mißverhältnisse zwischen der gesellschaftspolitischen und wirtschaftlichen Bedeutung des Bodens auszugleichen«, und er empfahl, »den verfassungsrechtlichen Gestaltungsrahmen des Artikels 14 des Grundgesetzes auszuschöpfen«. Eine sozialliberale Bundesregierung regte also an, Eigentum an Boden dem Allgemeinwohl zu verpflichten, und schloss sogar mögliche Enteignungen »nur zum Wohle der Allgemeinheit« nicht aus.[7] »Nicht gerechtfertigte und sich städtebaulich negativ auswirkende Begünstigungen des Grund und Bodens als Anlage- und Spekulationsobjekt« müssten »beseitigt werden«, fuhr der Bericht fort. Solche Empfehlungen der Bundesregierung unter Willy Brandt von vor einem halben Jahrhundert lesen sich ganz ähnlich wie die Forderungen der wohnungsmarktkritischen Bewegungen der Zwanzigerjahre des 21. Jahrhunderts, nur gelten diese nach den Jahrzehnten neoliberaler Politik heute als radikal. Damals hingegen wurde »die Notwendigkeit, die in der Verfassung verankerte Sozialbindung des Eigentums im Städtebau stärker zu verwirklichen«, laut dem Städtebaubericht »von allen politischen Kräften bejaht.« Vor allem der SPD-Politiker Hans-Jochen Vogel, Bundesbauminister in den frühen Siebzigerjahren, machte sich für Reformen des Bodenmarktes stark und forderte, eine Bodenwertzuwachssteuer einzuführen. Seine Idee: Nicht nur die Grundstückseigentümer, sondern auch die Gemeinden sollten profitieren, wenn Flächen etwa durch kommunale Planung an Wert gewinnen. Wer also einen Acker, der ohne eigenes Zutun zu teurem Bauland geworden war, verkaufen wollte, hätte den Wertzuwachs ähnlich versteuern sollen wie ein Hausbesitzer in der Stadt, dessen Grundstück durch eine Grünanlage oder den großen Bevölkerungszuzug zum Filetstück geworden war. Doch damit konnte sich der Bauminister dann doch nicht durchsetzen. Mitte der Siebzigerjahre war die Luft raus, das Thema Bodenreform verschwand aus den politischen Debatten.[8] 2019, ein Jahr vor seinem Tod, brachte Hans-Jochen Vogel mit 93 Jahren das Thema in seinem Buch »Mehr Gerechtigkeit!« noch einmal in die Diskussion: »Wir brauchen eine neue Bodenordnung.«[9]

Ottmar Edenhofer und sein Kollege erwarten von einer Steuer auf steigende Bodenwerte, dass die Wohnkosten weniger schnell ansteigen würden, und der Aufkauf von Land wäre weniger attraktiv. Potenziell höhere Einnahmen könnten wirtschaftlich schwächeren Haushalten zugutekommen. Allerdings gäbe es noch mehr Effekte als größere Gerechtigkeit. Der PIK-Studie zufolge würde darüber hinaus auch mehr unproduktiv festgelegtes Kapital wieder in den Wirtschaftskreislauf zurückgeführt. Denn wenn sich Immobilienspekulation unter einer wertbasierten Grundsteuer weniger lohne, dann würden Vermögende eher wieder in Unternehmen und die Steigerung ihrer Produktivität investieren. Wovon wiederum alle etwas hätten: »Die Investitionen in Unternehmen schaffen Arbeitsplätze und erhöhen potenziell die Löhne«, verlautbart das PIK.

Klärungsbedarf sieht Edenhofer noch bei der Frage, wie Angehörige der Mittelschicht mit kleinerem Grundbesitz entlastet würden. Beispielsweise könnte man Freibeträge einführen. Die neue Wertzuwachssteuer sieht er überdies nur als ein mögliches Instrument, auf die Nutzung und Verteilung des Bodens Einfluss zu nehmen. Notwendig sei eine Debatte darüber, wie der Staat Flächenkonkurrenz und Flächenversiegelung zusätzlich auf andere Weise steuern kann.

Flächenzertifikate, Entsiegelungsprämien

Er könnte zum Beispiel die Idee aufgreifen, die das Umweltbundesamt (UBA) schon vor einigen Jahren in die Diskussion gebracht hat: einen Handel mit Flächenzertifikaten. Der würde ähnlich wie jener mit Verschmutzungsrechten funktionieren: Kommunen bekämen Kontingente einer gedeckelten Menge an Zertifikaten zugeteilt, innerhalb derer sie das Recht hätten, weitere Flächen zu verplanen. Bräuchten sie mehr Raum, müssten sie weitere Zertifikate von anderen Kommunen kaufen, die keine Flächen in Anspruch nehmen, womöglich sogar welche entsiegeln. Das Umweltbundesamt hat das bereits an

Modellkommunen erfolgreich erprobt und die Umsetzung empfohlen. »Wegen der politischen Großwetterlage«, hört man im Bundesumweltministerium, seien die Flächenzertifikate damals aber nicht eingeführt worden und wieder aus der politischen Debatte verschwunden. Alles, was von diesem bodenpolitischen Aufbruch blieb, ist der – nie verwirklichte – Aktionsplan Flächensparen und das Internetportal Aktion Fläche mit vielen guten Informationen, aber alles hübsch freiwillig.[10]

Heute, unter dem Druck der multiplen Krisen, wäre längst angemessen, ein Neu-Versiegelungsverbot zu verhängen: Nur durch Entsiegelung an anderer Stelle dürfte eine Gemeinde überhaupt noch Fläche bebauen. Das würde die Kreativität von Planern, Architektinnen und Gemeindevorstehern auf einen Schlag erhöhen, wie sie zum Beispiel leer stehende Ställe oder alte Scheunen zu Wohnhäusern umbauen könnten. Gleichzeitig würde es Geld und Leben in die Kassen verarmter Gemeinden in Gegenden mit Landflucht bringen. Und noch etwas müsste eingeführt werden: die Entsiegelungsprämie. Sie könnte an alle Grundstücksbesitzer, ob privat oder gewerblich, ausgezahlt werden, die feststellen: Eigentlich müsste diese Ecke, jener Flecken gar nicht asphaltiert sein. Die nicht mehr genutzte Gartenlaube, die sechs Meter breite Hofauffahrt, die überdimensionierte Terrasse: Warum soll das alles zubetoniert oder versteinert bleiben? Wer solche Flächen wieder öffnet, Platten wegräumt oder Asphalt aufreißt, der müsste eine Prämie bekommen, die deutlich höher wäre als die Kosten, die für die Boden-Befreiungsarbeiten anfallen. Kommunale Wettbewerbe könnten Anreize schaffen: Wer gibt die größte Fläche an die Natur zurück? Begleitet würden sie vielleicht von einer Vorher-Nachher-Fotoausstellung im Rathaus. Sie könnte auch Steingarten-Fans motivieren, ein Bewusstsein für den Wert des offenen Bodens neu zu erwecken.

Politik kann Flächen auch indirekt freiräumen

Außerdem gibt es ein großes Potenzial politischer Projekte, die Flächen indirekt gewinnen oder umwidmen. Es steckt zum Beispiel im Umbau der Wirtschaft zu einer Circular Economy. In einer solchen Kreislaufwirtschaft werden Materialien so verbaut, dass sie wieder und wieder genutzt werden können und so gut wie kein Müll mehr anfällt. Das Großprojekt Kreislaufwirtschaft scheitert bislang nicht zuletzt daran, dass es eine enge Zusammenarbeit zwischen Technologieentwicklern, Unternehmen und Verwaltungen erfordert. In der Circular-Valley-Initiative in Wuppertal zum Beispiel werden solche Netzwerke jetzt geknüpft. Nach Berechnungen des World Wildlife Fund for Nature (WWF) würde ein konsequentes Kreislaufdenken in Deutschland nicht nur Ressourcen und Energie einsparen und die Treibhausgasemissionen senken, sondern auch mehr als 8,5 Millionen Hektar Fläche einsparen. Das entspräche etwa einem Viertel der Gesamtfläche des Landes.[11] Der WWF hat eine ganze Reihe von Forschungsinstituten konsultiert und eine lange Liste von Veränderungen erarbeitet, die es bräuchte, um dieses Ziel zu erreichen. Viele beträfen den Bausektor und den Verkehr, Haushaltsgeräte und Verpackungen. Die größte Wirkung hätte eine fleischreduzierte Ernährung, sie allein könnte laut WWF 2,1 Millionen Hektar Ackerfläche, die jetzt für den Futteranbau genutzt wird, freisetzen. Wenn es gelänge, weniger Lebensmittel wegzuwerfen, würden noch einmal fast 900.000 Hektar weniger gebraucht.[12] Weniger Autos, mehr Carsharing und öffentlicher Nahverkehr, die Abkehr von Fast Fashion, weniger Neubauten, reparaturfähige Haushaltsgeräte, weniger Verpackungen und langlebige Möbel: alles würde Flächen freisetzen. Voraussetzung dafür wären Mindeststandards für ein Ökodesign, wie sie auf EU-Ebene diskutiert werden; dazu angepasste Mehrwertsteuersätze, die Förderung von Unverpacktsystemen und eine erweiterte Herstellerverantwortung. Und selbst wenn sich die 8,5 Millionen Hektar als zu optimistisch erweisen sollten: für ausgiebige Schutzgebiete sollte es allemal reichen.

Eine weitere Möglichkeit zur Flächenrückgewinnung ergibt sich aus den bereits erwähnten Berechnungen des Thünen-Instituts: Weil Windräder und PV-Anlagen wesentlich mehr Strom pro Hektar erzeugen als Biogasanlagen, könnte der Ausbau von Wind- und Solaranlagen Flächen befreien, auf denen heute Energiemais wächst. Dabei ist aus Bodenperspektive auch klar: Die PV-Anlagen müssten zuallererst auf Dächer und ohnehin versiegelte Flächen gebaut werden. Die Frage, wie man Hausbesitzer und Mieter da endlich schneller zusammenbringt, beschäftigt noch zu wenige Politiker, aber Gemeinden, Sozial- und Rechtswissenschaftler arbeiten an Ideen dafür. Sollen Solarpaneele auf freien Flächen errichtet werden, müsste eine doppelte Nutzung im Agriphotovoltaik-System vorgeschrieben werden.

Eine dritte Option für einen indirekten Flächeneffekt: die Holzernte. Zurzeit wird ein großer Teil verheizt und verbrannt, in heimischen Kaminen und sogar in Kraftwerken. Die EU lässt das – großteils mit importierten Holzprodukten – immer noch als klimafreundlich durchgehen, obwohl längst klar ist, dass die Klimaveränderungen die Wälder international, in Europa und auch in Deutschland enorm gefährden. Die Umweltverbände fordern deshalb eine sparsame, langfristig gedachte Mehrfachnutzung in Kaskaden: erst sollte Holz langlebig im Hausbau, für Dachstühle, Möbel, sogar Fahrräder eingesetzt werden, sodass das darin gebundene CO_2 möglichst lange gespeichert bleibt. Im Bausektor Holz zu verwenden ist besonders sinnvoll, dort ersetzt es außerdem den klimaschädlichen Beton. Erst nach diesem Gebrauch ließe es sich ein zweites Mal für minderwertige Produkte wie Holzkisten, sogar Textilien verwenden. Außerdem könnte man daraus und aus Produktionsresten chemische Rohstoffe oder Treibstoffe gewinnen. Erst in der dritten Kaskadenebene wäre Verbrennung eine Option. All das erfordert politische Regeln.

EU-Subventionen, die dem Boden helfen

Der vermutlich wichtigste Politikansatz aber ist die europäische Agrarpolitik, die mit gigantischen Summen – allein für deutsche Betriebe sind es jährlich fast 6,3 Milliarden Euro – bis heute eine nicht nachhaltige Landwirtschaft fördert. Seit vielen Jahren misslingt der Versuch – oder kommt zumindest nur im Schneckentempo voran –, dieses viele Geld so zu verteilen, dass Bauernhöfe und ökologische Ressourcen, auch der Boden, erhalten bleiben. Wissenschaftlergremien und Rechnungshöfe in Deutschland und Europa fordern ebenfalls seit vielen Jahren unisono eine konsequente Orientierung der Agrarsubventionen an diesen Gemeinwohlkriterien: öffentliche Gelder für öffentliche Güter. Doch der Lobbydruck milliardenstarker Weltkonzerne, industrienaher Bauernverbände und der Widerstand einer konservativen und populistischen Mehrheit im EU-Parlament ist stark. Gelänge es trotzdem mit viel Gegendruck, dieses Geld aus dem europäischen Haushalt so zu verteilen, dass Landwirte regenerativ, bodenfreundlich und biodiversitätsfördernd wirtschaften könnten, ohne dabei um ihre wirtschaftliche Existenz fürchten zu müssen, dann wäre sehr viel Boden gutgemacht. Der Deutsche Verband für Landschaftspflege und die Arbeitsgemeinschaft bäuerliche Landwirtschaft haben gemeinsam mit Friedhelm Taube, seinerzeit Agrarwissenschaftler an der Universität Kiel, und anderen Wissenschaftlern einen Vorschlag erarbeitet, wie das gehen könnte, sie tauften ihn auf den Namen »Gemeinwohlprämie«.

Heute bekommen die landwirtschaftlichen Betriebe eine Förderung pro Hektar. Diese Flächenprämie ist einfach zu verwalten, aber desaströs in der Wirkung, weil sie großen Betrieben viel Geld bringt und kleinen viel weniger. Die Subventionen für Ökoaktivitäten, für die es zusätzlich auch noch kleinere Töpfe gibt, sind hingegen mit so hohem bürokratischen Aufwand verbunden, dass sie viele Landwirte zu Recht frustrieren und sich für kleine Betriebe nicht mal lohnen.

Deshalb müsste man das ganze komplizierte System, so der Vorschlag, durch ein deutlich einfacheres Konzept ersetzen, das aber zugleich gezielter ökologische und soziale Wirkung entfalten würde. Das hieße: Je mehr Gemeinwohlleistungen ein Betrieb erbringt, desto mehr Prämie bekäme er, etwa für ökologischen Anbau, Hecken, extensive Weiden, Streuobstwiesen, vielfältige Fruchtfolgen, breite Feldraine oder die Arbeit an und in wiedervernässten Mooren. Die Entscheidung über solche Vergabekriterien hat einen langen Vorlauf in der EU, die Arbeit an den Regeln für die nächste Förderperiode hat schon begonnen, europäische Bündnisse werden geschmiedet.

Die landwirtschaftliche Nutzfläche macht etwa die Hälfte der gesamten Fläche von Deutschland aus, deshalb wäre eine solche europäische Agrarreform so überlebenswichtig für unsere Böden und alle, die von ihnen leben. Damit würden sich die Teile einer bodenerhaltenden Politik, die der Schlüsselrolle des Bodens entsprechend vielgestaltig sein muss, zusammenfügen.

10
DIE GEERDETE GESELLSCHAFT:
Ein Ausblick

Im Boden bündelt sich alles. Er steht im Zentrum nicht nur der Landwirtschaft, sondern allen Wirtschaftens, im Zentrum der Ökosysteme und ihrer Krisen, die alle miteinander verbunden sind: der Klimakrise, der Biodiversitätskrise, der Verschmutzungskrise, der Wasserkrise, der Gerechtigkeitskrise. Die Bodenkrise ist, ähnlich wie es die indische Umweltschützerin Sunita Narain einmal für den Klimawandel formuliert hat, »die Summe aller Fehler«. Ohne den Boden gibt es also weder für ihn selbst noch für eine der anderen Krisen eine Lösung. Besser: Lösung*en*, denn diese sind so vielfältig wie die Böden, die Kulturen und Zivilisationen, die aus ihnen erwachsen. Zu komplex und zu umstritten sind viele dieser Lösungen, aber auch zu belebend und faszinierend, als dass wir sie auf einen Nenner bringen könnten; eine Fanfare für den Aufbruch ins Neu-Land. Dennoch zum Schluss ein paar zusammenfassende Gedanken, was wir selbst bei der Beschäftigung mit Grund, Boden und Fläche gelernt haben.

Das ist, allem voran, die Erkenntnis, dass Böden nicht nur ein Thema für Landwirte, Gärtnerinnen, Agrarwissenschaftler und Naturschützerinnen sind, für Biologinnen und Chemiker, die sie düngen oder entgiften; also für jene, die professionell mit dem Boden umgehen. Die ganze Gesellschaft ist herausgefordert, weil es um ihre Existenzgrundlage geht. Um Essen, Wohnen, Kleidung, Reisen, Gesundheit, denn alles hängt mit dem Boden zusammen, und er ist – nicht zuletzt – der dritte Produktionsfaktor neben Kapital und Arbeit.

Diese ganze Gesellschaft ist zuallererst gefordert, ein neues Bewusstsein, Demut und Respekt für den Boden zu erlernen. Allzu lange wurde verdrängt, was Karl Marx so klar formuliert hat: »Dass das physische und geistige Leben des Menschen mit Natur zusammenhängt, hat keinen anderen Sinn, als dass die Natur mit sich selbst zusammenhängt, denn der Mensch ist ein Teil der Natur.« Wie weit wir uns von der Erkenntnis dieser Grundbedingtheit entfernt haben, beschäftigte auch den anfangs zitierten Autor Peter Härlin, und zwar schon zu Beginn des Wirtschaftswunders im 20. Jahrhundert: »Wir Städter aber, Kinder einer Zeit, die sich wie keine zuvor dem Stoff unterwarf und Überfluß aus ihm schuf, haben wir nicht fast vergessen, daß unser aller Dasein abhängig geblieben ist von Erde, Regen, Sonnenschein?« Seither hat sich die Zeit dem Stoff noch um ein Vielfaches mehr unterworfen, ein Vielfaches mehr Überfluss und Abfall aus ihm geschaffen. Doch unser Körper, der jedes Einzelnen, bleibt mit der Natur, der Erde, dem Boden verbunden. Es trifft uns unmittelbar, wenn unsere Lebensweisen ihn zerstören. Das ist schnell geschehen, aber ihn zu erneuern dauert lange, unendlich lange.

Dass wir das immer wieder ignorieren, liegt auch daran, dass das mechanistische Bild von der beherrschbaren, kontrollierbaren Natur, das uns seit Descartes, Newton und Bacon prägt, nicht überwunden ist, vielleicht weniger denn je; ebenso wenig das romantische Bild von der Natur als ersehnter, idyllisierter, unberührbarer Gegenwelt. Auch der Begriff Umwelt suggeriert, es gäbe da ein Äußeres, eine Natur, die unserer menschlichen Kultur gegenübersteht. Aber jetzt im Anthropozän macht es endgültig keinen Sinn mehr, diese Sphären zu trennen. Wir brauchen einen geschärften, neugierigen, lernbegierigen Blick auf das Leben und Sterben um uns herum.

Er würde auch die Hoffnung als Illusion entlarven, dass die ökologischen Krisen allein durch grünes Wachstum zu lösen seien. Ja: Forschung und Technologie haben viele Auswege aus dem fossilen Irrweg gewiesen, sie halten weitere bereit und können das Wohlstandsniveau hoch halten. Aber gerade der Blick auf die komplexe, nicht vollständig erforschte Lebenssphäre des Bodens und seine Rohstoffe zeigt: Auch Elektroautos, auch eine grenzenlose Digitalisierung stoßen an planetare Grenzen. Wenn die fossile Energiegrundlage durch eine biologische und solare ersetzt wird, fordert das Raum für Pflanzen, Windkraft- und Photovoltaik-Anlagen, Minen. Fordert Fläche, und das schafft Konflikte. Gerade der Boden zeigt: Wir können uns nicht länger etwas vormachen. Auch eine grünere Wirtschaft wächst nicht in den Himmel. Sie kann Grenzen ausdehnen, aber nicht sprengen, und funktioniert nur, wenn wir effizienter wirtschaften und insgesamt weniger verbrauchen. Kurzum: An einer Suffizienzrevolution führt kein Weg vorbei.

Diese Erkenntnis wird umso dringlicher, weil auch die Krise der Gerechtigkeit gelöst werden muss, im eigenen Land wie global. Weil der Boden begrenzt ist, werden wir Prioritäten setzen müssen, und wir müssen teilen. Viele müssen mit weniger auskommen. Viele heißt: die »globale Konsumentenklasse«, wie der Soziologe und Theologe Wolfgang Sachs die reichsten Erdenbürger im globalen Norden, aber auch in den Zentren des globalen Südens, die am meisten verbrauchen und emittieren, einmal genannt hat. Der junge Stadtforscher Anton Brokow-Loga bringt es auf den Punkt: »Statt größere Kuchen zu backen, braucht es dringend eine Debatte darüber, wie sich eine gerechte Verteilung der Kuchenstücke organisieren lässt.«[1] Man kann wie Wolfgang Sachs von »frugalem Wohlstand« reden – einfach, aber gut –, statt das Tabuwort Konsumverzicht zu verwenden, oder kann mit der indischen Regierung den »Aspirational Consumer« anstreben, einen Verbraucher, der anspruchsvoll auch die Folgen für andere bedenkt, ehe er schon wieder was kauft. Aber das ändert nichts: die am meisten haben, müssen weniger verbrauchen.

Eigentlich wissen wir das schon lange, doch die Appelle, weniger, nachhaltiger, bewusster zu konsumieren und weniger wegzuwerfen, haben nicht gereicht. Das hat viele Gründe: Gewohnheit, Bequemlichkeit, die Allgegenwart der Produktwerbung, soziale Normen mit ihren Konsumstandards, fossile Infrastrukturen, die den nachhaltigen Weg steiler und schwerer machen, aber auch schlichter Geldmangel und zu wenig Wissen. Das bedeutet nicht, dass die Einzelnen aus der Verantwortung entlassen werden sollten, aber individualisierende Konzepte greifen zu kurz. Es braucht einen politischen Rahmen, der die nachhaltige Wahl zur einfacheren macht. Es geht also um Gesetze, um Regeln, um Ordnungsrecht. Um kluge Vorschriften, Verbote und die richtigen Anreize.

Kaum jemand in der Politik traut sich auszusprechen, dass es Grenzen gibt, auch Grenzen des Konsums. Die Grünen nicht, weil ihnen wegen des simplen Vorschlags eines fleischlosen Kantinenessens der Ruf einer Verbotspartei angehängt wurde (obwohl Umfragen zugleich dokumentierten, dass sich die Verbraucher mehrheitlich fleischlose Tage in der Kantine wünschen). Und die anderen Parteien reden nicht über Grenzen, weil sie lieber die Illusion nähren, mit technischem Fortschritt die biologischen und ökologischen Probleme wegtüfteln zu können. Der Schriftsteller und Ökologe Carl Amery hat das einmal die »salvatorische Formel« genannt: »Man wird schon was finden.« Kaum jemand in der politischen Verantwortung traut sich, auch über Vorschriften und Ordnungspolitik zu sprechen, denn zu groß ist die Befürchtung, das werde einen Shitstorm der Populisten zur Folge haben und deren absurden Vorwurf der Ökodiktatur. Demokratiefeindliche Populisten haben die großen Versprechen der Freiheit auf ein vulgäres Konzept von rücksichtslosem Habenwollen geschrumpft. Das aber bedeutet Freiheit nicht. Freiheit ist nicht das Recht auf Rücksichtslosigkeit.

Es muss eine demokratische und menschenrechtliche Selbstverständlichkeit bleiben, dass die Freiheit des Einzelnen da endet, wo die Freiheit des anderen beginnt. Das gilt auch für den Umgang mit dem Boden und allen Lebewesen, die in und von ihm leben. Das Schrumpfen der Volksparteien, allen voran der SPD, hat gezeigt, dass es sich eben nicht auszahlt, seinen Überzeugungskern immer wieder kurzfristigen Umfragehochs und taktischen Überlegungen anzupassen. Es gibt einen Unterschied zwischen Kompromiss und Kompromittierung.

Man kann auch die regressive Suche nach einfachen Antworten und populistischen Gewissheiten als Ausdruck einer großen Kluft zwischen Wissen und Handeln interpretieren. Es ist aber nie gut, die Probleme in ihrer Dimension zu verschweigen, und immer besser, konstruktive Angebote zu machen. Wer sich als Politikerin, als Politiker trauen würde, zu sagen, was sowieso alle spüren, aber noch nicht wahrhaben wollen, weil ihnen die Konsequenzen daraus zu einschneidend vorkommen, der würde damit mehrheitlich Respekt gewinnen, davon sind wir überzeugt.

Auch Studien legen das nahe: Das Marktforschungsinstitut rheingold hat zusammen mit der gemeinnützigen Düsseldorfer Philosophie-Stiftung Identity Foundation die Zuversicht der Deutschen untersucht und festgestellt, dass sich viele Bürger in einer diffusen Endzeitstimmung ins Private zurückziehen. Viele trügen eine Urangst in sich, verursacht durch die Corona-Krise und anschließend den terroristischen russischen Angriff auf die Ukraine: die Angst vor Autonomie- und Kontrollverlust. Trotz oder wegen ihr hegen sie Erlösungshoffnungen, erwarten eine neue Technologie oder Politik, die sie vor dem Ungemach der Klimakrise bewahren soll – und haben zugleich zu einem sehr großen Anteil das Vertrauen in die Lösungsfähigkeiten der Politik verloren. Die Autorinnen folgern, dass es dringend möglichst konkrete Perspektiven für den Aufbruch in die gesamtgesellschaftliche Transformation geben müsse – die aber müssten dieser Angst vor Fremdbestimmung Rechnung tragen.

Das bietet eine Richtschnur: Appelle an die persönliche Transformationsbereitschaft verhallen, denn die meisten Deutschen – so haben es die Befragungen gezeigt – unternehmen längst kleinere Schritte zu mehr Nachhaltigkeit, lehnen eine umfassende Transformation aber ab. Von oben verordnete Veränderungen würden sie als Einschränkung von Autonomie empfinden und empört zurückweisen. Helfen könnte also Aufklärung, helfen könnten Bilder von einem guten Leben, verbunden mit dem Gefühl, selbst mitentscheiden zu dürfen, was gut ist und wie man es erreicht; dem Gefühl, etwas bewirken zu können und Teil von etwas zu sein. Die Studie fordert also, was die PionierInnen eines lebensfreundlichen Umgangs mit dem Boden längst praktizieren: gemeinsam Lösungen zu erarbeiten. Die Aufgabe der Politik muss es sein, dafür Raum zu schaffen und all denen den Weg zu ebnen, die als Pioniere gute Modelle entwickelt haben.

Die Aufgabe der Bürger wäre es, sich auch tatsächlich selbst als Teil des Politischen zu sehen und sich nicht empört, aber passiv zurückzulehnen und letztlich alles zu delegieren. Mit anderen Worten: Rein in die Parteien! Rein in Nichtregierungsorganisationen, rein in soziale Bewegungen. Und: Rein in die Verwaltungen, wo jetzt viel mehr qualifizierte Mitstreiter gebraucht werden, nicht nur, um die vielen Umsetzungsdefizite zu bewältigen, sondern auch, um eine bessere Welt zu gestalten.

Dass es sich lohnt, für einen guten Umgang mit dem Boden Zeit und Herzblut zu investieren, das haben wir an den Beispielen für Weiden, Auen, Wälder, Moore gezeigt: Weil er sich erholen und die Tier- und Pflanzenwelt neu beleben kann, wenn man die Voraussetzungen dafür schafft. Und weil das Ergebnis schön wäre: eine lebendige Landschaft, in der man gut leben, arbeiten, sich erholen kann. Ein Land mit fruchtbarem Boden, der gesunde Lebensmittel wachsen lässt, mit lebenswerten Dörfern und Städten. Auf gutem Grund.

ANMERKUNGEN

1 Einleitung

1 https://www.faz.net/agenturmeldungen/dpa/scholz-brauchen-20-neue-stadtteile-auf-der-gruenen-wiese-19257209.html
2 https://www.unccd.int/sites/default/files/2022-02/German%20%28including%20all%20annexes%29.pdf
3 https://www.faz.net/aktuell/gesellschaft/kriminalitaet/ngo-global-witness-meldet-200-getoetete-umwelt-aktivisten-fuer-2021-18350470.html
4 https://www.youtube.com/watch?v=fEfyF22-hhs
5 David Montgomery: »Dreck: Warum unsere Zivilisation den Boden unter den Füßen verliert«, oekom-Verlag München 2010
6 Monbiot, George. »Neuland: Wie wir die Welt ernähren können, ohne den Planeten zu zerstören«, Random House, 2022
7 https://wad.jrc.ec.europa.eu/
8 https://www.wbgu.de/de/publikationen/publikation/landwende

2 Der Urgrund alles Lebendigen

1 https://www.bodenwelten.de/content/boden-ton-und-film-bodenkantate-ist-jetzt-online; https://www.soundingsoil.ch/en/listen/
2 https://www.youtube.com/playlist?list=PLd2kshRyXxRRKr_AvJ-TmrGkurE0AqFUf
3 Quelle: Benedikt Haerlin
4 https://www.bfn.de/sites/default/files/2021-04/210108_BodenBioDiv-Report.pdf
5 Da Silva, H. G. (2014). Soils are the foundations of family farming. Food and Agriculture Organization of the United Nations (FAO). http://www.fao.org/soils-2015/news/news-detail/en/c/271795/
6 in Christiane Grefe: »Die Haut der Erde«, DIE ZEIT 2009, https://www.zeit.de/2009/20/U-Boden
7 https://www.nabu.de/imperia/md/content/nabude/landwirtschaft/230508-joint_position_paper_eu_soil_health_law.pdf
8 Dazu Christiane Grefe: »Da ist zu wenig der Wurm drin«, DIE ZEIT, 11. 9. 2021, https://www.zeit.de/2021/37/regenwuermer-hochwasser-boden-oekologie-ueber schwemmung
9 https://www.marco-polo film.de/filme/produktion/production/festmahl-der-tiere/
10 https://www.wwf.de/fileadmin/fm-wwf/Publikationen-PDF/WWF-Regenwurm-Manifest.pdf

11 Christiane Grefe, »Fladen des Lebens«, DIE ZEIT 14. 7. 2019 https://www.zeit.de/2019/29/ kuhfladen-weidehaltung-artenvielfalt-insekten-naturschutzgebiete
12 Schoof, Nicolas; Luick, Rainer: »Antiparasitika in der Weidetierhaltung«, Naturschutz und Landschaftsplanung 2019, S. 492
13 Anita Idel: Die Kuh ist kein Klimakiller! Wie die Agrarindustrie die Erde verwüstet und was wir dagegen tun können, 2. Auflage, Metropolis, 2022
14 Annette Jensen, Sina Kamala Kaufmann: Holy Shit, Freiburg 2023
15 Vergleiche Martin Grassberger: »Das unsichtbare Netz des Lebens. Wie Mikrobiom, Biodiversität, Umwelt und Ernährung unsere Gesundheit bestimmen«, Residenz Verlag, Wien 2021
16 Birgit Wassermann, Henry Müller, Gabriele Berg: »An apple day: Which Bacteria Do We Eat With Organic and Conventional Apples?« https://www.frontiersin.org/articles/10.3389/fmicb.2019.01629/full
17 Stefan Schwarzer, Ute Scheub: »Aufbäumen gegen die Dürre. Wie uns die Natur helfen kann, den Wassernotstand zu beenden. Alles über regenerative Landwirtschaft, Schwammstädte, Klimalandschaften & Co.«, Oekom Verlag, München 2022
18 https://hundertwasser.com/texte/the_sacred_shit_-_the_shit_culture
19 Heinrich Böll Stiftung et. al: »Bodenatlas – Daten und Fakten über Acker, Land und Erde« https://www.boell.de/sites/default/files/bodenatlas2015_iv.pdf

3 Im Sog der Multikrisen

1 https://www.pnas.org/doi/10.1073/pnas.1910114117#sec-1 Fig.3
»… those growing populations will experience MATs currently found in very few places. Specifically, 3.5 billion people will be exposed to MAT ≥29.0 °C, a situation found in the present climate only in 0.8% of the global land surface, mostly concentrated in the Sahara, but in 2070 projected to cover 19% of the global land (Fig. 3).«
2 https://reliefweb.int/attachments/1b9e280d-d877-4022-97bb-c10e2b0ffab6/OCHA_IFRC_extreme_heat_report_2022.pdf, Seite 36 Karte unten
3 https://reliefweb.int/attachments/1b9e280d-d877-4022-97bb-c10e2b0ffab6/OCHA_IFRC_extreme_heat_report_2022.pdf
4 https://www.tagesschau.de/wissen/klima/hitzewellen-weltregionen-101.html
5 https://www.ipcc.ch/site/assets/uploads/sites/3/2022/03/01_SROCC_SPM_FINAL.pdf, siehe A.3, Vortrag von Pörtner zum Bericht: https://www.de-ipcc.de/252.php https://www.de-ipcc.de/252.php
6 https://www.geomar.de/entdecken/ozean-und-klima/meeresspiegel-xxxx
7 https://www.spiegel.de/wissenschaft/mensch/was-die-eiszeit-ueber-den-klimawandel-lehrt-a-cfce2e0b-564d-4887-949d-ab3bafec4363
8 https://www.wbgu.de/de/publikationen/publikation/landwende
9 https://www.bmuv.de/fileadmin/Daten_BMU/Pools/Broschueren/5_bodenschutzbericht_2021_bf.pdf
10 Bar-On, Yinon et al.: »The biomass distribution on earth«, PNAS Vol. 115, No. 25, 2018, https://www.pnas.org/doi/10.1073/pnas.1711842115
11 https://www.bmuv.de/themen/naturschutz-artenvielfalt/naturschutz-biologische-vielfalt/biologische-vielfalt-international/weltbiodiversitaetsrat-ipbes#c38403
12 Hochkirch A, Bilz M, Ferreira CC, Danielczak A, Allen D, Nieto A, et al. (2023): »A

multi-taxon analysis of European Red Lists reveals major threats to biodiversity. PLoS ONE 18(11): e0293083. https://doi.org/10.1371/journal.pone.0293083
13 Kolbert, Elizabeth: »The Sixth Extinction. An Unnatural History«, New York 2014
14 Mehr dazu in Busse, Tanja: »Das Sterben der anderen. Wie wir die biologische Vielfalt noch retten können«, München 2019, S. 81 ff.
15 https://www.spiegel.de/wissenschaft/mensch/was-die-eiszeit-ueber-den-klimawandel-lehrt-a-cfce2e0b-564d-4887-949d-ab3bafec4363
16 https://www.nabu.de/news/2022/02/31174.html, 100 ha = 1 qkm – › 500.0000 ha = 5000 qkm, Größe SH: 15.763 km²
17 https://www.deutschlandfunkkultur.de/nationalpark-kellerwald-edersee-wie-der-klimawandel-den-100.html und Waldkonferenz Martin Häusling
18 Die Eckernförder Zeitung hat eindrucksvolle Bilder und Filme dazu: www.shz.de/-lokales/eckernfoerder-zeitung/mit-video-massenhaft-tote-fische-an-ostseestraenden-id17809461.html
https://www.merkur.de/welt/todeszone-forscher-steht-kurz-bevor-sommer-phaenomen-atlantik-fischsterben-zr-92348652.html
19 https://ec.europa.eu/eip/agriculture/sites/default/files/01_bridget_emmett_introfinal.pdf
20 https://www.ipbes.net/assessment-reports/ldr
21 https://www.bpb.de/system/files/dokument_pdf/Montgomery%20-%20Dreck.pdf
22 https://eur-lex.europa.eu/legal-content/DE/TXT/PDF/?uri=CELEX:52021DC0699&from=EN

4 Alte und neue Spannungsfelder

1 https://www.horn-badmeinberg.de/Rat-und-Verwaltung/Nachrichten/Amazon-in-Belle-Infos-und-Webcams.php?object=tx,390.200.1&ModID=7&FID=449.2749.1&NavID=390.65
2 https://www.youtube.com/watch?v=7ZjB7tbCWEc
3 https://betriebserweiterung-halle.storck.com/de/K1IBnZMB/erschliessung-der-erweiterungsflaeche-beginnt/?in=IWfNT3IF
4 https://www.storck.com/de/unternehmen/nachhaltigkeit, 16.8.23
5 https://www.fr.de/wirtschaft/acker-statt-lkw-90256526.html
6 https://www.hagel.at/bodenverbrauch/
7 https://www.derstandard.de/story/3000000174466/bodenverbrauch-ngo-staatshaftungsklage-von-vfgh-angenommen
8 Vergleiche Dirk Asendorpf und Christiane Grefe: »Bitte versumpfen«, DIE ZEIT 30. 1. 2023 https://www.zeit.de/2023/05/moore-landwirtschaft-klimaschutz-bauern
9 https://backend.dnr.de/sites/default/files/Positionen/2021-09-01-neustart-verkehrsplanung.pdf
10 https://www.ble.de/SharedDocs/Pressemitteilungen/DE/2023/230414_Milchbilanz.html
11 https://www.landwirtschaft.de/landwirtschaft-verstehen/wie-arbeiten-foerster-und-pflanzenbauer/was-waechst-auf-deutschlands-feldern
12 Vergleiche Busse, Tanja: »33 Fragen und Antworten zum Fleischkonsum«, München 2021
13 https://www.independent.co.uk/climate-change/news/government-the-royal-society-airlines-uk-china-department-for-transport-b2290765.html

14 Vergleiche Dirk Asendorpf und Christiane Grefe: »Bitte versumpfen«, DIE ZEIT 30. 1. 2023 https://www.zeit.de/2023/05/moore-landwirtschaft-klimaschutz-bauern
15 »Flächennutzung und Flächennutzungsansprüche in Deutschland« ist als Thünen Working Paper 224 erschienen. http://www.thünen.de/media/publikationen/thuenen-workingpaper/ThuenenWorkingPaper_224.pdf
16 https://taz.de/Studie-zur-Wiedervernaessung-von-Mooren/!5975058/
17 a.a.O.
18 https://www.bauernverband-mv.de/schutz-durch-nutzung-bei-mooren-in-mv/
19 https://www.agrarheute.com/pflanze/wiedervernaessung-streit-ums-moor-brandenburg-604776
20 https://www.euractiv.de/section/landwirtschaft-und-ernahrung/interview/fao-vertreter-eu-sollte-nicht-nachhaltigkeit-ueber-agrarproduktion-stellen/
21 https://onlinelibrary.wiley.com/doi/10.1111/gcb.16983
22 https://literatur.thuenen.de/digbib_extern/dn060523.pdf
23 Anita Idel: »Die Kuh ist kein Klimakiller«, Metropolis-Verlag, 9. Auflage 2022
24 https://www.welt-sichten.org/artikel/41377/ohne-nutztiere-keine-nachhaltigkeit
25 https://www.deutschlandfunk.de/lithium-abbau-in-suedamerika-kehrseite-der-energiewende-100.html
26 https://taz.de/Auf-Konversionsflaeche-in-Brandenburg/!5947732/
27 https://literatur.thuenen.de/digbib_extern/dn066539.pdf
28 https://www.zeit.de/2023/01/fotovoltaik-artenschutz-ackerbau-regeln
29 https://www.martin-haeusling.eu/images/STUDIE_Ukraine-Krieg_und_globale_Lebensmittelversorgung_WEB.pdf
30 Georg Etscheit (Hrsg.): »Geopferte Landschaften. Wie die Energiewende unsere Umwelt zerstört«, Heyne Verlag 2016
31 https://www.zeit.de/2017/08/windkraft-proteste-erneuerbare-energien/komplettansicht
32 Peter Laufmann: »Der Boden. Das Universum unter unseren Füßen«, Bertelsmann Verlag, München 2020
33 https://www.faz.net/agenturmeldungen/dpa/scholz-brauchen-20-neue-stadtteile-auf-der-gruenen-wiese-19257209.html

5 Verplant

1 WBGU: »Hauptgutachten Landwende im Anthropozän. Von der Konkurrenz zur Integration«, Berlin 2020, S. 463
2 https://www.bundesregierung.de/breg-de/aktuelles/bund-laender-besprechung-2233938
3 https://www.nachhaltigkeitsrat.de/mediathek/?tab=audio-video&doc_search&doc_order&cn-reloaded=1 bei 27:00 Minuten ca
4 https://www.lbv.de/news/details/missstaende-bei-ausgleichsflaechen-gesetzliche-vorgaben-werden-teilweise-jahrelang-nicht-eingehalten/
5 Änderung des Landesentwicklungsplans Nordrhein-Westfalen (LEP NRW) zur nachhaltigeren Flachenentwicklung – Unterrichtung der Offentlichkeit gemaß § 9 Abs.1 Raumordnungsgesetz (ROG)
6 https://www.landwirtschaftskammer.de/bfa/pdf/muensterland-landwirtschaft.pdf

7 https://www.natur-und-erneuerbare.de/aktuelles/details/bfn-fachgespraech-zu-naturschutz-und-erneuerbaren-energien/
8 https://rp.baden-wuerttemberg.de/fileadmin/RP-Internet/Stuttgart/_DocumentLibraries/AktuellesAnhang/2022/221031_Fachbeitrag_Artenschutz.pdf

6 Wem gehört das Land?

1 https://www.agrarheute.com/land-leben/landwirt-gegen-investor-bauer-gewinnt-streit-um-40-hektar-592503
2 div. Medienberichte, u.a. https://www.ostsee-zeitung.de/wirtschaft/regional/gut-darss-besitzer-kaufen-agrar-holding-bei-rostock-A63LYZBNOPZJ2AOGTN3J2R42UU.html
3 https://www.wochenblatt.com/landwirtschaft/bauernland-im-visier-von-grossinvestoren-13095400.html
4 https://www.destatis.de/DE/Presse/Pressemitteilungen/2021/07/PD21_N047_41.html
5 https://www.agrarheute.com/management/finanzen/bodenpreise-rekordjagd-bauern-verlieren-ackerland-610530
6 https://www.topagrar.com/betriebsleitung/news/bodenpreise-steigen-um-nochmal-8-a-13506174.html
7 https://www.umweltbundesamt.de/sites/default/files/medien/421/publikationen/191008_uba_kp_bodenmarkt_und_kapital_bf.pdf
8 https://www.faz.net/aktuell/wirtschaft/schneller-schlau/landwirtschaftliche-flaechen-warum-kauf-und-pachtpreise-steigen-19168125.html
9 https://www.agrarheute.com/management/finanzen/pachtpreise-2021-so-teuer-pachtland-fuer-bauern-fakten-595909
10 https://www.topagrar.com/management-und-politik/news/ackerpreise-und-flaechen-pacht-steigen-ist-boden-bald-unbezahlbar-12558742.html?upgrade=true
11 https://www.butenunbinnen.de/nachrichten/land-grabbing-cuxhaven-bremerhaven-100.html
12 https://www.destatis.de/DE/Themen/Branchen-Unternehmen/Landwirtschaft-Forstwirtschaft-Fischerei/Landwirtschaftliche-Betriebe/Tabellen/oekologischer-landbau-bundeslaender.html
13 https://www.destatis.de/DE/Presse/Pressemitteilungen/2021/01/PD21_028_412.html
14 https://taz.de/Ackerland-in-Ostdeutschland/!5637906/
15 https://www.agrarheute.com/management/finanzen/bodenpreise-rekordjagd-bauern-verlieren-ackerland-610530
16 Präsentation von Jobst Jungehülsing, BMEL, in der CDU/CSU-Fraktion Juni 2022
17 https://konzeptwerk-neue-oekonomie.org/bausteine-fuer-klimagerechtigkeit/gerechte-bodenpolitik/
18 https://institut-fuer-welternaehrung.org/wp-content/uploads/2020/02/Dossier-Kirchenland-in-BioBauernhand.pdf
19 https://www.destatis.de/DE/Presse/Pressemitteilungen/2021/01/PD21_028_412.html
20 https://www.deutschlandfunkkultur.de/stoppt-bodenspekulationen-in-deutschland-100.html
21 https://www.topagrar.com/management-und-politik/news/balmann-es-gibt-kein-recht-darauf-landwirt-zu-sein-a-13502959.html

22 BfN https://www.bfn.de/sites/default/files/2021-04/210108_BodenBioDiv-Report.pdf

23 Zukunft Landwirtschaft. Eine gesamtgesellschaftliche Aufgabe. Empfehlungen der Zukunftskommission Landwirtschaft, 2021 https://www.bmel.de/SharedDocs/Downloads/DE/Broschueren/abschlussbericht-zukunftskommission-landwirtschaft.pdf?__blob=publicationFile&v=10

24 https://kritischer-agrarbericht.de/agrarberichte/2022

25 https://www.agrarheute.com/politik/bauerndemo-aeikens-gibt-bauernverband-schuld-schlechter-stimmung-562742

26 https://www.topagrar.com/management-und-politik/news/ackerpreise-und-flaechenpacht-steigen-ist-boden-bald-unbezahlbar-12558742.html?upgrade=true

27 https://www.bmel.de/SharedDocs/Downloads/DE/_Landwirtschaft/Flaechennutzung-Bodenmarkt/Bodenmarkt-Abschlussbericht-Bund-Laender-Arbeitsgruppe.pdf%3F__blob%3DpublicationFile%26v%3D2

28 https://www.umweltbundesamt.de/sites/default/files/medien/2875/dokumente/vortrag_stephan_bartke_2018_was_hat_der_boden_mit_dem_kapital_zu_tun.pdf

29 a.a.O.

30 (BVerfG, 12. Januar 1967 – 1 BvR 169/63 Rn. 23) zit. nach https://mluk.brandenburg.de/sixcms/media.php/9/Entwurf-Agrarstrukturelles-Leitbild.pdf

31 https://mluk.brandenburg.de/sixcms/media.php/9/Entwurf-Agrarstrukturelles-Leitbild.pdf

32 https://www.umweltbundesamt.de/sites/default/files/medien/421/publikationen/191008_uba_kp_bodenmarkt_und_kapital_bf.pdf

33 »Agrarstruktur und Bodenmarkt – wohin geht die Reise im neuen Jahrzehnt?« Vortrag Jobst Jungehülsing, Tagung bei der LMS Agrarberatung, Lonstow, 28. 1. 2020

7 Wem gehört die Stadt?

1 https://dwenteignen.de/

2 https://was-tun.podigee.io/34-wir-mussen-uber-die-vergesellschaftung-unserer-naturlichen-lebensgrundlagen-sprechen-was-tun

3 https://www.bpb.de/themen/zeit-kulturgeschichte/jugendkulturen-in-deutschland/36324/reclaim-the-streets/

4 Die neue schwarz-rote Berliner Regierung stellt den Volksentscheid inzwischen in Frage. Für April 2024 hat sie eine »Bürgerinnen- und Bürgerwerkstatt« über eine mögliche Randbebauung des Tempelhofer Feldes angekündigt.

5 https://www.umweltbundesamt.de/daten/flaeche-boden-land-oekosysteme/boden/bodenversiegelung#bodenversiegelung-in-deutschland

6 https://www.rege.hamburg/unternehmen/referenzen/alle-referenzen/gewerbegebiet-neuland-23/

7 Fuhrhop, Daniel: »Verbietet das Bauen! Eine Streitschrift.« München 2015, S. 21.

8 https://static.agora-energiewende.de/fileadmin/Projekte/2022/2022-10_DE_JAW2022/A-EW_283_JAW2022_WEB.pdf

9 Fuhrhop, Daniel: »Verbietet das Bauen! Eine Streitschrift«, München 2015, S. 44.

10 Jonas, Carsten: »Das Eigentum an Grund und Boden. 10 Gebote einer gemeinwohlorientierten Bodenpolitik«, in: Planerin Heft 5/21, erschienen im Oktober 2021, S. 5

11 Rettich, Stefan: »Der Boden. Ein Produkt von Gesellschaft und Gesetzen«, in: Planerin Heft 5/21, erschienen im Oktober 2021, S. 9.
12 https://interaktiv.tagesspiegel.de/lab/ausgebaut-berlins-explodierende-bodenpreise-machen-wohnungsbau-unbezahlbar/?bezuggrd=CHP&utm_source=cp-kurzstrecke
13 https://academic.oup.com/bioscience/advance-article/doi/10.1093/biosci/biad080/7319571?login=false
14 https://www.umweltbundesamt.de/daten/umwelt-gesundheit/gesundheitsrisiken-durch-hitze#der-warmeinseleffekt-mehr-tropennachte-in-innenstadten https://www.nationalgeographic.de/umwelt/2022/07/hitzeinseleffekt-warum-es-in-unseren-staedte-so-heiss-ist-und-was-dagegen-hilft
15 https://www.klimawandel-gesundheit.de/gesundheitsrisiko-hitzewelle-deutschland-ist-nicht-vorbereitet/
16 https://www.researchgate.net/publication/256756336_How_much_air_conditioning_can_increase_air_temperatures_for_a_city_like_Paris_France
17 https://www.bmuv.de/fileadmin/Daten_BMU/Download_PDF/ Glaeserne_Gesetze/20._Lp/kang_gesetz/Entwurf/kang_entwurf_bf.pdf
18 Senatsverwaltung für Mobilität, Verkehr, Klimaschutz und Umwelt (Hg.): 5. Bodenschutz- und Altlastensymposium Berlin 2023
19 https://www.berlin.de/sen/uvk/umwelt/bodenschutz-und-altlasten/nachsorgender-bodenschutz-altlasten/

8 Globale Landnahmen

1 https://www.umweltbundesamt.de/themen/abfall-ressourcen/abfallwirtschaft/abfallvermeidung/lebensmittelabfaelle#undefined
2 https://www.bmel.de/DE/themen/ernaehrung/lebensmittelverschwendung/studie-lebensmittelabfaelle-deutschland.html
3 https://was-tun.podigee.io/34-wir-mussen-uber-die-vergesellschaftung-unserer-naturlichen-lebensgrundlagen-sprechen-was-tun (leicht gekürzt und redigiert)
4 Global Witness: Top Findings 2022 https://www.globalwitness.org/en/campaigns/environmental-activists/standing-firm/
5 Global Witness: At what cost? Iressponsible business and the murder of land and environmental defenders in 2017 https://www.globalwitness.org/en/campaigns/environmental-activists/at-what-cost/
6 Mitteilung der EU-Kommission vom 23.7.2019: Intensivierung der EU-Maßnahmen zum Schutz und zur Wiederherstellung der Wälder in der Welt, https://eur-lex.europa.eu/resource.html?uri=cellar:a1d5a7da-ad30-11e9-9d01-01aa75ed71a1.0006.02/DOC_1&format=PDF
7 https://kritischer-agrarbericht.de/agrarberichte/2022
8 Heinrich Böll Stiftung et. al: »Bodenatlas – Daten und Fakten über Acker, Land und Erde« https://www.boell.de/sites/default/files/bodenatlas2015_iv.pdf
9 https://www.destatis.de/DE/Themen/Laender-Regionen/Internationales/Thema/bevoelkerung-arbeit-soziales/bevoelkerung/Stadtbevoelkerung.html
10 https://www.uni-stuttgart.de/presse/archiv/themenheft/04/better_city.better_life.pdf
11 GRAIN: Die Strategie der AfDB für die Agroindustrialisierung Afrikas. Juli 2023 https://grain.org/en/article/7016-the-afdb-strategy-to-agro-industrialise-africa

12 https://www.brot-fuer-die-welt.de/fileadmin/mediapool/downloads/fachpublikationen/sonstige/AGRA_Hintergrundpapier_dt_20210603.pdf
13 a.a.O.
14 Regina Neudert und Lieske Voget-Kleschin: What are the effects of large-scale land aquisitions in Africa on selected economic and social indicators? https://www.misereor.org/fileadmin/user_upload_misereororg/publication/en/foodsecu rity/study-LSLA.pdf
15 https://www.fian.de/allgemein/pressemitteilung-landgrabbing-aerztekasse-veraeussert-beteiligung-an-hochproblematischem-fonds/
16 https://www.farmlandgrab.org/post/print/31718
17 »How Solar Farms fuel Land conflicts«, Mint 20. 9. 2020, https://www.livemint.com/news/india/how-solar-farms-fuel-land-conflicts-11600612526037.html
18 https://www.abrdn.com/de-de/institutional/insights-and-research/enabling-a-just-transition-in-india-a-focus-on-land-rights
19 https://www.zeit.de/2023/06/maasai-serengeti-nationalpark-umsiedlung-naturschutz
20 Vgl. Mbaria, John, Ogada, Mordechai: »The big conservation lie«, Aubum 2016.
21 https://www.cidse.org/de/2023/06/02/press-release-maasai-delegation-ends-european-advocacy-tour/
22 https://www.gesunde-erde.net/media/giz_eba_ecosystem-soil_final.pdf
23 https://www.landgap.org/wp-content/uploads/2022/11/Land-Gap-Report_FINAL.pdf
24 https://www.researchgate.net/publication/282609071_Under_What_Circumstances_Do_Wood_Products_from_Native_Forests_Benefit_Climate_Change_Mitigation
25 https://tmg-thinktank.com/blog/grabbing-land-to-save-the-planet-or-using-the-power-of-human-rights-to/
26 Adloff, Frank, Busse, Tanja (Hg.): »Welche Rechte braucht die Natur, Wege aus dem Artensterben«, Campus, 2021

9 Land in Sicht

1 https://www.bfn.de/sites/default/files/2023-03/2023-naturbewusstsein-2021-bfn.pdf
2 https://ariadneprojekt.de/publikation/soziales-nachhaltigkeitsbarometer-2023/
3 Siehe: https://urbane-gaerten.de
4 https://www.andernach.de/stadt/essbare-stadt/
5 https://www.abl-mitteldeutschland.de/fileadmin/Dokumente/AbL-Mitteldeutschland/Ver%C3%B6ffentlichungen_alles/Gemeinwohlverpachtung/2022_AbL_Gemeinwohlverpachtung.pdf
6 Max Franks, Ottmar Edenhofer (2023): »Optimal redistributive wealth taxation when wealth is more than just capital«, FinanzArchiv.Public Finance Analysis, Jahrgang 79 (2023) Heft 3, S. 175–207, vom 9. 11. 2023
7 https://dserver.bundestag.de/btd/06/014/0601497.pdf, S. 41
8 Vgl. von Einem: Eberhard: »Bodenpolitische Optionen. Große oder kleine Reform?«, Planerin. Heft 5_21 vom Oktober 2021, S. 17–9.
9 Hans-Jochen Vogel: »Mehr Gerechtigkeit! Wir brauchen eine neue Bodenordnung – nur dann wird auch Wohnen wieder bezahlbar« Herder, Freiburg/Basel/Wien 2019
10 www.aktion-flaeche.de

11 WWF: Modell Deutschland Circular Economy, S. 15
12 WWF: Modell Deutschland Circular Economy, S. 41

10 Die geerdete Gesellschaft

1 Anton Brokow-Loga: »Umbau statt Neubau«, in Blätter für deutsche und internationale Politik, Heft 11/23, https://www.blaetter.de/ausgabe/2023/november/umbau-statt-neubau

ZUM WEITERLESEN

Busse, Tanja: Das Sterben der anderen. Wie wir die biologische Vielfalt noch retten können, München 2019

Darwin, Charles: Die Bildung der Ackererde durch die Tätigkeit der Würmer, Wien 2020

Fuhrhop, Daniel: Verbietet das Bauen! Streitschrift gegen Spekulation, Abriss und Flächenfraß, München 2020

ders.: Der unsichtbare Wohnraum. Wohnsuffizienz als Antwort auf Wohnraummangel, Klimakrise und Einsamkeit, Bielefeld 2023

Grassberger, Martin: Das unsichtbare Netz des Lebens. Wie Mikrobiom, Biodiversität, Umwelt und Ernährung unsere Gesundheit bestimmen, Wien 2021

Grefe, Christiane: Global Gardening. Bioökonomie - Neuer Raubbau oder Wirtschaftsform der Zukunft? München 2016

Heinrich Böll Stiftung et. al: Bodenatlas - Daten und Fakten über Acker, Land und Erde, 4. Auflage, Berlin 2015 /

ders: Bodenatlas – Daten und Fakten über eine lebenswichtige Ressource. 1. Auflage, Berlin 2024

Hundertwasser, Friedensreich: Scheißkultur – Die heilige Scheiße, Pfäffikon 1979

Idel, Anita: Die Kuh ist kein Klimakiller! Wie die Agrarindustrie die Erde verwüstet und was wir dagegen tun können, Weimar bei Marburg 2022

Jensen, Annette und Kaufmann, Sina Kamala: Holy Shit. Der Wert unserer Hinterlassenschaften (Das Buch zum Film). Freiburg 2023

Kommission Bodenschutz beim Umweltbundesamt, diverse Papiere und Studien https://www.umweltbundesamt.de/themen/boden-flaeche/kommissionen-beiraete/kommission-bodenschutz#mitglieder-der-kommission-bodenschutz

Konzeptwerk Neue Ökonomie: Bausteine für Klimagerechtigkeit: Gerechte Bodenpolitik, Leipzig 2023

Laufmann, Peter: Der Boden. Das Universum unter unseren Füßen, München 2020

Medwedski, Sonja: Die Stimme des Bodens. Alles über unseren sonst so stillen Nachbarn. Berlin-Heidelberg 2022

Monbiot, George: Neuland. Wie wir die Welt ernähren können, ohne den Planeten zu zerstören, München 2022

Montgomery, David: Dreck: Warum unsere Zivilisation den Boden unter den Füßen verliert, München 2010

Schwarzer, Stefan / Scheub, Ute: Aufbäumen gegen die Dürre. Wie uns die Natur helfen kann, den Wassernotstand zu beenden. Alles über regenerative Landwirtschaft, Schwammstädte, Klimalandschaften & Co., München 2022

Schwinn, Florian: Rettet den Boden! Warum wir um das Leben unter unseren Füßen kämpfen müssen, Frankfurt 2019

Thünen Working Paper 224: Flächennutzung und Flächennutzungsansprüche in Deutschland, Braunschweig 2023

Wissenschaftlicher Beirat der Bundesregierung Globale Umweltveränderungen: Landwende im Anthropozän: Von der Konkurrenz zur Integration, Berlin 2020

DANK

Wir haben bei den Recherchen für dieses Buch mit so vielen Menschen gesprochen, dass wir sie nicht alle namentlich nennen können. Dennoch möchten wir an dieser Stelle von Herzen Danke sagen, einmal für alle:

Dank den vielen Expertinnen in Ministerien, Ämtern, Verbänden, Universitäten, Parteien, Bürgerinitiativen, Unternehmen und Bauernhöfen, die sich Zeit für unsere Fragen genommen haben; Zeit, um uns mit ihrem Wissen, Informationen und Einschätzungen zu unterstützen, mit Hinweisen auf weitere Fachleute, Projekte, Literatur. Bei allen war ein ungewöhnlich großes Engagement zu spüren für Zusammenhänge, die immer wieder übersehen werden, obwohl unser Umgang damit unsere Zukunft bestimmt.

Professor Axel Don vom Thünen Institut hat das Kapitel »Urgrund allen Lebens« geprüft, Simone von Kampen vom Landesbüro der Naturschutzverbände NRW und Magnus Wessel vom BUND das Kapitel »Verplant«. Das möchten wir mit einem Extra-Dank hervorheben.

Last, aber sicher not least gilt unser besonderer Dank Antje Kunstmann und Moritz Kirschner, vor allem für wichtige Nachfragen und Geduld im Lektorat – und für die wunderbare Titelidee.